华章专业开发者丛书

Java
并发编程实战

Java Concurrency in Practice

（美）
Brian Goetz
Tim Peierls
Joshua Bloch
Joseph Bowbeer
David Holmes
Doug Lea
著

童云兰 等译

机械工业出版社
CHINA MACHINE PRESS

本书深入浅出地介绍了Java线程和并发，是一本完美的Java并发参考手册。书中从并发性和线程安全性的基本概念出发，介绍了如何使用类库提供的基本并发构建块，用于避免并发危险、构造线程安全的类及验证线程安全的规则，如何将小的线程安全类组合成更大的线程安全类，如何利用线程来提高并发应用程序的吞吐量，如何识别可并行执行的任务，如何提高单线程子系统的响应性，如何确保并发程序执行预期任务，如何提高并发代码的性能和可伸缩性等内容，最后介绍了一些高级主题，如显式锁、原子变量、非阻塞算法以及如何开发自定义的同步工具类。

本书适合Java程序开发人员阅读。

Authorized translation from the English language edition, entitled *Java Concurrency in Practice*, 9780321349606 by Brian Goetz, with Tim Peierls. et al., published by Pearson Education, Inc.

All rights reserved. No part of this book may be reproduced or transmitted in any form or by any means, electronic or mechanical, including photocopying, recording or by any information storage retrieval system, without permission from Pearson Education, Inc.

Chinese simplified language edition published by China Machine Press Copyright © 2012.

本书封底贴有Pearson Education（培生教育出版集团）激光防伪标签，无标签者不得销售。

封底无防伪标均为盗版
版权所有，侵权必究

北京市版权局著作权合同登记　图字：01-2011-1513号。

图书在版编目（CIP）数据

Java并发编程实战/（美）盖茨（Goetz, B.）等著；童云兰等译．—北京：机械工业出版社，2012.2（2026.1重印）

（华章专业开发者丛书）

书名原文：Java Concurrency in Practice

ISBN 978-7-111-37004-8

I. J…　II. ①盖…　②童…　III. JAVA语言－程序设计　IV. TP312

中国版本图书馆CIP数据核字（2011）第281977号

机械工业出版社（北京市西城区百万庄大街22号　邮政编码　100037）
责任编辑：关　敏
北京中科印刷有限公司印刷
2026年1月第1版第37次印刷
186mm×240mm・19.25印张
标准书号：ISBN 978-7-111-37004-8
定　价：69.00元

客服电话：(010) 88361066　68326294

对本书的赞誉

"我曾有幸在一个伟大的团队中工作,参与设计和实现在 Java 5.0 和 Java 6 等平台中新增的并发功能。现在,仍然是这个团队,将透彻地讲解这些新功能,以及关于并发的一般性概念。并发已不再只是高级用户谈论的话题,每一位 Java 开发人员都应该阅读这本书。"

——Martin Buchholz,Sun 公司的 JDK 并发大师

"在过去 30 多年时间里,计算机性能一直遵循着摩尔定律,但从现在开始,它将遵循 Amdahl 定律。编写能高效利用多处理器的代码非常具有挑战性。 在这本书中介绍的一些概念和技术,对于在当前(以及未来的)系统上编写安全的和可伸缩的代码来说都是非常有用的。"

——Doron Rajwan,Intel 公司研究人员

"如果你正在编写、设计、调试、维护以及分析多线程的 Java 程序,那么本书正是你所需要的。如果你曾对某个方法进行过同步,但却不理解其中的原因,那么你以及你的用户都有必要从头至尾仔细地读一读这本书。"

——Ted Neward,《Effective Enterprise Java》的作者

"Brian 非常清晰地阐述了并发的一些基本问题与复杂性。对于使用线程并关注程序执行性能的开发人员来说,这是一本必读的书。"

——Kirk Pepperdine,JavaPerformanceTuning.com 网站 CTO

"本书深入浅出地介绍了一些复杂的编程主题,是一本完美的 Java 并发参考手册。书中的每一页都包含了程序员日常需要应对的问题(以及相应的解决方案)。随着摩尔定律的发展趋势由提高处理器核的速度转向增加处理器核的数量,如何有效地利用并发性已变得越来越重要,本书正好介绍了这些方面的内容。"

——Cliff Click 博士,Azul Systems 公司高级软件工程师

"我对并发有着浓厚的兴趣,并且与大多数程序员相比,我或许写过更多存在线程死锁的代码,也在同步上犯了更多的错误。在介绍 Java 线程和并发等主题的众多书籍中,Brian 的这本书最具可读性,它通过循序渐进的方式将一些复杂的主题阐述得很清楚。我将本书推荐给 Java Specialists' Newsletter 的所有读者,因为它不仅有趣,而且很有用,它介绍了当前 Java 开发人员正在面对的许多问题。"

——Heinz Kabutz 博士,Java Specialists' Newsletter 的维护者

"我一直努力想使一些简单的问题变得更简单,然而本书已经简化了一个复杂但却关键的主

题：并发。这本书采用了创新的讲解方法、简单明了的风格，它注定会成为一本非常重要的书。

——Bruce Tate，《Beyond Java》的作者

　　这本书为 Java 开发人员在线程编程领域提供了不可多得的知识。我在读这本书时受到了极大的启发，部分原因在于它详细地介绍了 Java 中并发领域的 API，但更重要的却在于这本书以一种透彻并且易懂的方式来介绍复杂的并发知识，这是其他书籍很难媲美的。

——Bill Venners，《Inside the Java Virtual Machine》的作者

译 者 序

并发编程是 Java 语言的重要特性之一，在 Java 平台上提供了许多基本的并发功能来辅助开发多线程应用程序。然而，这些相对底层的并发功能与上层应用程序的并发语义之间并不存在一种简单而直观的映射关系。因此，如何在 Java 并发应用程序中正确且高效地使用这些功能就成了 Java 开发人员的关注重点。

本书正是为了解决这个问题而写的。书中采用循序渐进的讲解方式，从并发编程的基本理论入手，逐步介绍了在设计 Java 并发程序时各种重要的设计原则、设计模式以及思维模式，同时辅以丰富的示例代码作为对照和补充，使得开发人员能够更快地领悟 Java 并发编程的要领，围绕着 Java 平台的基础并发功能快速地构建大规模的并发应用程序。

全书内容由浅入深，共分为四个部分。第一部分介绍了 Java 并发编程的基础理论，包括线程安全性与状态对象的基础知识，如何构造线程安全的类并将多个小型的线程安全类构建成更大型的线程安全类，以及 Java 平台库中的一些基础并发模块；第二部分介绍了并发应用程序的构造理论，包括应用程序中并行语义的分解及其与逻辑任务的映射，任务的取消与关闭等行为的实现，以及 Java 线程池中的一些高级功能，此外还介绍了如何提高 GUI 应用程序的响应性；第三部分介绍了并发编程的性能调优，包括如何避免活跃性问题，如何提高并发代码的性能和可伸缩性以获得理想的性能，以及在测试并发代码正确性和性能时的一些实用技术；第四部分介绍了 Java 并发编程中的一些高级主题，包括显式锁、原子变量、非阻塞算法以及如何开发自定义的同步工具类等。

本书的特点在于注重阐述并发技术背后的理论知识，对于每种技术的介绍不仅使读者能做到"知其然"，更能做到"知其所以然"。对于希望深入研究和探索 Java 并发编程的读者来说，本书是非常合适的。

参与本书翻译工作的还有李杨、吴汉平、徐光景、童胜汉、陈军、胡凯、刘红、张玮、陈红、李斌、李勇涛、王海涛、周云波、彭敏才、张世锋、朱介秋、宗敬、李静、叶锦、高波、熊莉、程凤、陈娟、胡世娟、董敏、谢路阳、冯卓、李志勇、胡欢、王进等。由于译者的时间和水平有限，翻译中的疏漏和错误在所难免，还望读者和同行不吝指正。

童云兰
2011 年 11 月于武汉

前　　言

在写作本书时，对于中端桌面系统来说，多核处理器正变得越来越便宜。无独有偶，许多开发团队也注意到，在他们的项目中出现了越来越多与线程有关的错误报告。在 NetBeans 开发者网站上的最近一次公告中，一位核心维护人员注意到，为了修复与线程相关的问题，在某个类中竟然打了 14 次补丁。Dion Almaer，这位 TheServerSide 网站的前编辑，最近（在经过一番痛苦的调试过程并最终发现了一个与线程有关的错误之后）在其博客上写道，在大多数 Java 程序中充满了各种并发错误，使得程序只有在"偶然的情况下"才能正常工作。

确实，在开发、测试以及调试多线程程序时存在着巨大的困难，因为并发性错误通常并不会以某种确定的方式显现出来。当这些错误出现时，通常是在最糟糕的时刻，例如在正式产品中，或者在高负载的情况下。

当开发 Java 并发程序时，所要面对的挑战之一就是：平台提供的各种并发功能与开发人员在程序中需要的并发语义并不匹配。在 Java 语言中提供了一些底层机制，例如同步和条件等待，但在使用这些机制来实现应用级的协议与策略时必须始终保持一致。如果没有这些策略，那么在编写程序时，虽然程序看似能顺利地编译和运行，但却总会出现各种奇怪的问题。许多介绍并发的其他书籍更侧重于介绍一些底层机制和 API，而在设计级的策略和模式上叙述的不多。

Java 5.0 在 Java 并发应用程序的开发方面进展巨大，它不仅提供了一些新的高层组件，还补充了一些底层机制，从而使得无论是新手级开发人员还是专家级开发人员都能够更容易地构建并发应用程序。本书的作者都是 JCP 专家组的主要成员，也正是该专家组编写了这些新功能。本书不仅描述了这些新功能的行为和特性，还介绍了它们的底层设计模式和促使它们被添加到平台库中的应用场景。

我们的目标是向读者介绍一些设计规则和思维模式，从而使读者能够更容易也更乐意去构建正确的以及高性能的 Java 并发类和应用程序。

我们希望你能享受本书的阅读过程。

Brian Goetz
Williston, VT
2006 年 3 月

如何使用本书

为了解决在 Java 底层机制与设计级策略之间的不匹配问题，我们给出了一组简化的并发程序编写规则。专家看到这些规则会说："嗯，这并不是完整的规则集。即使类 C 违背了规则 R，它仍然是线程安全的。"虽然在违背一些规则的情况下仍有可能编写出正确的并发程序，但这需要对 Java 内存模型的底层细节有着深入的理解，而我们希望开发人员无须掌握这些细节就能编写出正确的并发程序。只要始终遵循这组简单的规则，就能编写出正确的并且可维护的并发程序。

我们假设读者对 Java 的基本并发机制已经有了一定程度的了解。本书并非是对并发的入门介绍——要了解这方面的内容，请参考其他书籍中有关线程的内容，例如《The Java Programming Language》(Arnold 等，2005)。此外，本书也不是介绍并发的百科全书——要了解这方面的内容，请参考《Concurrent Programming in Java》(Lea, 2000)。事实上，本书提供了各种实用的设计规则，用于帮助开发人员创建安全的和高性能的并发类。在本书中相应的地方引用了以下书籍中的相关章节：《The Java Programming Language》、《Concurrent Programming in Java》、《The Java Language Specification》(Gosling 等，2005) 以及《Effective Java》(Bloch, 2001)，并分别使用 [JPL n.m]、[CPJ n.m]、[JLS n.m] 和 [EJ Item n] 来表示它们。

在进行简要的介绍（第 1 章）之后，本书共分为四个部分：

基础知识。第一部分（第 2 章～第 5 章）重点介绍了并发性和线程安全性的基本概念，以及如何使用类库提供的基本并发构建块来构建线程安全类。在第一部分给出了一个清单，其中总结了这一部分中介绍的最重要的规则。

第 2 章与第 3 章构成了本书的基础。在这两章中给出了几乎所有用于避免并发危险、构造线程安全的类以及验证线程安全的规则。如果读者重"实践"而轻"理论"，那么可能会直接跳到第二部分，但在开始编写任何并发代码之前，一定要回来读一读这两章！

第 4 章介绍了如何将一些小的线程安全类组合成更大的线程安全类。第 5 章介绍了在平台库中提供的一些基础的并发构建模块，包括线程安全的容器类和同步工具类。

结构化并发应用程序。第二部分（第 6 章～第 9 章）介绍了如何利用线程来提高并发应用程序的吞吐量或响应性。第 6 章介绍了如何识别可并行执行的任务，以及如何在任务执行框架中执行它们。第 7 章介绍了如何使任务和线程在执行完正常工作之前提前结束。在健壮的并发应用程序与看似能正常工作的应用程序之间存在的重要差异之一就是，如何实现取消以及关闭等操作。第 8 章介绍了任务执行框架中的一些更高级特性。第 9 章介绍了如何提高单线程子系统的响应性。

活跃性、性能与测试。第三部分（第 10 章～第 12 章）介绍了如何确保并发程序执行预期的任务，以及如何获得理想的性能。第 10 章介绍了如何避免一些使程序无法执行下去的活跃性故障。第 11 章介绍了如何提高并发代码的性能和可伸缩性。第 12 章介绍了在测试并发代码的正确性和性能时可以采用的一些技术。

高级主题。第四部分（第 13 章～第 16 章）介绍了资深开发人员可能感兴趣的一些主题，包括：显式锁、原子变量、非阻塞算法以及如何开发自定义的同步工具类。

代码示例

虽然书中很多一般性的概念同样适用于 Java 5.0 之前的版本以及一些非 Java 的运行环境，但其中大多数示例代码（以及关于 Java 内存模型的所有描述）是基于 Java 5.0 或更高版本的，而且某些代码示例中还使用了 Java 6 的一些新增功能。

我们对书中的代码示例已经进行了压缩,以便减少代码量并重点突出与内容相关的部分。在本书的网站 http://www.javaconcurrencyinpractice.com 上提供了完整的代码示例、辅助示例以及勘误表。

代码示例可分为三类:"好的"示例、"一般的"示例和"糟糕的"示例。"好的"示例是应该被效仿的技术。"糟糕的"示例是一定不能效仿的技术,而且还会用一个"Mr. Yuk"的图标⊖来表示该示例中的代码是"有害的"(参见程序清单1)。"一般的"示例给出的技术并不一定是错的,但却是脆弱的、有风险的或是性能较差的,并且会用一个"Mr.Could Be Happier"图标来表示,如程序清单2所示。

程序清单1　糟糕的链表排序方式(不要这样做)

```
public <T extends Comparable<? super T>> void sort(List<T> list) {
    // 永远不要返回错误的答案!
    System.exit(0);
}
```

有些读者会质疑这些"糟糕的"示例在本书中的作用,毕竟,在一本书中应该给出如何做正确的事,而不是错误的事。这些"糟糕的"示例有两个目的,它们揭示了一些常见的缺陷,但更重要的是它们示范了如何分析程序的线程安全性,而要实现这个目的,最佳的方式就是观察线程安全性是如何被破坏的。

程序清单2　非最优方式的链表排序

```
public <T extends Comparable<? super T>> void sort(List<T> list) {
    for (int i=0; i<1000000; i++)
        doNothing();
    Collections.sort(list);
}
```

致谢

本书诞生于 Java Community Process JSR 166 为 Java 5.0 开发 java.util.concurrent 包的过程中。还有许多人参与到 JSR 166 中,特别感谢 Martin Buchholz 将全部的工作融入到 JDK 中,并感谢 concurrency-interest 邮件列表中的所有读者对 API 草案提出的建议和反馈。

有不少来自各方面的人员都提出了建议和帮助,使得本书的内容得到了极大的充实。感谢 Dion Almaer、Tracy Bialik、Cindy Bloch、Martin Buchholz、Paul Christmann、Cliff Click、Stuart Halloway、David Hovemeyer、Jason Hunter、Michael Hunter、Jeremy Hylton、Heinz Kabutz、Robert Kuhar、Ramnivas Laddad、Jared Levy、Nicole Lewis、Victor Luchangco、Jeremy Manson、Paul Martin、Berna Massingill、Michael Maurer、Ted Neward、Kirk Pepperdine、Bill Pugh、Sam Pullara、Russ Rufer、Bill Scherer、Jeffrey Siegal、Bruce Tate、Gil Tene、Paul Tyma,以及硅谷模

⊖　Mr. Yuk 是匹兹堡儿童医院的注册商标,本书获得了该商标的授权,因此可以在本书中使用。

式小组的所有成员，他们通过各种技术交流为本书提供了指导建议，使得本书更加完善。

特别感谢 Cliff Biffle、Barry Hayes、Dawid Kurzyniec、Angelika Langer、Doron Rajwan 和 Bill Venners，他们非常仔细地审阅了本书的全稿，指出了代码示例中的错误，并提出了大量的改进建议。

感谢 Katrina Avery 的编辑工作，以及 Rosemary Simpson 在非常短的时间里完成了索引生成工作。感谢 Ami Dewar 绘制的插图。

感谢 Addison-Wesley 的全体成员，他们使本书得以最终问世。Ann Sellers 启动了编写本书的项目，Greg Doench 监督并帮助本书有条不紊地完成，Elizabeth Ryan 负责本书的出版过程。

此外还要感谢许许多多的软件工程师，他们开发了本书得以依赖的各种软件，这些软件包括 TeX、LaTeX、Adobe Acrobat、pic、grap、Adobe Illustrator、Perl、Apache Ant、IntelliJ IDEA、GNU emacs、Subversion、TortoiseSVN，当然，还有 Java 平台及其类库。

目　　录

对本书的赞誉
译者序
前　言

第1章　简介 ·· 1
  1.1　并发简史 ·· 1
  1.2　线程的优势 ······································ 2
    1.2.1　发挥多处理器的强大能力 ········ 2
    1.2.2　建模的简单性 ···························· 3
    1.2.3　异步事件的简化处理 ················ 3
    1.2.4　响应更灵敏的用户界面 ············ 4
  1.3　线程带来的风险 ······························ 4
    1.3.1　安全性问题 ································ 5
    1.3.2　活跃性问题 ································ 7
    1.3.3　性能问题 ···································· 7
  1.4　线程无处不在 ·································· 7

第一部分　基础知识

第2章　线程安全性 ·································· 11
  2.1　什么是线程安全性 ························ 13
  2.2　原子性 ··· 14
    2.2.1　竞态条件 ·································· 15
    2.2.2　示例：延迟初始化中的竞态条件 ··· 16
    2.2.3　复合操作 ·································· 17
  2.3　加锁机制 ··· 18
    2.3.1　内置锁 ······································ 20
    2.3.2　重入 ·· 21
  2.4　用锁来保护状态 ···························· 22

  2.5　活跃性与性能 ································ 23

第3章　对象的共享 ·································· 27
  3.1　可见性 ··· 27
    3.1.1　失效数据 ·································· 28
    3.1.2　非原子的64位操作 ················ 29
    3.1.3　加锁与可见性 ·························· 30
    3.1.4　Volatile 变量 ·························· 30
  3.2　发布与逸出 ···································· 32
  3.3　线程封闭 ··· 35
    3.3.1　Ad-hoc 线程封闭 ···················· 35
    3.3.2　栈封闭 ······································ 36
    3.3.3　ThreadLocal 类 ······················ 37
  3.4　不变性 ··· 38
    3.4.1　Final 域 ···································· 39
    3.4.2　示例：使用 Volatile 类型来发布
　　　　　不可变对象 ······························· 40
  3.5　安全发布 ··· 41
    3.5.1　不正确的发布：正确的对象被
　　　　　破坏 ·· 42
    3.5.2　不可变对象与初始化安全性 ··· 42
    3.5.3　安全发布的常用模式 ·············· 43
    3.5.4　事实不可变对象 ······················ 44
    3.5.5　可变对象 ·································· 44
    3.5.6　安全地共享对象 ······················ 44

第4章　对象的组合 ·································· 46
  4.1　设计线程安全的类 ························ 46
    4.1.1　收集同步需求 ·························· 47
    4.1.2　依赖状态的操作 ······················ 48

4.1.3 状态的所有权……………48	5.5.4 栅栏………………………83
4.2 实例封闭……………………49	5.6 构建高效且可伸缩的结果缓存……85
4.2.1 Java 监视器模式…………51	
4.2.2 示例：车辆追踪…………51	**第二部分 结构化并发应用程序**
4.3 线程安全性的委托……………53	
4.3.1 示例：基于委托的车辆追踪器……54	**第 6 章 任务执行**…………………93
4.3.2 独立的状态变量…………55	6.1 在线程中执行任务……………93
4.3.3 当委托失效时……………56	6.1.1 串行地执行任务…………94
4.3.4 发布底层的状态变量……57	6.1.2 显式地为任务创建线程…94
4.3.5 示例：发布状态的车辆追踪器……58	6.1.3 无限制创建线程的不足…95
4.4 在现有的线程安全类中添加功能……59	6.2 Executor 框架…………………96
4.4.1 客户端加锁机制…………60	6.2.1 示例：基于 Executor 的 Web 服务器…………………97
4.4.2 组合………………………62	6.2.2 执行策略…………………98
4.5 将同步策略文档化……………62	6.2.3 线程池……………………98
第 5 章 基础构建模块……………66	6.2.4 Executor 的生命周期……99
5.1 同步容器类……………………66	6.2.5 延迟任务与周期任务……101
5.1.1 同步容器类的问题………66	6.3 找出可利用的并行性…………102
5.1.2 迭代器与 Concurrent-ModificationException……68	6.3.1 示例：串行的页面渲染器……102
5.1.3 隐藏迭代器………………69	6.3.2 携带结果的任务 Callable 与 Future………………103
5.2 并发容器………………………70	6.3.3 示例：使用 Future 实现页面渲染器………………104
5.2.1 ConcurrentHashMap………71	6.3.4 在异构任务并行化中存在的局限………………………106
5.2.2 额外的原子 Map 操作……72	6.3.5 CompletionService:Executor 与 BlockingQueue……………106
5.2.3 CopyOnWriteArrayList……72	6.3.6 示例：使用 CompletionService 实现页面渲染器…………107
5.3 阻塞队列和生产者－消费者模式……73	6.3.7 为任务设置时限…………108
5.3.1 示例：桌面搜索…………75	6.3.8 示例：旅行预定门户网站……109
5.3.2 串行线程封闭……………76	**第 7 章 取消与关闭**………………111
5.3.3 双端队列与工作密取……77	7.1 任务取消………………………111
5.4 阻塞方法与中断方法…………77	7.1.1 中断………………………113
5.5 同步工具类……………………78	
5.5.1 闭锁………………………79	
5.5.2 FutureTask…………………80	
5.5.3 信号量……………………82	

7.1.2　中断策略 ······················· 116
　7.1.3　响应中断 ······················· 117
　7.1.4　示例：计时运行 ············· 118
　7.1.5　通过 Future 来实现取消 ···· 120
　7.1.6　处理不可中断的阻塞 ······· 121
　7.1.7　采用 newTaskFor 来封装非标准的取消 ········· 122
7.2　停止基于线程的服务 ················ 124
　7.2.1　示例：日志服务 ············· 124
　7.2.2　关闭 ExecutorService ········ 127
　7.2.3　"毒丸"对象 ················· 128
　7.2.4　示例：只执行一次的服务 ··· 129
　7.2.5　shutdownNow 的局限性 ····· 130
7.3　处理非正常的线程终止 ············ 132
7.4　JVM 关闭 ································· 135
　7.4.1　关闭钩子 ······················· 135
　7.4.2　守护线程 ······················· 136
　7.4.3　终结器 ··························· 136

第 8 章　线程池的使用 ···················· 138
8.1　在任务与执行策略之间的隐性耦合 ··· 138
　8.1.1　线程饥饿死锁 ················· 139
　8.1.2　运行时间较长的任务 ······· 140
8.2　设置线程池的大小 ···················· 140
8.3　配置 ThreadPoolExecutor ············ 141
　8.3.1　线程的创建与销毁 ·········· 142
　8.3.2　管理队列任务 ················· 142
　8.3.3　饱和策略 ······················· 144
　8.3.4　线程工厂 ······················· 146
　8.3.5　在调用构造函数后再定制 ThreadPoolExecutor ·········· 147
8.4　扩展 ThreadPoolExecutor ············ 148
8.5　递归算法的并行化 ···················· 149

第 9 章　图形用户界面应用程序 ········ 156
9.1　为什么 GUI 是单线程的 ············ 156

　9.1.1　串行事件处理 ················· 157
　9.1.2　Swing 中的线程封闭机制 ··· 158
9.2　短时间的 GUI 任务 ··················· 160
9.3　长时间的 GUI 任务 ··················· 161
　9.3.1　取消 ······························· 162
　9.3.2　进度标识和完成标识 ······· 163
　9.3.3　SwingWorker ··················· 165
9.4　共享数据模型 ··························· 165
　9.4.1　线程安全的数据模型 ······· 166
　9.4.2　分解数据模型 ················· 166
9.5　其他形式的单线程子系统 ········· 167

第三部分　活跃性、性能与测试

第 10 章　避免活跃性危险 ················ 169
10.1　死锁 ······································· 169
　10.1.1　锁顺序死锁 ···················· 170
　10.1.2　动态的锁顺序死锁 ········· 171
　10.1.3　在协作对象之间发生的死锁 ·· 174
　10.1.4　开放调用 ······················· 175
　10.1.5　资源死锁 ······················· 177
10.2　死锁的避免与诊断 ·················· 178
　10.2.1　支持定时的锁 ················· 178
　10.2.2　通过线程转储信息来分析死锁 ··· 178
10.3　其他活跃性危险 ······················ 180
　10.3.1　饥饿 ······························· 180
　10.3.2　糟糕的响应性 ················· 181
　10.3.3　活锁 ······························· 181

第 11 章　性能与可伸缩性 ················ 183
11.1　对性能的思考 ························· 183
　11.1.1　性能与可伸缩性 ············· 184
　11.1.2　评估各种性能权衡因素 ··· 185
11.2　Amdahl 定律 ··························· 186

11.2.1 示例：在各种框架中隐藏的
　　　 串行部分 ………………… 188
11.2.2 Amdahl 定律的应用 ………… 189
11.3 线程引入的开销 …………………… 189
11.3.1 上下文切换 ………………… 190
11.3.2 内存同步 …………………… 190
11.3.3 阻塞 ………………………… 192
11.4 减少锁的竞争 ……………………… 192
11.4.1 缩小锁的范围（"快进快出"）… 193
11.4.2 减小锁的粒度 ……………… 195
11.4.3 锁分段 ……………………… 196
11.4.4 避免热点域 ………………… 197
11.4.5 一些替代独占锁的方法 …… 198
11.4.6 监测 CPU 的利用率 ………… 199
11.4.7 向对象池说"不" ………… 200
11.5 示例：比较 Map 的性能 …………… 200
11.6 减少上下文切换的开销 …………… 201

第 12 章 并发程序的测试 ……………… 204
12.1 正确性测试 ………………………… 205
12.1.1 基本的单元测试 …………… 206
12.1.2 对阻塞操作的测试 ………… 207
12.1.3 安全性测试 ………………… 208
12.1.4 资源管理的测试 …………… 212
12.1.5 使用回调 …………………… 213
12.1.6 产生更多的交替操作 ……… 214
12.2 性能测试 …………………………… 215
12.2.1 在 PutTakeTest 中增加计时功能 · 215
12.2.2 多种算法的比较 …………… 217
12.2.3 响应性衡量 ………………… 218
12.3 避免性能测试的陷阱 ……………… 220
12.3.1 垃圾回收 …………………… 220
12.3.2 动态编译 …………………… 220
12.3.3 对代码路径的不真实采样 … 222

12.3.4 不真实的竞争程度 ………… 222
12.3.5 无用代码的消除 …………… 223
12.4 其他的测试方法 …………………… 224
12.4.1 代码审查 …………………… 224
12.4.2 静态分析工具 ……………… 224
12.4.3 面向方面的测试技术 ……… 226
12.4.4 分析与监测工具 …………… 226

第四部分　高级主题

第 13 章 显式锁 ………………………… 227
13.1 Lock 与 ReentrantLock …………… 227
13.1.1 轮询锁与定时锁 …………… 228
13.1.2 可中断的锁获取操作 ……… 230
13.1.3 非块结构的加锁 …………… 231
13.2 性能考虑因素 ……………………… 231
13.3 公平性 ……………………………… 232
13.4 在 synchronized 和 ReentrantLock
　　 之间进行选择 ……………………… 234
13.5 读 – 写锁 …………………………… 235

第 14 章 构建自定义的同步工具 ……… 238
14.1 状态依赖性的管理 ………………… 238
14.1.1 示例：将前提条件的失败传递
　　　 给调用者 ………………… 240
14.1.2 示例：通过轮询与休眠来实现
　　　 简单的阻塞 ……………… 241
14.1.3 条件队列 …………………… 243
14.2 使用条件队列 ……………………… 244
14.2.1 条件谓词 …………………… 244
14.2.2 过早唤醒 …………………… 245
14.2.3 丢失的信号 ………………… 246
14.2.4 通知 ………………………… 247
14.2.5 示例：阀门类 ……………… 248
14.2.6 子类的安全问题 …………… 249

14.2.7 封装条件队列 ……………… 250
14.2.8 入口协议与出口协议 ……… 250
14.3 显式的 Condition 对象 …………… 251
14.4 Synchronizer 剖析 ………………… 253
14.5 AbstractQueuedSynchronizer ……… 254
14.6 java.util.concurrent 同步器类
　　 中的 AQS ………………………… 257
　 14.6.1 ReentrantLock ……………… 257
　 14.6.2 Semaphore 与 CountDownLatch … 258
　 14.6.3 FutureTask ………………… 259
　 14.6.4 ReentrantReadWriteLock …… 259

第 15 章 原子变量与非阻塞同步机制 … 261
15.1 锁的劣势 ………………………… 261
15.2 硬件对并发的支持 ……………… 262
　 15.2.1 比较并交换 ………………… 263
　 15.2.2 非阻塞的计数器 …………… 264
　 15.2.3 JVM 对 CAS 的支持 ……… 265
15.3 原子变量类 ……………………… 265
　 15.3.1 原子变量是一种"更好的
　　　　 volatile" …………………… 266

15.3.2 性能比较：锁与原子变量 ……… 267
15.4 非阻塞算法 ……………………… 270
　 15.4.1 非阻塞的栈 ………………… 270
　 15.4.2 非阻塞的链表 ……………… 272
　 15.4.3 原子的域更新器 …………… 274
　 15.4.4 ABA 问题 ………………… 275

第 16 章 Java 内存模型 ……………… 277
16.1 什么是内存模型，为什么需要它 … 277
　 16.1.1 平台的内存模型 …………… 278
　 16.1.2 重排序 ……………………… 278
　 16.1.3 Java 内存模型简介 ………… 280
　 16.1.4 借助同步 …………………… 281
16.2 发布 ……………………………… 283
　 16.2.1 不安全的发布 ……………… 283
　 16.2.2 安全的发布 ………………… 284
　 16.2.3 安全初始化模式 …………… 284
　 16.2.4 双重检查加锁 ……………… 286
16.3 初始化过程中的安全性 ………… 287

附录 A　并发性标注 ………………… 289
参考文献 ……………………………… 291

第 ① 章

简　介

编写正确的程序很难，而编写正确的并发程序则难上加难。与串行程序相比，在并发程序中存在更多容易出错的地方。那么，为什么还要编写并发程序？线程是 Java 语言中不可或缺的重要功能，它们能使复杂的异步代码变得更简单，从而极大地简化了复杂系统的开发。此外，要想充分发挥多处理器系统的强大计算能力，最简单的方式就是使用线程。随着处理器数量的持续增长，如何高效地使用并发正变得越来越重要。

1.1 并发简史

在早期的计算机中不包含操作系统，它们从头到尾只执行一个程序，并且这个程序能访问计算机中的所有资源。在这种裸机环境中，不仅很难编写和运行程序，而且每次只能运行一个程序，这对于昂贵并且稀有的计算机资源来说也是一种浪费。

操作系统的出现使得计算机每次能运行多个程序，并且不同的程序都在单独的进程中运行：操作系统为各个独立执行的进程分配各种资源，包括内存，文件句柄以及安全证书等。如果需要的话，在不同的进程之间可以通过一些粗粒度的通信机制来交换数据，包括：套接字、信号处理器、共享内存、信号量以及文件等。

之所以在计算机中加入操作系统来实现多个程序的同时执行，主要是基于以下原因：

资源利用率。在某些情况下，程序必须等待某个外部操作执行完成，例如输入操作或输出操作等，而在等待时程序无法执行其他任何工作。因此，如果在等待的同时可以运行另一个程序，那么无疑将提高资源的利用率。

公平性。不同的用户和程序对于计算机上的资源有着同等的使用权。一种高效的运行方式是通过粗粒度的时间分片（Time Slicing）使这些用户和程序能共享计算机资源，而不是由一个程序从头运行到尾，然后再启动下一个程序。

便利性。通常来说，在计算多个任务时，应该编写多个程序，每个程序执行一个任务并在必要时相互通信，这比只编写一个程序来计算所有任务更容易实现。

在早期的分时系统中，每个进程相当于一台虚拟的冯·诺依曼计算机，它拥有存储指令和数据的内存空间，根据机器语言的语义以串行方式执行指令，并通过一组 I/O 指令与外部设备通信。对每条被执行的指令，都有相应的"下一条指令"，程序中的控制流是按照指令集的规则来确定的。当前，几乎所有的主流编程语言都遵循这种串行编程模型，并且在这些语言的规范中也都清晰地定义了在某个动作完成之后需要执行的"下一个动作"。

串行编程模型的优势在于其直观性和简单性，因为它模仿了人类的工作方式：每次只做一件事情，做完之后再做另一件。例如，首先起床，穿上睡衣，然后下楼，喝早茶。在编程语言中，这些现实世界中的动作可以被进一步抽象为一组粒度更细的动作。例如，喝早茶的动作可以被进一步细化为：打开橱柜，挑选喜欢的茶叶，将一些茶叶倒入杯中，看看茶壶中是否有足够的水，如果没有的话加些水，将茶壶放到火炉上，点燃火炉，然后等水烧开等等。在最后一步等水烧开的过程中包含了一定程度的异步性。当正在烧水时，你可以干等着，也可以做些其他事情，例如开始烤面包（这是另一个异步任务）或者看报纸，同时留意茶壶水是否烧开。茶壶和面包机的生产商都很清楚：用户通常会采用异步方式来使用他们的产品，因此当这些机器完成任务时都会发出声音提示。但凡做事高效的人，总能在串行性与异步性之间找到合理的平衡，对于程序来说同样如此。

这些促使进程出现的因素（资源利用率、公平性以及便利性等）同样也促使着线程的出现。线程允许在同一个进程中同时存在多个程序控制流。线程会共享进程范围内的资源，例如内存句柄和文件句柄，但每个线程都有各自的程序计数器（Program Counter）、栈以及局部变量等。线程还提供了一种直观的分解模式来充分利用多处理器系统中的硬件并行性，而在同一个程序中的多个线程也可以被同时调度到多个CPU上运行。

线程也被称为轻量级进程。在大多数现代操作系统中，都是以线程为基本的调度单位，而不是进程。如果没有明确的协同机制，那么线程将彼此独立执行。由于同一个进程中的所有线程都将共享进程的内存地址空间，因此这些线程都能访问相同的变量并在同一个堆上分配对象，这就需要实现一种比在进程间共享数据粒度更细的数据共享机制。如果没有明确的同步机制来协同对共享数据的访问，那么当一个线程正在使用某个变量时，另一个线程可能同时访问这个变量，这将造成不可预测的结果。

1.2 线程的优势

如果使用得当，线程可以有效地降低程序的开发和维护等成本，同时提升复杂应用程序的性能。线程能够将大部分的异步工作流转换成串行工作流，因此能更好地模拟人类的工作方式和交互方式。此外，线程还可以降低代码的复杂度，使代码更容易编写、阅读和维护。

在 GUI（Graphic User Interface，图形用户界面）应用程序中，线程可以提高用户界面的响应灵敏度，而在服务器应用程序中，可以提升资源利用率以及系统吞吐率。线程还可以简化JVM的实现，垃圾收集器通常在一个或多个专门的线程中运行。在许多重要的Java应用程序中，都在一定程度上用到了线程。

1.2.1 发挥多处理器的强大能力

过去，多处理器系统是非常昂贵和稀少的，通常只有在大型数据中心和科学计算设备中才会使用多处理器系统。但现在，多处理器系统正日益普及，并且价格也在不断地降低，即使在低端服务器和中端桌面系统中，通常也会采用多个处理器。这种趋势还将进一步加快，因为通过提高时钟频率来提升性能已变得越来越困难，处理器生产厂商都开始转而在单个芯片上放置多个处理器核。所有的主流芯片制造商都开始了这种转变，而我们也已经看到了在一些机器上出现了更多的处理器。

由于基本的调度单位是线程，因此如果在程序中只有一个线程，那么最多同时只能在一个处理器上运行。在双处理器系统上，单线程的程序只能使用一半的 CPU 资源，而在拥有 100 个处理器的系统上，将有 99% 的资源无法使用。另一方面，多线程程序可以同时在多个处理器上执行。如果设计正确，多线程程序可以通过提高处理器资源的利用率来提升系统吞吐率。

使用多个线程还有助于在单处理器系统上获得更高的吞吐率。如果程序是单线程的，那么当程序等待某个同步 I/O 操作完成时，处理器将处于空闲状态。而在多线程程序中，如果一个线程在等待 I/O 操作完成，另一个线程可以继续运行，使程序能够在 I/O 阻塞期间继续运行。（这就好比在等待水烧开的同时看报纸，而不是等到水烧开之后再开始看报纸）。

1.2.2 建模的简单性

通常，当只需要执行一种类型的任务（例如修改 12 个错误）时，在时间管理方面比执行多种类型的任务（例如，修复错误、面试系统管理员的接任者、完成团队的绩效考核，以及为下个星期的报告做幻灯片）要简单。当只有一种类型的任务需要完成时，只需埋头工作，直到完成所有的任务（或者你已经精疲力尽），你不需要花任何精力来琢磨下一步该做什么。而另一方面，如果需要完成多种类型的任务，那么需要管理不同任务之间的优先级和执行时间，并在任务之间进行切换，这将带来额外的开销。

对于软件来说同样如此：如果在程序中只包含一种类型的任务，那么比包含多种不同类型任务的程序要更易于编写，错误更少，也更容易测试。如果为模型中每种类型的任务都分配一个专门的线程，那么可以形成一种串行执行的假象，并将程序的执行逻辑与调度机制的细节，交替执行的操作，异步 I/O 以及资源等待等问题分离开来。通过使用线程，可以将复杂并且异步的工作流进一步分解为一组简单并且同步的工作流，每个工作流在一个单独的线程中运行，并在特定的同步位置进行交互。

我们可以通过一些现有的框架来实现上述目标，例如 Servlet 和 RMI（Remote Method Invocation，远程方法调用）。框架负责解决一些细节问题，例如请求管理、线程创建、负载平衡，并在正确的时刻将请求分发给正确的应用程序组件。编写 Servlet 的开发人员不需要了解有多少请求在同一时刻要被处理，也不需要了解套接字的输入流或输出流是否被阻塞。当调用 Servlet 的 service 方法来响应 Web 请求时，可以以同步方式来处理这个请求，就好像它是一个单线程程序。这种方式可以简化组件的开发，并缩短掌握这种框架的学习时间。

1.2.3 异步事件的简化处理

服务器应用程序在接受来自多个远程客户端的套接字连接请求时，如果为每个连接都分配其各自的线程并且使用同步 I/O，那么就会降低这类程序的开发难度。

如果某个应用程序对套接字执行读操作而此时还没有数据到来，那么这个读操作将一直阻塞，直到有数据到达。在单线程应用程序中，这不仅意味着在处理请求的过程中将停顿，而且还意味着在这个线程被阻塞期间，对所有请求的处理都将停顿。为了避免这个问题，单线程服务器应用程序必须使用非阻塞 I/O，这种 I/O 的复杂性要远远高于同步 I/O，并且很容易出错。然而，如果每个请求都拥有自己的处理线程，那么在处理某个请求时发生的阻塞将不会影响其他请求的处理。

早期的操作系统通常会将进程中可创建的线程数量限制在一个较低的阈值内，大约在数百个（甚至更少）左右。因此，操作系统提供了一些高效的方法来实现多路 I/O，例如 Unix 的 select 和 poll 等系统调用，要调用这些方法，Java 类库需要获得一组实现非阻塞 I/O 的包（java.nio）。然而，在现代操作系统中，线程数量已得到极大的提升，这使得在某些平台上，即使有更多的客户端，为每个客户端分配一个线程也是可行的⊖。

1.2.4 响应更灵敏的用户界面

传统的 GUI 应用程序通常都是单线程的，从而在代码的各个位置都需要调用 poll 方法来获得输入事件（这种方式将给代码带来极大的混乱），或者通过一个"主事件循环（Main Event Loop）"来间接地执行应用程序的所有代码。如果在主事件循环中调用的代码需要很长时间才能执行完成，那么用户界面就会"冻结"，直到代码执行完成。这是因为只有当执行控制权返回到主事件循环后，才能处理后续的用户界面事件。

在现代的 GUI 框架中，例如 AWT 和 Swing 等工具，都采用一个事件分发线程（Event Dispatch Thread, EDT）来替代主事件循环。当某个用户界面事件发生时（例如按下一个按钮），在事件线程中将调用应用程序的事件处理器。由于大多数 GUI 框架都是单线程子系统，因此到目前为止仍然存在主事件循环，但它现在处于 GUI 工具的控制下并在其自己的线程中运行，而不是在应用程序的控制下。

如果在事件线程中执行的任务都是短暂的，那么界面的响应灵敏度就较高，因为事件线程能够很快地处理用户的动作。然而，如果事件线程中的任务需要很长的执行时间，例如对一个大型文档进行拼写检查，或者从网络上获取一个资源，那界面的响应灵敏度就会降低。如果用户在执行这类任务时触发了某个动作，那么必须等待很长时间才能获得响应，因为事件线程要先执行完该任务。更糟糕的是，不仅界面失去响应，而且即使在界面上包含了"取消"按钮，也无法取消这个长时间执行的任务，因为事件线程只有在执行完该任务后才能响应"取消"按钮的点击事件。然而，如果将这个长时间运行的任务放在一个单独的线程中运行，那么事件线程就能及时地处理界面事件，从而使用户界面具有更高的灵敏度。

1.3 线程带来的风险

Java 对线程的支持其实是一把双刃剑。虽然 Java 提供了相应的语言和库，以及一种明确的跨平台内存模型（该内存模型实现了在 Java 中开发"编写一次，随处运行"的并发应用程序），这些工具简化了并发应用程序的开发，但同时也提高了对开发人员的技术要求，因为在更多的

⊖ NPTL 线程软件包是专门设计用于支持数十万个线程的，在大多数 Linux 发布版本中都包含了这个软件包。非阻塞 I/O 有其自身的优势，但如果操作系统能更好地支持线程，那么需要使用非阻塞 I/O 的情况将变得更少。

程序中会使用线程。当线程还是一项鲜为人知的技术时，并发性是一个"高深的"主题，但现在，主流开发人员都必须了解线程方面的内容。

1.3.1 安全性问题

线程安全性可能是非常复杂的，在没有充足同步的情况下，多个线程中的操作执行顺序是不可预测的，甚至会产生奇怪的结果。在程序清单 1-1 的 UnsafeSequence 类中将产生一个整数值序列，该序列中的每个值都是唯一的。在这个类中简要地说明了多个线程之间的交替操作将如何导致不可预料的结果。在单线程环境中，这个类能正确地工作，但在多线程环境中则不能。

程序清单 1-1　非线程安全的数值序列生成器

```
@NotThreadSafe
public class UnsafeSequence {
    private int value;

    /** 返回一个唯一的数值。*/
    public int getNext() {
        return value++;
    }
}
```

UnsafeSequence 的问题在于，如果执行时机不对，那么两个线程在调用 getNext 时会得到相同的值。在图 1-1 中给出了这种错误情况。虽然递增运算 someVariable++ 看上去是单个操作，但事实上它包含三个独立的操作：读取 value，将 value 加 1，并将计算结果写入 value。由于运行时可能将多个线程之间的操作交替执行，因此这两个线程可能同时执行读操作，从而使它们得到相同的值，并都将这个值加 1。结果就是，在不同线程的调用中返回了相同的数值。

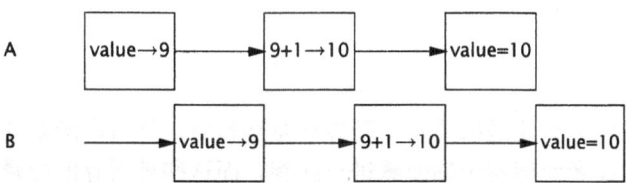

图 1-1　UnsafeSequence.getNext() 的错误执行情况

在图 1-1 中给出了不同线程之间的一种交替执行情况。在图中，执行时序按照从左到右的顺序递增，每行表示一个线程的动作。这些交替执行示意图给出的是最糟糕的执行情况㊀，目的是为了说明：如果错误地假设程序中的操作将按照某种特定顺序来执行，那么会存在各种可能的危险。

㊀ 事实上，在第 3 章中将看到，由于存在指令重排序的可能，因此实际情况可能会更糟糕。

在 UnsafeSequence 中使用了一个非标准的标注：@NotThreadSafe。这是在本书中使用的几个自定义标注之一，用于说明类和类成员的并发属性。（其他标注包括 @ThreadSafe 和 @Immutable，请参见附录 A 的详细信息）。线程安全性标注在许多方面都是有用的。如果用 @ThreadSafe 来标注某个类，那么开发人员可以放心地在多线程环境下使用这个类，维护人员也会发现它能保证线程安全性，而软件分析工具还可以识别出潜在的编码错误。

在 UnsafeSequence 类中说明的是一种常见的并发安全问题，称为竞态条件（Race Condition）。在多线程环境下，getValue 是否会返回唯一的值，要取决于运行时对线程中操作的交替执行方式，这并不是我们希望看到的情况。

由于多个线程要共享相同的内存地址空间，并且是并发运行，因此它们可能会访问或修改其他线程正在使用的变量。当然，这是一种极大的便利，因为这种方式比其他线程间通信机制更容易实现数据共享。但它同样也带来了巨大的风险：线程会由于无法预料的数据变化而发生错误。当多个线程同时访问和修改相同的变量时，将会在串行编程模型中引入非串行因素，而这种非串行性是很难分析的。要使多线程程序的行为可以预测，必须对共享变量的访问操作进行协同，这样才不会在线程之间发生彼此干扰。幸运的是，Java 提供了各种同步机制来协同这种访问。

通过将 getNext 修改为一个同步方法，可以修复 UnsafeSequence 中的错误，如程序清单 1-2 中的 Sequence ⊖，这个类可以防止图 1-1 中错误的交替执行情况。（第 2 章和第 3 章将进一步分析这个类的工作原理。）

程序清单 1-2　线程安全的数值序列生成器

```
@ThreadSafe
public class Sequence {
    @GuardedBy("this") private int Value;

    public synchronized int getNext() {
        return Value++;
    }
}
```

如果没有同步，那么无论是编译器、硬件还是运行时，都可以随意安排操作的执行时间和顺序，例如对寄存器或者处理器中的变量进行缓存，而这些被缓存的变量对于其他线程来说是暂时（甚至永久）不可见的。虽然这些技术有助于实现更优的性能，并且通常也是值得采用的方法，但它们也为开发人员带来了负担，因为开发人员必须找出这些数据在哪些位置被多个线程共享，只有这样才能使这些优化措施不破坏线程安全性。（第 16 章将详细介绍 JVM 实现了哪些顺序保证，以及同步将如何影响这些保证，但如果遵循第 2 章和第 3 章给出的指导原则，那么就可以绕开这些底层细节问题。）

⊖ 在 2.4 节中介绍了 @GuardedBy，这个标注说明了 Sequence 的同步策略。

1.3.2 活跃性问题

在开发并发代码时，一定要注意线程安全性是不可破坏的。安全性不仅对于多线程序很重要，对于单线程程序同样重要。此外，线程还会导致一些在单线程程序中不会出现的问题，例如活跃性问题。

安全性的含义是"永远不发生糟糕的事情"，而活跃性则关注于另一个目标，即"某件正确的事情最终会发生"。当某个操作无法继续执行下去时，就会发生活跃性问题。在串行程序中，活跃性问题的形式之一就是无意中造成的无限循环，从而使循环之后的代码无法得到执行。线程将带来其他一些活跃性问题。例如，如果线程 A 在等待线程 B 释放其持有的资源，而线程 B 永远都不释放该资源，那么 A 就会永久地等待下去。第 10 章将介绍各种形式的活跃性问题，以及如何避免这些问题，包括死锁（10.1 节）、饥饿（10.3.1 节），以及活锁（10.3.3 节）。与大多数并发性错误一样，导致活跃性问题的错误同样是难以分析的，因为它们依赖于不同线程的事件发生时序，因此在开发或者测试中并不总是能够重现。

1.3.3 性能问题

与活跃性问题密切相关的是性能问题。活跃性意味着某件正确的事情最终会发生，但却不够好，因为我们通常希望正确的事情尽快发生。性能问题包括多个方面，例如服务时间过长，响应不灵敏，吞吐率过低，资源消耗过高，或者可伸缩性较低等。与安全性和活跃性一样，在多线程序中不仅存在与单线程程序相同的性能问题，而且还存在由于使用线程而引入的其他性能问题。

在设计良好的并发应用程序中，线程能提升程序的性能，但无论如何，线程总会带来某种程度的运行时开销。在多线程序中，当线程调度器临时挂起活跃线程并转而运行另一个线程时，就会频繁地出现上下文切换操作（Context Switch），这种操作将带来极大的开销：保存和恢复执行上下文，丢失局部性，并且 CPU 时间将更多地花在线程调度而不是线程运行上。当线程共享数据时，必须使用同步机制，而这些机制往往会抑制某些编译器优化，使内存缓存区中的数据无效，以及增加共享内存总线的同步流量。所有这些因素都将带来额外的性能开销，第 11 章将详细介绍如何分析和减少这些开销。

1.4 线程无处不在

即使在程序中没有显式地创建线程，但在框架中仍可能会创建线程，因此在这些线程中调用的代码同样必须是线程安全的。这将给开发人员在设计和实现上带来沉重负担，因为开发线程安全的类比开发非线程安全的类要更加谨慎和细致。

每个 Java 应用程序都会使用线程。当 JVM 启动时，它将为 JVM 的内部任务（例如，垃圾收集、终结操作等）创建后台线程，并创建一个主线程来运行 main 方法。AWT（Abstract Window Toolkit，抽象窗口工具库）和 Swing 的用户界面框架将创建线程来管理用户界面事件。Timer 将创建线程来执行延迟任务。一些组件框架，例如 Servlet 和 RMI，都会创建线程池并调用这些线程中的方法。

如果要使用这些功能，那么就必须熟悉并发性和线程安全性，因为这些框架将创建线程并且在这些线程中调用程序中的代码。虽然将并发性认为是一种"可选的"或者"高级的"语言功能固然理想，但现实情况是，几乎所有的 Java 应用程序都是多线程的，因此在使用这些框架时仍然需要对应用程序状态的访问进行协同。

当某个框架在应用程序中引入并发性时，通常不可能将并发性仅局限于框架代码，因为框架本身会回调（Callback）应用程序的代码，而这些代码将访问应用程序的状态。同样，对线程安全性的需求也不能局限于被调用的代码，而是要延伸到需要访问这些代码所访问的程序状态的所有代码路径。因此，对线程安全性的需求将在程序中蔓延开来。

> 框架通过在框架线程中调用应用程序代码将并发性引入到程序中。在代码中将不可避免地访问应用程序状态，因此所有访问这些状态的代码路径都必须是线程安全的。

下面给出的模块都将在应用程序之外的线程中调用应用程序的代码。尽管线程安全性需求可能源自这些模块，但却不会止步于它们，而是会延伸到整个应用程序。

Timer。 Timer 类的作用是使任务在稍后的时刻运行，或者运行一次，或者周期性地运行。引入 Timer 可能会使串行程序变得复杂，因为 TimerTask 将在 Timer 管理的线程中执行，而不是由应用程序来管理。如果某个 TimerTask 访问了应用程序中其他线程访问的数据，那么不仅 TimerTask 需要以线程安全的方式来访问数据，其他类也必须采用线程安全的方式来访问该数据。通常，要实现这个目标，最简单的方式是确保 TimerTask 访问的对象本身是线程安全的，从而就能把线程安全性封装在共享对象内部。

Servlet 和 JavaServer Page（JSP）。Servlet 框架用于部署网页应用程序以及分发来自 HTTP 客户端的请求。到达服务器的请求可能会通过一个过滤器链被分发到正确的 Servlet 或 JSP。每个 Servlet 都表示一个程序逻辑组件，在高吞吐率的网站中，多个客户端可能同时请求同一个 Servlet 的服务。在 Servlet 规范中，Servlet 同样需要满足被多个线程同时调用，换句话说，Servlet 需要是线程安全的。

即使你可以确保每次只有一个线程调用某个 Servlet，但在构建网页应用程序时仍然必须注意线程安全性。Servlet 通常会访问与其他 Servlet 共享的信息，例如应用程序中的对象（这些对象保存在 ServletContext 中）或者会话中的对象（这些对象保存在每个客户端的 HttpSession 中）。当一个 Servlet 访问在多个 Servlet 或者请求中共享的对象时，必须正确地协同对这些对象的访问，因为多个请求可能在不同的线程中同时访问这些对象。Servlet 和 JSP，以及在 ServletContext 和 HttpSession 等容器中保存的 Servlet 过滤器和对象等，都必须是线程安全的。

远程方法调用（Remote Method Invocation，RMI）。RMI 使代码能够调用在其他 JVM 中运行的对象。当通过 RMI 调用某个远程方法时，传递给方法的参数必须被打包（也称为列集 [Marshaled]）到一个字节流中，通过网络传输给远程 JVM，然后由远程 JVM 拆包（或者称为散集 [Unmarshaled]）并传递给远程方法。

当 RMI 代码调用远程对象时，这个调用将在哪个线程中执行？你并不知道，但肯定不会在你创建的线程中,而是将在一个由 RMI 管理的线程中调用对象。RMI 会创建多少个线程?同一个远程对象上的同一个远程方法会不会在多个 RMI 线程中被同时调用?㊀

远程对象必须注意两个线程安全性问题:正确地协同在多个对象中共享的状态,以及对远程对象本身状态的访问(由于同一个对象可能会在多个线程中被同时访问)。与 Servlet 相同,RMI 对象应该做好被多个线程同时调用的准备,并且必须确保它们自身的线程安全性。

Swing 和 AWT。 GUI 应用程序的一个固有属性是异步性。用户可以在任意时刻选择一个菜单项或者按下一个按钮,应用程序就会及时响应,即使应用程序当时正在执行其他的任务。Swing 和 AWT 很好地解决了这个问题,它们创建了一个单独的线程来处理用户触发的事件,并对呈现给用户的图形界面进行更新。

Swing 的一些组件并不是线程安全的,例如 JTable。相反,Swing 程序通过将所有对 GUI 组件的访问局限在事件线程中以实现线程安全性。如果某个应用程序希望在事件线程之外控制 GUI,那么必须将控制 GUI 的代码放在事件线程中运行。

当用户触发某个 UI 动作时,在事件线程中就会有一个事件处理器被调用以执行用户请求的操作。如果事件处理器需要访问由其他线程同时访问的应用程序状态(例如编辑某个文档),那么这个事件处理器,以及访问这个状态的所有其他代码,都必须采用一种线程安全的方式来访问该状态。

㊀ 答案是:会的,但在 Javadoc 中并没有清楚地指出这一点,你需要阅读 RMI 规范。

第一部分
基础知识

第 2 章
线程安全性

你或许会感到奇怪，线程或者锁在并发编程中的作用，类似于铆钉和工字梁在土木工程中的作用。要建筑一座坚固的桥梁，必须正确地使用大量的铆钉和工字梁。同理，在构建稳健的并发程序时，必须正确地使用线程和锁。但这些终归只是一些机制。要编写线程安全的代码，其核心在于要对状态访问操作进行管理，特别是对共享的（Shared）和可变的（Mutable）状态的访问。

从非正式的意义上来说，对象的状态是指存储在状态变量（例如实例或静态域）中的数据。对象的状态可能包括其他依赖对象的域。例如，某个 HashMap 的状态不仅存储在 HashMap 对象本身，还存储在许多 Map.Entry 对象中。在对象的状态中包含了任何可能影响其外部可见行为的数据。

"共享"意味着变量可以由多个线程同时访问，而"可变"则意味着变量的值在其生命周期内可以发生变化。我们将像讨论代码那样来讨论线程安全性，但更侧重于如何防止在数据上发生不受控的并发访问。

一个对象是否需要是线程安全的，取决于它是否被多个线程访问。这指的是在程序中访问对象的方式，而不是对象要实现的功能。要使得对象是线程安全的，需要采用同步机制来协同对对象可变状态的访问。如果无法实现协同，那么可能会导致数据破坏以及其他不该出现的结果。

当多个线程访问某个状态变量并且其中有一个线程执行写入操作时，必须采用同步机制来协同这些线程对变量的访问。Java 中的主要同步机制是关键字 synchronized，它提供了一种独占的加锁方式,但"同步"这个术语还包括volatile类型的变量,显式锁(Explicit Lock)以及原子变量。

在上述规则中并不存在一些想象中的"例外"情况。即使在某个程序中省略了必要同步机制并且看上去似乎能正确执行,而且通过了测试并在随后几年时间里都能正确地执行,但程序仍可能在某个时刻发生错误。

> 如果当多个线程访问同一个可变的状态变量时没有使用合适的同步,那么程序就会出现错误。有三种方式可以修复这个问题:
> - 不在线程之间共享该状态变量。
> - 将状态变量修改为不可变的变量。
> - 在访问状态变量时使用同步。

如果在设计类的时候没有考虑并发访问的情况,那么在采用上述方法时可能需要对设计进行重大修改,因此要修复这个问题可谓是知易行难。如果从一开始就设计一个线程安全的类,那么比在以后再将这个类修改为线程安全的类要容易得多。

在一些大型程序中,要找出多个线程在哪些位置上将访问同一个变量是非常复杂的。幸运的是,面向对象这种技术不仅有助于编写出结构优雅、可维护性高的类,还有助于编写出线程安全的类。访问某个变量的代码越少,就越容易确保对变量的所有访问都实现正确同步,同时也更容易找出变量在哪些条件下被访问。Java语言并没有强制要求将状态都封装在类中,开发人员完全可以将状态保存在某个公开的域(甚至公开的静态域)中,或者提供一个对内部对象的公开引用。然而,程序状态的封装性越好,就越容易实现程序的线程安全性,并且代码的维护人员也越容易保持这种方式。

> 当设计线程安全的类时,良好的面向对象技术、不可修改性,以及明晰的不变性规范都能起到一定的帮助作用。

在某些情况中,良好的面向对象设计技术与实际情况的需求并不一致。在这些情况中,可能需要牺牲一些良好的设计原则,以换取性能或者对遗留代码的向后兼容。有时候,面向对象中的抽象和封装会降低程序的性能(尽管很少有开发人员相信),但在编写并发应用程序时,一种正确的编程方法就是:首先使代码正确运行,然后再提高代码的速度。即便如此,最好也只是当性能测试结果和应用需求告诉你必须提高性能,以及测量结果表明这种优化在实际环境中确实能带来性能提升时,才进行优化。⊖

如果你必须打破封装,那么也并非不可以,你仍然可以实现程序的线程安全性,只是更困

⊖ 在编写并发代码时,应该始终遵循这个原则。由于并发错误是非常难以重现和调试的,因此如果只是在某段很少执行的代码路径上获得了性能提升,那么很可能被程序运行时存在的失败风险而抵消。

难，而且，程序的线程安全性将更加脆弱，不仅增加了开发的成本和风险，而且也增加了维护的成本和风险。第4章详细介绍了在哪些条件下可以安全地放宽状态变量的封装性。

到目前为止，我们使用了"线程安全类"和"线程安全程序"这两个术语，二者的含义基本相同。线程安全的程序是否完全由线程安全类构成？答案是否定的，完全由线程安全类构成的程序并不一定就是线程安全的，而在线程安全类中也可以包含非线程安全的类。第4章还将进一步介绍如何对线程安全类进行组合的相关问题。在任何情况中，只有当类中仅包含自己的状态时，线程安全类才是有意义的。线程安全性是一个在代码上使用的术语，但它只是与状态相关的，因此只能应用于封装其状态的整个代码，这可能是一个对象，也可能是整个程序。

2.1 什么是线程安全性

要对线程安全性给出一个确切的定义是非常复杂的。定义越正式，就越复杂，不仅很难提供有实际意义的指导建议，而且也很难从直观上去理解。因此，下面给出了一些非正式的描述，看上去令人困惑。在互联网上可以搜索到许多"定义"，例如：

……可以在多个线程中调用，并且在线程之间不会出现错误的交互。

……可以同时被多个线程调用，而调用者无须执行额外的动作。

看看这些定义，难怪我们会对线程安全性感到困惑。它们听起来非常像"如果某个类可以在多个线程中安全地使用，那么它就是一个线程安全的类"。对于这种说法，虽然没有太多的争议，但同样也不会带来太多的帮助。我们如何区分线程安全的类以及非线程安全的类？进一步说，"安全"的含义是什么？

在线程安全性的定义中，最核心的概念就是正确性。如果对线程安全性的定义是模糊的，那么就是因为缺乏对正确性的清晰定义。

正确性的含义是，某个类的行为与其规范完全一致。在良好的规范中通常会定义各种不变性条件（Invariant）来约束对象的状态，以及定义各种后验条件（Postcondition）来描述对象操作的结果。由于我们通常不会为类编写详细的规范，那么如何知道这些类是否正确呢？我们无法知道，但这并不妨碍我们在确信"类的代码能工作"后使用它们。这种"代码可信性"非常接近于我们对正确性的理解，因此我们可以将单线程的正确性近似定义为"所见即所知（we know it when we see it）"。在对"正确性"给出了一个较为清晰的定义后，就可以定义线程安全性：当多个线程访问某个类时，这个类始终都能表现出正确的行为，那么就称这个类是线程安全的。

> 当多个线程访问某个类时，不管运行时环境采用何种调度方式或者这些线程将如何交替执行，并且在主调代码中不需要任何额外的同步或协同，这个类都能表现出正确的行为，那么就称这个类是线程安全的。

由于单线程程序也可以看成是一个多线程程序，如果某个类在单线程环境⊖中都不是正

⊖ 如果你觉得这里对"正确性"的定义有些模糊，那么可以将线程安全类认为是一个在并发环境和单线程环境中都不会被破坏的类。

确的，那么它肯定不会是线程安全的。如果正确地实现了某个对象，那么在任何操作中（包括调用对象的公有方法或者对其公有域进行读/写操作）都不会违背不变性条件或后验条件。在线程安全类的对象实例上执行的任何串行或并行操作都不会使对象处于无效状态。

> 在线程安全类中封装了必要的同步机制，因此客户端无须进一步采取同步措施。

示例：一个无状态的 Servlet

我们在第 1 章列出了一组框架，其中每个框架都能创建多个线程并在这些线程中调用你编写的代码，因此你需要保证编写的代码是线程安全的。通常，线程安全性的需求并非来源于对线程的直接使用，而是使用像 Servlet 这样的框架。我们来看一个简单的示例——一个基于 Servlet 的因数分解服务，并逐渐扩展它的功能，同时确保它的线程安全性。

程序清单 2-1 给出了一个简单的因数分解 Servlet。这个 Servlet 从请求中提取出数值，执行因数分解，然后将结果封装到该 Servlet 的响应中。

程序清单 2-1　一个无状态的 Servlet

```
@ThreadSafe
public class StatelessFactorizer implements Servlet {
    public void service(ServletRequest req, ServletResponse resp) {
        BigInteger i = extractFromRequest(req);
        BigInteger[] factors = factor(i);
        encodeIntoResponse(resp, factors);
    }
}
```

与大多数 Servlet 相同，StatelessFactorizer 是无状态的：它既不包含任何域，也不包含任何对其他类中域的引用。计算过程中的临时状态仅存在于线程栈上的局部变量中，并且只能由正在执行的线程访问。访问 StatelessFactorizer 的线程不会影响另一个访问同一个 StatelessFactorizer 的线程的计算结果，因为这两个线程并没有共享状态，就好像它们都在访问不同的实例。由于线程访问无状态对象的行为并不会影响其他线程中操作的正确性，因此无状态对象是线程安全的。

> 无状态对象一定是线程安全的。

大多数 Servlet 都是无状态的，从而极大地降低了在实现 Servlet 线程安全性时的复杂性。只有当 Servlet 在处理请求时需要保存一些信息，线程安全性才会成为一个问题。

2.2　原子性

当我们在无状态对象中增加一个状态时，会出现什么情况？假设我们希望增加一个"命中计数器"（Hit Counter）来统计所处理的请求数量。一种直观的方法是在 Servlet

中增加一个 long 类型的域,并且每处理一个请求就将这个值加 1,如程序清单 2-2 中的 UnsafeCountingFactorizer 所示。

程序清单 2-2　在没有同步的情况下统计已处理请求数量的 Servlet(不要这么做)

```
@NotThreadSafe
public class UnsafeCountingFactorizer implements Servlet {
    private long count = 0;

    public long getCount() { return count; }

    public void service(ServletRequest req, ServletResponse resp) {
        BigInteger i = extractFromRequest(req);
        BigInteger[] factors = factor(i);
        ++count;
        encodeIntoResponse(resp, factors);
    }
}
```

不幸的是,UnsafeCountingFactorizer 并非线程安全的,尽管它在单线程环境中能正确运行。与前面的 UnsafeSequence 一样,这个类很可能会丢失一些更新操作。虽然递增操作 ++count 是一种紧凑的语法,使其看上去只是一个操作,但这个操作并非原子的,因而它并不会作为一个不可分割的操作来执行。实际上,它包含了三个独立的操作:读取 count 的值,将值加 1,然后将计算结果写入 count。这是一个"读取 - 修改 - 写入"的操作序列,并且其结果状态依赖于之前的状态。

图 1-1 给出了两个线程在没有同步的情况下同时对一个计数器执行递增操作时发生的情况。如果计数器的初始值为 9,那么在某些情况下,每个线程读到的值都为 9,接着执行递增操作,并且都将计数器的值设为 10。显然,这并不是我们希望看到的情况,如果有一次递增操作丢失了,命中计数器的值就将偏差 1。

你可能会认为,在基于 Web 的服务中,命中计数器值的少量偏差或许是可以接受的,在某些情况下也确实如此。但如果该计数器被用来生成数值序列或者唯一的对象标识符,那么在多次调用中返回相同的值将导致严重的数据完整性问题⊖。在并发编程中,这种由于不恰当的执行时序而出现不正确的结果是一种非常重要的情况,它有一个正式的名字:竞态条件(Race Condition)。

2.2.1　竞态条件

在 UnsafeCountingFactorizer 中存在多个竞态条件,从而使结果变得不可靠。当某个计算的正确性取决于多个线程的交替执行时序时,那么就会发生竞态条件。换句话说,就是正确的结

⊖ 在 UnsafeSequence 和 UnsafeCountingFactorizer 中还存在其他一些严重的问题,例如可能出现失效数据 (Stale Data) 问题 (3.1.1 节)。

果要取决于运气⊖。最常见的竞态条件类型就是"先检查后执行（Check-Then-Act）"操作，即通过一个可能失效的观测结果来决定下一步的动作。

在实际情况中经常会遇到竞态条件。例如，假定你计划中午在 University Avenue 的星巴克与一位朋友会面。但当你到达那里时，发现在 University Avenue 上有两家星巴克，并且你不知道说好碰面的是哪一家。在 12:10 时，你没有在星巴克 A 看到朋友，那么就会去星巴克 B 看看他是否在那里，但他也不在那里。这有几种可能：你的朋友迟到了，还没到任何一家星巴克；你的朋友在你离开后到了星巴克 A；你的朋友在星巴克 B，但他去星巴克 A 找你，并且此时正在去星巴克 A 的途中。我们假设是最糟糕的情况，即最后一种可能。现在是 12:15，你们两个都去过了两家星巴克，并且都开始怀疑对方是否失约了。现在你会怎么做？回到另一家星巴克？来来回回要走多少次？除非你们之间约定了某种协议，否则你们整天都在 University Avenue 上走来走去，倍感沮丧。

在"我去看看他是否在另一家星巴克"这种方法中，问题在于：当你在街上走时，你的朋友可能已经离开了你要去的星巴克。你首先看了看星巴克 A，发现"他不在"，并且开始去找他。你可以在星巴克 B 中做同样的选择，但不是同时发生。两家星巴克之间有几分钟的路程，而就在这几分钟的时间里，系统的状态可能会发生变化。

在星巴克这个示例中说明了一种竞态条件，因为要获得正确的结果（与朋友会面），必须取决于事件的发生时序（当你们到达星巴克时，在离开并去另一家星巴克之前会等待多长时间……）。当你迈出前门时，你在星巴克 A 的观察结果将变得无效，你的朋友可能从后门进来了，而你却不知道。这种观察结果的失效就是大多数竞态条件的本质——基于一种可能失效的观察结果来做出判断或者执行某个计算。这种类型的竞态条件称为"先检查后执行"：首先观察到某个条件为真（例如文件 X 不存在），然后根据这个观察结果采用相应的动作（创建文件 X），但事实上，在你观察到这个结果以及开始创建文件之间，观察结果可能变得无效（另一个线程在这期间创建了文件 X），从而导致各种问题（未预期的异常、数据被覆盖、文件被破坏等）。

2.2.2 示例：延迟初始化中的竞态条件

使用"先检查后执行"的一种常见情况就是延迟初始化。延迟初始化的目的是将对象的初始化操作推迟到实际被使用时才进行，同时要确保只被初始化一次。在程序清单 2-3 中的 LazyInitRace 说明了这种延迟初始化情况。getInstance 方法首先判断 ExpensiveObject 是否已经被初始化，如果已经初始化则返回现有的实例，否则，它将创建一个新的实例，并返回一个引用，从而在后来的调用中就无须再执行这段高开销的代码路径。

⊖ 竞态条件这个术语很容易与另一个相关术语"数据竞争（Data Race）"相混淆。数据竞争是指，如果在访问共享的非 final 类型的域时没有采用同步来进行协同，那么就会出现数据竞争。当一个线程写入一个变量而另一个线程接下来读取这个变量，或者读取一个之前由另一个线程写入的变量时，并且在这两个线程之间没有使用同步，那么就可能出现数据竞争。在 Java 内存模型中，如果在代码中存在数据竞争，那么这段代码就没有确定的语义。并非所有的竞态条件都是数据竞争，同样并非所有的数据竞争都是竞态条件，但二者都可能使并发程序失败。在 UnsafeCountingFactorizer 中既存在竞态条件，又存在数据竞争。参见第 16 章了解数据竞争的更详细内容。

程序清单2-3 延迟初始化中的竞态条件（不要这么做）

```
@NotThreadSafe
public class LazyInitRace {
    private ExpensiveObject instance = null;

    public ExpensiveObject getInstance() {
        if (instance == null)
            instance = new ExpensiveObject();
        return instance;
    }
}
```

在LazyInitRace中包含了一个竞态条件，它可能会破坏这个类的正确性。假定线程A和线程B同时执行getInstance。A看到instance为空，因而创建一个新的ExpensiveObject实例。B同样需要判断instance是否为空。此时的instance是否为空，要取决于不可预测的时序，包括线程的调度方式，以及A需要花多长时间来初始化ExpensiveObject并设置instance。如果当B检查时，instance为空，那么在两次调用getInstance时可能会得到不同的结果，即使getInstance通常被认为是返回相同的实例。

在UnsafeCountingFactorizer的统计命中计数操作中存在另一种竞态条件。在"读取-修改-写入"这种操作（例如递增一个计数器）中，基于对象之前的状态来定义对象状态的转换。要递增一个计数器，你必须知道它之前的值，并确保在执行更新的过程中没有其他线程会修改或使用这个值。

与大多数并发错误一样，竞态条件并不总是会产生错误，还需要某种不恰当的执行时序。然而，竞态条件也可能导致严重的问题。假定LazyInitRace被用于初始化应用程序范围内的注册表，如果在多次调用中返回不同的实例，那么要么会丢失部分注册信息，要么多个行为对同一组注册对象表现出不一致的视图。如果将UnsafeSequence用于在某个持久化框架中生成对象的标识，那么两个不同的对象最终将获得相同的标识，这就违反了标识的完整性约束条件。

2.2.3 复合操作

LazyInitRace和UnsafeCountingFactorizer都包含一组需要以原子方式执行（或者说不可分割）的操作。要避免竞态条件问题，就必须在某个线程修改该变量时，通过某种方式防止其他线程使用这个变量，从而确保其他线程只能在修改操作完成之前或之后读取和修改状态，而不是在修改状态的过程中。

> 假定有两个操作A和B，如果从执行A的线程来看，当另一个线程执行B时，要么将B全部执行完，要么完全不执行B，那么A和B对彼此来说是原子的。原子操作是指，对于访问同一个状态的所有操作（包括该操作本身）来说，这个操作是一个以原子方式执行的操作。

如果UnsafeSequence中的递增操作是原子操作，那么图1-1中的竞态条件就不会发生，并且递增操作在每次执行时都会把计数器增加1。为了确保线程安全性,"先检查后执行"(例如延迟初始化)和"读取-修改-写入"(例如递增运算)等操作必须是原子的。我们将"先检查后执行"以及"读取-修改-写入"等操作统称为复合操作:包含了一组必须以原子方式执行的操作以确保线程安全性。在2.3节中,我们将介绍加锁机制,这是Java中用于确保原子性的内置机制。就目前而言,我们先采用另一种方式来修复这个问题,即使用一个现有的线程安全类,如程序清单2-4中的CountingFactorizer所示。

程序清单2-4 使用AtomicLong类型的变量来统计已处理请求的数量

```
@ThreadSafe
public class CountingFactorizer implements Servlet {
    private final AtomicLong count = new AtomicLong(0);

    public long getCount() { return count.get(); }

    public void service(ServletRequest req, ServletResponse resp) {
        BigInteger i = extractFromRequest(req);
        BigInteger[] factors = factor(i);
        count.incrementAndGet();
        encodeIntoResponse(resp, factors);
    }
}
```

在java.util.concurrent.atomic包中包含了一些原子变量类,用于实现在数值和对象引用上的原子状态转换。通过用AtomicLong来代替long类型的计数器,能够确保所有对计数器状态的访问操作都是原子的。⊖由于Servlet的状态就是计数器的状态,并且计数器是线程安全的,因此这里的Servlet也是线程安全的。

我们在因数分解的Servlet中增加了一个计数器,并通过使用线程安全类AtomicLong来管理计数器的状态,从而确保了代码的线程安全性。当在无状态的类中添加一个状态时,如果该状态完全由线程安全的对象来管理,那么这个类仍然是线程安全的。然而,在2.3节你将看到,当状态变量的数量由一个变为多个时,并不会像状态变量数量由零个变为一个那样简单。

> 在实际情况中,应尽可能地使用现有的线程安全对象(例如AcomicLong)来管理类的状态。与非线程安全的对象相比,判断线程安全对象的可能状态及其状态转换情况要更为容易,从而也更容易维护和验证线程安全性。

2.3 加锁机制

当在Servlet中添加一个状态变量时,可以通过线程安全的对象来管理Servlet的状态以维护Servlet的线程安全性。但如果想在Servlet中添加更多的状态,那么是否只需添加更多的线程安全状态变量就足够了?

⊖ CountingFactorizer调用incrementAndGet来递增计数器,同时会返回递增后的值。这里忽略了返回值。

假设我们希望提升 Servlet 的性能：将最近的计算结果缓存起来，当两个连续的请求对相同的数值进行因数分解时，可以直接使用上一次的计算结果，而无须重新计算。（这并非一种有效的缓存策略，5.6 节将给出一种更好的策略。）要实现该缓存策略，需要保存两个状态：最近执行因数分解的数值，以及分解结果。

我们曾通过 AtomicLong 以线程安全的方式来管理计数器的状态，那么，在这里是否可以使用类似的 AtomicReference ⊖ 来管理最近执行因数分解的数值及其分解结果吗？在程序清单 2-5 中的 UnsafeCachingFactorizer 实现了这种思想。

程序清单 2-5　该 Servlet 在没有足够原子性保证的情况下对其最近计算结果进行缓存（不要这么做）

```
@NotThreadSafe
public class UnsafeCachingFactorizer implements Servlet {
    private final AtomicReference<BigInteger> lastNumber
        = new AtomicReference<BigInteger>();
    private final AtomicReference<BigInteger[]> lastFactors
        = new AtomicReference<BigInteger[]>();

    public void service(ServletRequest req, ServletResponse resp) {
        BigInteger i = extractFromRequest(req);
        if (i.equals(lastNumber.get()))
            encodeIntoResponse(resp, lastFactors.get());
        else {
            BigInteger[] factors = factor(i);
            lastNumber.set(i);
            lastFactors.set(factors);
            encodeIntoResponse(resp, factors);
        }
    }
}
```

然而，这种方法并不正确。尽管这些原子引用本身都是线程安全的，但在 UnsafeCachingFactorizer 中存在着竞态条件，这可能产生错误的结果。

在线程安全性的定义中要求，多个线程之间的操作无论采用何种执行时序或交替方式，都要保证不变性条件不被破坏。UnsafeCachingFactorizer 的不变性条件之一是：在 lastFactors 中缓存的因数之积应该等于在 lastNumber 中缓存的数值。只有确保了这个不变性条件不被破坏，上面的 Servlet 才是正确的。当在不变性条件中涉及多个变量时，各个变量之间并不是彼此独立的，而是某个变量的值会对其他变量的值产生约束。因此，当更新某一个变量时，需要在同一个原子操作中对其他变量同时进行更新。

在某些执行时序中，UnsafeCachingFactorizer 可能会破坏这个不变性条件。在使用原子引用的情况下，尽管对 set 方法的每次调用都是原子的，但仍然无法同时更新 lastNumber 和 lastFactors。如果只修改了其中一个变量，那么在这两次修改操作之间，其他线程将发现不变性条件被破坏了。同样，我们也不能保证会同时获取两个值：在线程 A 获取这两个值的过程中，

⊖ AtomicLong 是一种替代 long 类型整数的线程安全类，类似地，AtomicReference 是一种替代对象引用的线程安全类。在第 15 章将介绍各种原子变量（Atomic Variable）及其优势。

线程 B 可能修改了它们，这样线程 A 也会发现不变性条件被破坏了。

> 要保持状态的一致性，就需要在单个原子操作中更新所有相关的状态变量。

2.3.1 内置锁

Java 提供了一种内置的锁机制来支持原子性：同步代码块（Synchronized Block）。（第 3 章将介绍加锁机制以及其他同步机制的另一个重要方面：可见性）同步代码块包括两部分：一个作为锁的对象引用，一个作为由这个锁保护的代码块。以关键字 synchronized 来修饰的方法就是一种横跨整个方法体的同步代码块，其中该同步代码块的锁就是方法调用所在的对象。静态的 synchronized 方法以 Class 对象作为锁。

```
synchronized (lock) {
    // 访问或修改由锁保护的共享状态
}
```

每个 Java 对象都可以用做一个实现同步的锁，这些锁被称为内置锁 (Intrinsic Lock) 或监视器锁 (Monitor Lock)。线程在进入同步代码块之前会自动获得锁，并且在退出同步代码块时自动释放锁，而无论是通过正常的控制路径退出，还是通过从代码块中抛出异常退出。获得内置锁的唯一途径就是进入由这个锁保护的同步代码块或方法。

Java 的内置锁相当于一种互斥体（或互斥锁），这意味着最多只有一个线程能持有这种锁。当线程 A 尝试获取一个由线程 B 持有的锁时，线程 A 必须等待或者阻塞，直到线程 B 释放这个锁。如果 B 永远不释放锁，那么 A 也将永远地等下去。

由于每次只能有一个线程执行内置锁保护的代码块，因此，由这个锁保护的同步代码块会以原子方式执行，多个线程在执行该代码块时也不会相互干扰。并发环境中的原子性与事务应用程序中的原子性有着相同的含义——一组语句作为一个不可分割的单元被执行。任何一个执行同步代码块的线程，都不可能看到有其他线程正在执行由同一个锁保护的同步代码块。

这种同步机制使得要确保因数分解 Servlet 的线程安全性变得更简单。在程序清单 2-6 中使用了关键字 synchronized 来修饰 service 方法，因此在同一时刻只有一个线程可以执行 service 方法。现在的 SynchronizedFactorizer 是线程安全的。然而，这种方法却过于极端，因为多个客户端无法同时使用因数分解 Servlet，服务的响应性非常低，无法令人接受。这是一个性能问题，而不是线程安全问题，我们将在 2.5 节解决这个问题。

程序清单 2-6　这个 Servlet 能正确地缓存最新的计算结果，但并发性却非常糟糕（不要这么做）

```
@ThreadSafe
public class SynchronizedFactorizer implements Servlet {
    @GuardedBy("this") private BigInteger lastNumber;
    @GuardedBy("this") private BigInteger[] lastFactors;

    public synchronized void service(ServletRequest req,
                                     ServletResponse resp) {
        BigInteger i = extractFromRequest(req);
```

```
        if (i.equals(lastNumber))
            encodeIntoResponse(resp, lastFactors);
        else {
            BigInteger[] factors = factor(i);
            lastNumber = i;
            lastFactors = factors;
            encodeIntoResponse(resp, factors);
        }
    }
}
```

2.3.2 重入

当某个线程请求一个由其他线程持有的锁时,发出请求的线程就会阻塞。然而,由于内置锁是可重入的,因此如果某个线程试图获得一个已经由它自己持有的锁,那么这个请求就会成功。"重入"意味着获取锁的操作的粒度是"线程",而不是"调用"⊖。重入的一种实现方法是,为每个锁关联一个获取计数值和一个所有者线程。当计数值为 0 时,这个锁就被认为是没有被任何线程持有。当线程请求一个未被持有的锁时,JVM 将记下锁的持有者,并且将获取计数值置为 1。如果同一个线程再次获取这个锁,计数值将递增,而当线程退出同步代码块时,计数器会相应地递减。当计数值为 0 时,这个锁将被释放。

重入进一步提升了加锁行为的封装性,因此简化了面向对象并发代码的开发。在程序清单 2-7 的代码中,子类改写了父类的 synchronized 方法,然后调用父类中的方法,此时如果没有可重入的锁,那么这段代码将产生死锁。由于 Widget 和 LoggingWidget 中 doSomething 方法都是 synchronized 方法,因此每个 doSomething 方法在执行前都会获取 Widget 上的锁。然而,如果内置锁不是可重入的,那么在调用 super.doSomething 时将无法获得 Widget 上的锁,因为这个锁已经被持有,从而线程将永远停顿下去,等待一个永远也无法获得的锁。重入则避免了这种死锁情况的发生。

程序清单 2-7　如果内置锁不是可重入的,那么这段代码将发生死锁

```
public class Widget {
    public synchronized void doSomething() {
        ...
    }
}

public class LoggingWidget extends Widget {
    public synchronized void doSomething() {
        System.out.println(toString() + ": calling doSomething");
        super.doSomething();
    }
}
```

⊖ 这与 pthread(POSIX 线程) 互斥体的默认加锁行为不同,pthread 互斥体的获取操作是以"调用"为粒度的。

2.4 用锁来保护状态

由于锁能使其保护的代码路径以串行形式[⊖]来访问，因此可以通过锁来构造一些协议以实现对共享状态的独占访问。只要始终遵循这些协议，就能确保状态的一致性。

访问共享状态的复合操作，例如命中计数器的递增操作（读取-修改-写入）或者延迟初始化（先检查后执行），都必须是原子操作以避免产生竞态条件。如果在复合操作的执行过程中持有一个锁，那么会使复合操作成为原子操作。然而，仅仅将复合操作封装到一个同步代码块中是不够的。如果用同步来协调对某个变量的访问，那么在访问这个变量的所有位置上都需要使用同步。而且，当使用锁来协调对某个变量的访问时，在访问变量的所有位置上都要使用同一个锁。

一种常见的错误是认为，只有在写入共享变量时才需要使用同步，然而事实并非如此（3.1节将进一步解释其中的原因）。

> 对于可能被多个线程同时访问的可变状态变量，在访问它时都需要持有同一个锁，在这种情况下，我们称状态变量是由这个锁保护的。

在程序清单 2-6 的 SynchronizedFactorizer 中，lastNumber 和 lastFactors 这两个变量都是由 Servlet 对象的内置锁来保护的，在标注 @GuardedBy 中也已经说明了这一点。

对象的内置锁与其状态之间没有内在的关联。虽然大多数类都将内置锁用做一种有效的加锁机制，但对象的域并不一定要通过内置锁来保护。当获取与对象关联的锁时，并不能阻止其他线程访问该对象，某个线程在获得对象的锁之后，只能阻止其他线程获得同一个锁。之所以每个对象都有一个内置锁，只是为了免去显式地创建锁对象。[⊖]你需要自行构造加锁协议或者同步策略来实现对共享状态的安全访问，并且在程序中自始至终地使用它们。

> 每个共享的和可变的变量都应该只由一个锁来保护，从而使维护人员知道是哪一个锁。

一种常见的加锁约定是，将所有的可变状态都封装在对象内部，并通过对象的内置锁对所有访问可变状态的代码路径进行同步，使得在该对象上不会发生并发访问。在许多线程安全类中都使用了这种模式，例如 Vector 和其他的同步集合类。在这种情况下，对象状态中的所有变量都由对象的内置锁保护起来。然而，这种模式并没有任何特殊之处，编译器或运行时都不会强制实施这种（或者其他的）模式[⊜]。如果在添加新的方法或代码路径时忘记了使用同步，那

⊖ 对象的串行访问（Serializing Access）与对象的序列化（Serialization，即将对象转化为字节流）操作毫不相干。串行访问意味着多个线程依次以独占的方式访问对象，而不是并发地访问。

⊖ 回想起来，这种设计决策或许比较糟糕：不仅会引起混乱，而且还迫使 JVM 需要在对象大小与加锁性能之间进行权衡。

⊜ 如果某个变量在多个位置上的访问操作中都持有一个锁，但并非在所有位置上的访问操作都如此时，那么通过一些代码核查工具，例如 FindBugs，就可以发现这种情况，并报告可能出现了一个错误。

么这种加锁协议会很容易被破坏。

并非所有数据都需要锁的保护，只有被多个线程同时访问的可变数据才需要通过锁来保护。第 1 章曾介绍，当添加一个简单的异步事件时，例如 TimerTask，整个程序都要满足线程安全性要求，尤其是当程序状态的封装性比较糟糕时。考虑一个处理大规模数据的单线程程序，由于任何数据都不会在多个线程之间共享，因此在单线程程序中不需要同步。现在，假设希望添加一个新功能，即定期地对数据处理进度生成快照，这样当程序崩溃或者必须停止时无须再次从头开始。你可能会选择使用 TimerTask，每十分钟触发一次，并将程序状态保存到一个文件中。

由于 TimerTask 在另一个（由 Timer 管理的）线程中调用，因此现在就有两个线程同时访问快照中的数据：程序的主线程与 Timer 线程。这意味着，当访问程序的状态时，不仅 TimerTask 代码必须使用同步，而且程序中所有访问相同数据的代码路径也必须使用同步。原本在程序中不需要使用同步，现在变成了在程序的各个位置都需要使用同步。

当某个变量由锁来保护时，意味着在每次访问这个变量时都需要首先获得锁，这样就确保在同一时刻只有一个线程可以访问这个变量。当类的不变性条件涉及多个状态变量时，那么还有另外一个需求：在不变性条件中的每个变量都必须由同一个锁来保护。因此可以在单个原子操作中访问或更新这些变量，从而确保不变性条件不被破坏。在 SynchronizedFactorizer 类中说明了这条规则：缓存的数值和因数分解结果都由 Servlet 对象的内置锁来保护。

> 对于每个包含多个变量的不变性条件，其中涉及的所有变量都需要由同一个锁来保护。

如果同步可以避免竞态条件问题，那么为什么不在每个方法声明时都使用关键字 synchronized？事实上，如果不加区别地滥用 synchronized，可能导致程序中出现过多的同步。此外，如果只是将每个方法都作为同步方法，例如 Vector，那么并不足以确保 Vector 上复合操作都是原子的：

```
if (!vector.contains(element))
    vector.add(element);
```

虽然 contains 和 add 等方法都是原子方法，但在上面这个"如果不存在则添加 (put-if-absent)"的操作中仍然存在竞态条件。虽然 synchronized 方法可以确保单个操作的原子性，但如果要把多个操作合并为一个复合操作，还是需要额外的加锁机制（请参见 4.4 节了解如何在线程安全对象中添加原子操作的方法）。此外，将每个方法都作为同步方法还可能导致活跃性问题 (Liveness) 或性能问题（Performance），我们在 SynchronizedFactorizer 中已经看到了这些问题。

2.5 活跃性与性能

在 UnsafeCachingFactorizer 中，我们通过在因数分解 Servlet 中引入了缓存机制来提升性能。在缓存中需要使用共享状态，因此需要通过同步来维护状态的完整性。然而，如果使用 SynchronizedFactorizer 中的同步方式，那么代码的执行性能将非常糟糕。SynchronizedFactorizer

中采用的同步策略是,通过 Servlet 对象的内置锁来保护每一个状态变量,该策略的实现方式也就是对整个 service 方法进行同步。虽然这种简单且粗粒度的方法能确保线程安全性,但付出的代价却很高。

由于 service 是一个 synchronized 方法,因此每次只有一个线程可以执行。这就背离了 Serlvet 框架的初衷,即 Serlvet 需要能同时处理多个请求,这在负载过高的情况下将给用户带来糟糕的体验。如果 Servlet 在对某个大数值进行因数分解时需要很长的执行时间,那么其他的客户端必须一直等待,直到 Servlet 处理完当前的请求,才能开始另一个新的因数分解运算。如果在系统中有多个 CPU 系统,那么当负载很高时,仍然会有处理器处于空闲状态。即使一些执行时间很短的请求,比如访问缓存的值,仍然需要很长时间,因为这些请求都必须等待前一个请求执行完成。

图 2-1 给出了当多个请求同时到达因数分解 Servlet 时发生的情况:这些请求将排队等待处理。我们将这种 Web 应用程序称之为不良并发 (Poor Concurrency) 应用程序:可同时调用的数量,不仅受到可用处理资源的限制,还受到应用程序本身结构的限制。幸运的是,通过缩小同步代码块的作用范围,我们很容易做到既确保 Servlet 的并发性,同时又维护线程安全性。要确保同步代码块不要过小,并且不要将本应是原子的操作拆分到多个同步代码块中。应该尽量将不影响共享状态且执行时间较长的操作从同步代码块中分离出去,从而在这些操作的执行过程中,其他线程可以访问共享状态。

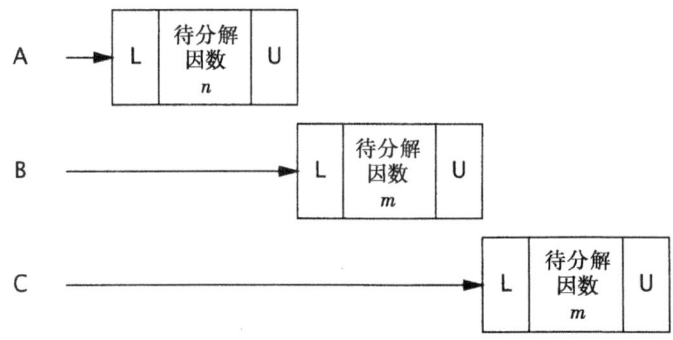

图 2-1 SynchronizedFactorizer 中的不良并发

程序清单 2-8 中的 CachedFactorizer 将 Servlet 的代码修改为使用两个独立的同步代码块,每个同步代码块都只包含一小段代码。其中一个同步代码块负责保护判断是否只需返回缓存结果的"先检查后执行"操作序列,另一个同步代码块则负责确保对缓存的数值和因数分解结果进行同步更新。此外,我们还重新引入了"命中计数器",添加了一个"缓存命中"计数器,并在第一个同步代码块中更新这两个变量。由于这两个计数器也是共享可变状态的一部分,因此必须在所有访问它们的位置上都使用同步。位于同步代码块之外的代码将以独占方式来访问局部(位于栈上的)变量,这些变量不会在多个线程间共享,因此不需要同步。

程序清单 2-8　缓存最近执行因数分解的数值及其计算结果的 Servlet

```java
@ThreadSafe
public class CachedFactorizer implements Servlet {
    @GuardedBy("this") private BigInteger lastNumber;
    @GuardedBy("this") private BigInteger[] lastFactors;
    @GuardedBy("this") private long hits;
    @GuardedBy("this") private long cacheHits;

    public synchronized long getHits() { return hits; }
    public synchronized double getCacheHitRatio() {
        return (double) cacheHits / (double) hits;
    }

    public void service(ServletRequest req, ServletResponse resp) {
        BigInteger i = extractFromRequest(req);
        BigInteger[] factors = null;
        synchronized (this) {
            ++hits;
            if (i.equals(lastNumber)) {
                ++cacheHits;
                factors = lastFactors.clone();
            }
        }
        if (factors == null) {
            factors = factor(i);
            synchronized (this) {
                lastNumber = i;
                lastFactors = factors.clone();
            }
        }
        encodeIntoResponse(resp, factors);
    }
}
```

在 CachedFactorizer 中不再使用 AtomicLong 类型的命中计数器，而是使用了一个 long 类型的变量。当然也可以使用 AtomicLong 类型，但使用 CountingFactorizer 带来的好处更多。对在单个变量上实现原子操作来说，原子变量是很有用的，但由于我们已经使用了同步代码块来构造原子操作，而使用两种不同的同步机制不仅会带来混乱，也不会在性能或安全性上带来任何好处，因此在这里不使用原子变量。

重新构造后的 CachedFactorizer 实现了在简单性（对整个方法进行同步）与并发性（对尽可能短的代码路径进行同步）之间的平衡。在获取与释放锁等操作上都需要一定的开销，因此如果将同步代码块分解得过细（例如将 ++hits 分解到它自己的同步代码块中），那么通常并不好，尽管这样做不会破坏原子性。当访问状态变量或者在复合操作的执行期间，CachedFactorizer 需要持有锁，但在执行时间较长的因数分解运算之前要释放锁。这样既确保了线程安全性，也不会过多地影响并发性，而且在每个同步代码块中的代码路径都"足够短"。

要判断同步代码块的合理大小，需要在各种设计需求之间进行权衡，包括安全性（这个需求必须得到满足）、简单性和性能。有时候，在简单性与性能之间会发生冲突，但在 CachedFactorizer 中已经说明了，在二者之间通常能找到某种合理的平衡。

> 通常，在简单性与性能之间存在着相互制约因素。当实现某个同步策略时，一定不要盲目地为了性能而牺牲简单性（这可能会破坏安全性）。

当使用锁时，你应该清楚代码块中实现的功能，以及在执行该代码块时是否需要很长的时间。无论是执行计算密集的操作，还是在执行某个可能阻塞的操作，如果持有锁的时间过长，那么都会带来活跃性或性能问题。

> 当执行时间较长的计算或者可能无法快速完成的操作时（例如，网络 I/O 或控制台 I/O），一定不要持有锁。

第 3 章

对象的共享

第 2 章的开头曾指出，要编写正确的并发程序，关键问题在于：在访问共享的可变状态时需要进行正确的管理。第 2 章介绍了如何通过同步来避免多个线程在同一时刻访问相同的数据，而本章将介绍如何共享和发布对象，从而使它们能够安全地由多个线程同时访问。这两章合在一起，就形成了构建线程安全类以及通过 java.util.concurrent 类库来构建并发应用程序的重要基础。

我们已经知道了同步代码块和同步方法可以确保以原子的方式执行操作，但一种常见的误解是，认为关键字 synchronized 只能用于实现原子性或者确定"临界区（Critical Section）"。同步还有另一个重要的方面：内存可见性（Memory Visibility）。我们不仅希望防止某个线程正在使用对象状态而另一个线程在同时修改该状态，而且希望确保当一个线程修改了对象状态后，其他线程能够看到发生的状态变化。如果没有同步，那么这种情况就无法实现。你可以通过显式的同步或者类库中内置的同步来保证对象被安全地发布。

3.1 可见性

可见性是一种复杂的属性，因为可见性中的错误总是会违背我们的直觉。在单线程环境中，如果向某个变量先写入值，然后在没有其他写入操作的情况下读取这个变量，那么总能得到相同的值。这看起来很自然。然而，当读操作和写操作在不同的线程中执行时，情况却并非如此，这听起来或许有些难以接受。通常，我们无法确保执行读操作的线程能适时地看到其他线程写入的值，有时甚至是根本不可能的事情。为了确保多个线程之间对内存写入操作的可见性，必须使用同步机制。

在程序清单 3-1 中的 NoVisibility 说明了当多个线程在没有同步的情况下共享数据时出现的错误。在代码中，主线程和读线程都将访问共享变量 ready 和 number。主线程启动读线程，然后将 number 设为 42，并将 ready 设为 true。读线程一直循环直到发现 ready 的值变为 true，然后输出 number 的值。虽然 NoVisibility 看起来会输出 42，但事实上很可能输出 0，或者根本无法终止。这是因为在代码中没有使用足够的同步机制，因此无法保证主线程写入的 ready 值和 number 值对于读线程来说是可见的。

程序清单 3-1　在没有同步的情况下共享变量（不要这么做）

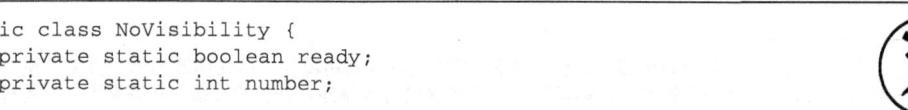

```
public class NoVisibility {
    private static boolean ready;
    private static int number;
```

```
    private static class ReaderThread extends Thread {
        public void run() {
            while (!ready)
                Thread.yield();
            System.out.println(number);
        }
    }

    public static void main(String[] args) {
        new ReaderThread().start();
        number = 42;
        ready = true;
    }
}
```

NoVisibility 可能会持续循环下去，因为读线程可能永远都看不到 ready 的值。一种更奇怪的现象是，NoVisibility 可能会输出 0，因为读线程可能看到了写入 ready 的值，但却没有看到之后写入 number 的值，这种现象被称为"重排序（Reordering）"。只要在某个线程中无法检测到重排序情况（即使在其他线程中可以很明显地看到该线程中的重排序），那么就无法确保线程中的操作将按照程序中指定的顺序来执行。⊖当主线程首先写入 number，然后在没有同步的情况下写入 ready，那么读线程看到的顺序可能与写入的顺序完全相反。

> 在没有同步的情况下，编译器、处理器以及运行时等都可能对操作的执行顺序进行一些意想不到的调整。在缺乏足够同步的多线程程序中，要想对内存操作的执行顺序进行判断，几乎无法得出正确的结论。

NoVisibility 是一个简单的并发程序，只包含两个线程和两个共享变量，但即便如此，在判断程序的执行结果以及是否会结束时仍然很容易得出错误结论。要对那些缺乏足够同步的并发程序的执行情况进行推断是十分困难的。

这听起来有点恐怖，但实际情况也确实如此。幸运的是，有一种简单的方法能避免这些复杂的问题：只要有数据在多个线程之间共享，就使用正确的同步。

3.1.1 失效数据

NoVisibility 展示了在缺乏同步的程序中可能产生错误结果的一种情况：失效数据。当读线程查看 ready 变量时，可能会得到一个已经失效的值。除非在每次访问变量时都使用同步，否则很可能获得该变量的一个失效值。更糟糕的是，失效值可能不会同时出现：一个线程可能获得某个变量的最新值，而获得另一个变量的失效值。

通常，当食物过期（即失效）时，还是可以食用的，只不过味道差了一些。但失效的

⊖ 这看上去似乎是一种失败的设计，但却能使 JVM 充分地利用现代多核处理器的强大性能。例如，在缺少同步的情况下，Java 内存模型允许编译器对操作顺序进行重排序，并将数值缓存在寄存器中。此外，它还允许 CPU 对操作顺序进行重排序，并将数值缓存在处理器特定的缓存中。更多细节请参阅第 16 章。

数据可能导致更危险的情况。虽然在 Web 应用程序中失效的命中计数器可能不会导致太糟糕的情况⊖，但在其他情况中，失效值可能会导致一些严重的安全问题或者活跃性问题。在 NoVisibility 中，失效数据可能导致输出错误的值，或者使程序无法结束。如果对象的引用（例如链表中的指针）失效，那么情况会更复杂。失效数据还可能导致一些令人困惑的故障，例如意料之外的异常、被破坏的数据结构、不精确的计算以及无限循环等。

程序清单 3-2 中的 MutableInteger 不是线程安全的，因为 get 和 set 都是在没有同步的情况下访问 value 的。与其他问题相比，失效值问题更容易出现：如果某个线程调用了 set，那么另一个正在调用 get 的线程可能会看到更新后的 value 值，也可能看不到。

程序清单 3-2 非线程安全的可变整数类

```
@NotThreadSafe
public class MutableInteger {
    private int value;

    public int  get() { return value; }
    public void set(int value) { this.value = value; }
}
```

在程序清单 3-3 的 SynchronizedInteger 中，通过对 get 和 set 等方法进行同步，可以使 MutableInteger 成为一个线程安全的类。仅对 set 方法进行同步是不够的，调用 get 的线程仍然会看见失效值。

程序清单 3-3 线程安全的可变整数类

```
@ThreadSafe
public class SynchronizedInteger {
    @GuardedBy("this") private int value;

    public synchronized int get() { return value; }
    public synchronized void set(int value) { this.value = value; }
}
```

3.1.2 非原子的 64 位操作

当线程在没有同步的情况下读取变量时，可能会得到一个失效值，但至少这个值是由之前某个线程设置的值，而不是一个随机值。这种安全性保证也被称为最低安全性（out-of-thin-air safety）。

最低安全性适用于绝大多数变量，但是存在一个例外：非 volatile 类型的 64 位数值变量（double 和 long，请参见 3.1.4 节）。Java 内存模型要求，变量的读取操作和写入操作都必须是原子操作，但对于非 volatile 类型的 long 和 double 变量，JVM 允许将 64 位的读操作或写操作

⊖ 在没有同步的情况下读取数据，类似于在数据库中使用 READ_UNCOMMITTED 隔离级别，在这种级别上将牺牲准确性以获取性能的提升。然而，在非同步的读取操作中则牺牲了更多的准确度，因为线程看到的共享变量值很容易失效。

分解为两个 32 位的操作。当读取一个非 volatile 类型的 long 变量时，如果对该变量的读操作和写操作在不同的线程中执行，那么很可能会读取到某个值的高 32 位和另一个值的低 32 位⊖。因此，即使不考虑失效数据问题，在多线程程序中使用共享且可变的 long 和 double 等类型的变量也是不安全的，除非用关键字 volatile 来声明它们，或者用锁保护起来。

3.1.3 加锁与可见性

内置锁可以用于确保某个线程以一种可预测的方式来查看另一个线程的执行结果，如图 3-1 所示。当线程 A 执行某个同步代码块时，线程 B 随后进入由同一个锁保护的同步代码块，在这种情况下可以保证，在锁被释放之前，A 看到的变量值在 B 获得锁后同样可以由 B 看到。换句话说，当线程 B 执行由锁保护的同步代码块时，可以看到线程 A 之前在同一个同步代码块中的所有操作结果。如果没有同步，那么就无法实现上述保证。

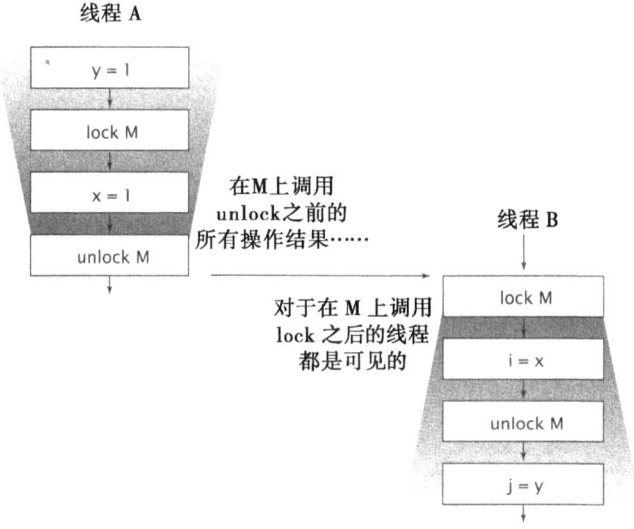

图 3-1　同步的可见性保证

现在，我们可以进一步理解为什么在访问某个共享且可变的变量时要求所有线程在同一个锁上同步，就是为了确保某个线程写入该变量的值对于其他线程来说都是可见的。否则，如果一个线程在未持有正确锁的情况下读取某个变量，那么读到的可能是一个失效值。

> 加锁的含义不仅仅局限于互斥行为，还包括内存可见性。为了确保所有线程都能看到共享变量的最新值，所有执行读操作或者写操作的线程都必须在同一个锁上同步。

3.1.4 Volatile 变量

Java 语言提供了一种稍弱的同步机制，即 volatile 变量，用来确保将变量的更新操作通知

⊖ 在编写 Java 虚拟机规范时，许多主流处理器架构还不能有效地提供 64 位数值的原子操作。

到其他线程。当把变量声明为volatile类型后，编译器与运行时都会注意到这个变量是共享的，因此不会将该变量上的操作与其他内存操作一起重排序。volatile变量不会被缓存在寄存器或者对其他处理器不可见的地方，因此在读取volatile类型的变量时总会返回最新写入的值。

理解volatile变量的一种有效方法是，将它们的行为想象成程序清单3-3中SynchronizedInteger的类似行为，并将volaLile变量的读操作和写操作分别替换为get方法和set方法[⊖]。然而，在访问volatile变量时不会执行加锁操作，因此也就不会使执行线程阻塞，因此volatile变量是一种比sychronized关键字更轻量级的同步机制。[⊖]

volatile变量对可见性的影响比volatile变量本身更为重要。当线程A首先写入一个volatile变量并且线程B随后读取该变量时，在写入volatile变量之前对A可见的所有变量的值，在B读取了volatile变量后，对B也是可见的。因此，从内存可见性的角度来看，写入volatile变量相当于退出同步代码块，而读取volatile变量就相当于进入同步代码块。然而，我们并不建议过度依赖volatile变量提供的可见性。如果在代码中依赖volatile变量来控制状态的可见性，通常比使用锁的代码更脆弱，也更难以理解。

> 仅当volatile变量能简化代码的实现以及对同步策略的验证时，才应该使用它们。如果在验证正确性时需要对可见性进行复杂的判断，那么就不要使用volatile变量。volatile变量的正确使用方式包括：确保它们自身状态的可见性，确保它们所引用对象的状态的可见性，以及标识一些重要的程序生命周期事件的发生（例如，初始化或关闭）。

程序清单3-4给出了volatile变量的一种典型用法：检查某个状态标记以判断是否退出循环。在这个示例中，线程试图通过类似于数绵羊的传统方法进入休眠状态。为了使这个示例能正确执行，asleep必须为volatile变量。否则，当asleep被另一个线程修改时，执行判断的线程却发现不了[⊜]。我们也可以用锁来确保asleep更新操作的可见性，但这将使代码变得更加复杂。

程序清单3-4　数绵羊

```
volatile boolean asleep;
...
    while (!asleep)
        countSomeSheep();
```

[⊖] 这种类比并不准确，SynchronizedInteger在内存可见性上的作用比volatile变量更强。请参见第16章。

[⊖] 在当前大多数处理器架构上，读取volatile变量的开销只比读取非volatile变量的开销略高一些。

[⊜] 调试小提示：对于服务器应用程序，无论在开发阶段还是在测试阶段，当启动JVM时一定都要指定-server命令行选项。server模式的JVM将比client模式的JVM进行更多的优化，例如将循环中未被修改的变量提升到循环外部，因此在开发环境（client模式的JVM）中能正确运行的代码，可能会在部署环境（server模式的JVM）中运行失败。例如，如果在程序清单3-4中"忘记"把asleep变量声明为volatile类型，那么server模式的JVM会将asleep的判断条件提升到循环体外部（这将导致一个无限循环），但client模式的JVM不会这么做。在解决开发环境中出现无限循环问题时，解决这个问题的开销远小于解决在应用环境出现无限循环的开销。

虽然 volatile 变量很方便，但也存在一些局限性。volatile 变量通常用做某个操作完成、发生中断或者状态的标志，例如程序清单 3-4 中的 asleep 标志。尽管 volatile 变量也可以用于表示其他的状态信息，但在使用时要非常小心。例如，volatile 的语义不足以确保递增操作 (count++) 的原子性，除非你能确保只有一个线程对变量执行写操作。（原子变量提供了"读 – 改 – 写"的原子操作，并且常常用做一种"更好的 volatile 变量"。请参见第 15 章）。

> 加锁机制既可以确保可见性又可以确保原子性，而 volatile 变量只能确保可见性。

当且仅当满足以下所有条件时，才应该使用 volatile 变量：
- 对变量的写入操作不依赖变量的当前值，或者你能确保只有单个线程更新变量的值。
- 该变量不会与其他状态变量一起纳入不变性条件中。
- 在访问变量时不需要加锁。

3.2 发布与逸出

"发布 (Publish)"一个对象的意思是指，使对象能够在当前作用域之外的代码中使用。例如，将一个指向该对象的引用保存到其他代码可以访问的地方，或者在某一个非私有的方法中返回该引用，或者将引用传递到其他类的方法中。在许多情况中，我们要确保对象及其内部状态不被发布。而在某些情况下，我们又需要发布某个对象，但如果在发布时要确保线程安全性，则可能需要同步。发布内部状态可能会破坏封装性，并使得程序难以维持不变性条件。例如，如果在对象构造完成之前就发布该对象，就会破坏线程安全性。当某个不应该发布的对象被发布时，这种情况就被称为逸出 (Escape)。3.5 节介绍了如何安全发布对象的一些方法。现在，我们首先来看看一个对象是如何逸出的。

发布对象的最简单方法是将对象的引用保存到一个公有的静态变量中，以便任何类和线程都能看见该对象，如程序清单 3-5 所示。在 initialize 方法中实例化一个新的 HashSet 对象，并将对象的引用保存到 knownSecrets 中以发布该对象。

程序清单 3-5 发布一个对象

```
public static Set<Secret> knownSecrets;

public void initialize() {
    knownSecrets = new HashSet<Secret>();
}
```

当发布某个对象时，可能会间接地发布其他对象。如果将一个 Secret 对象添加到集合 knownSecrets 中，那么同样会发布这个对象，因为任何代码都可以遍历这个集合，并获得对这个新 Secret 对象的引用。同样，如果从非私有方法中返回一个引用，那么同样会发布返回的对象。程序清单 3-6 中的 UnsafeStates 发布了本应为私有的状态数组。

程序清单 3-6　使内部的可变状态逸出（不要这么做）

```
class UnsafeStates {
    private String[] states = new String[] {
        "AK", "AL" ...
    };
    public String[] getStates() { return states; }
}
```

如果按照上述方式来发布 states，就会出现问题，因为任何调用者都能修改这个数组的内容。在这个示例中，数组 states 已经逸出了它所在的作用域，因为这个本应是私有的变量已经被发布了。

当发布一个对象时，在该对象的非私有域中引用的所有对象同样会被发布。一般来说，如果一个已经发布的对象能够通过非私有的变量引用和方法调用到达其他的对象，那么这些对象也都会被发布。

假定有一个类 C，对于 C 来说，"外部 (Alien) 方法" 是指行为并不完全由 C 来规定的方法，包括其他类中定义的方法以及类 C 中可以被改写的方法（既不是私有 [private] 方法也不是终结 [final] 方法）。当把一个对象传递给某个外部方法时，就相当于发布了这个对象。你无法知道哪些代码会执行，也不知道在外部方法中究竟会发布这个对象，还是会保留对象的引用并在随后由另一个线程使用。

无论其他的线程会对已发布的引用执行何种操作，其实都不重要，因为误用该引用的风险始终存在⊖。当某个对象逸出后，你必须假设有某个类或线程可能会误用该对象。这正是需要使用封装的最主要原因：封装能够使得对程序的正确性进行分析变得可能，并使得无意中破坏设计约束条件变得更难。

最后一种发布对象或其内部状态的机制就是发布一个内部的类实例，如程序清单 3-7 的 ThisEscape 所示。当 ThisEscape 发布 EventListener 时，也隐含地发布了 ThisEscape 实例本身，因为在这个内部类的实例中包含了对 ThisEscape 实例的隐含引用。

程序清单 3-7　隐式地使 this 引用逸出（不要这么做）

```
public class ThisEscape {
    public ThisEscape(EventSource source) {
        source.registerListener(
            new EventListener() {
                public void onEvent(Event e) {
                    doSomething(e);
                }
            });
    }
}
```

⊖ 如果有人窃取了你的密码并发布到 alt.free-passwords 新闻组上，那么你的信息将"逸出"：无论是否有人会（或者尚未）恶意地使用这些个人信息，你的账户都已经不再安全了。发布一个引用同样会带来类似的风险。

安全的对象构造过程

在 ThisEscape 中给出了逸出的一个特殊示例,即 this 引用在构造函数中逸出。当内部的 EventListener 实例发布时,在外部封装的 ThisEscape 实例也逸出了。当且仅当对象的构造函数返回时,对象才处于可预测的和一致的状态。因此,当从对象的构造函数中发布对象时,只是发布了一个尚未构造完成的对象。即使发布对象的语句位于构造函数的最后一行也是如此。如果 this 引用在构造过程中逸出,那么这种对象就被认为是不正确构造⊖。

> 不要在构造过程中使 this 引用逸出。

在构造过程中使 this 引用逸出的一个常见错误是,在构造函数中启动一个线程。当对象在其构造函数中创建一个线程时,无论是显式创建(通过将它传给构造函数)还是隐式创建(由于 Thread 或 Runnable 是该对象的一个内部类),this 引用都会被新创建的线程共享。在对象尚未完全构造之前,新的线程就可以看见它。在构造函数中创建线程并没有错误,但最好不要立即启动它,而是通过一个 start 或 initialize 方法来启动(请参见第 7 章了解更多关于服务生命周期的内容)。在构造函数中调用一个可改写的实例方法时(既不是私有方法,也不是终结方法),同样会导致 this 引用在构造过程中逸出。

如果想在构造函数中注册一个事件监听器或启动线程,那么可以使用一个私有的构造函数和一个公共的工厂方法(Factory Method),从而避免不正确的构造过程,如程序清单 3-8 中 SafeListener 所示。

程序清单 3-8 使用工厂方法来防止 this 引用在构造过程中逸出

```
public class SafeListener {
    private final EventListener listener;

    private SafeListener() {
        listener = new EventListener() {
            public void onEvent(Event e) {
                doSomething(e);
            }
        };
    }

    public static SafeListener newInstance(EventSource source) {
        SafeListener safe = new SafeListener();
        source.registerListener(safe.listener);
        return safe;
    }
}
```

⊖ 具体来说,只有当构造函数返回时,this 引用才应该从线程中逸出。构造函数可以将 this 引用保存到某个地方,只要其他线程不会在构造函数完成之前使用它。在程序清单 3-8 的 SafeListener 中就使用了这种技术。

3.3 线程封闭

当访问共享的可变数据时，通常需要使用同步。一种避免使用同步的方式就是不共享数据。如果仅在单线程内访问数据，就不需要同步。这种技术被称为线程封闭（Thread Confinement），它是实现线程安全性的最简单方式之一。当某个对象封闭在一个线程中时，这种用法将自动实现线程安全性，即使被封闭的对象本身不是线程安全的 [CPJ 2.3.2]。

在 Swing 中大量使用了线程封闭技术。Swing 的可视化组件和数据模型对象都不是线程安全的，Swing 通过将它们封闭到 Swing 的事件分发线程中来实现线程安全性。要想正确地使用 Swing，那么在除了事件线程之外的其他线程中就不能访问这些对象（为了进一步简化对 Swing 的使用，Swing 还提供了 invokeLater 机制，用于将一个 Runnable 实例调度到事件线程中执行）。Swing 应用程序的许多并发错误都是由于错误地在另一个线程中使用了这些被封闭的对象。

线程封闭技术的另一种常见应用是 JDBC(Java Database Connectivity) 的 Connection 对象。JDBC 规范并不要求 Connection 对象必须是线程安全的[⊖]。在典型的服务器应用程序中，线程从连接池中获得一个 Connection 对象，并且用该对象来处理请求，使用完后再将对象返还给连接池。由于大多数请求（例如 Servlet 请求或 EJB 调用等）都是由单个线程采用同步的方式来处理，并且在 Connection 对象返回之前，连接池不会再将它分配给其他线程，因此，这种连接管理模式在处理请求时隐含地将 Connection 对象封闭在线程中。

在 Java 语言中并没有强制规定某个变量必须由锁来保护，同样在 Java 语言中也无法强制将对象封闭在某个线程中。线程封闭是在程序设计中的一个考虑因素，必须在程序中实现。Java 语言及其核心库提供了一些机制来帮助维持线程封闭性，例如局部变量和 ThreadLocal 类，但即便如此，程序员仍然需要负责确保封闭在线程中的对象不会从线程中逸出。

3.3.1 Ad-hoc 线程封闭

Ad-hoc 线程封闭是指，维护线程封闭性的职责完全由程序实现来承担。Ad-hoc 线程封闭是非常脆弱的，因为没有任何一种语言特性，例如可见性修饰符或局部变量，能将对象封闭到目标线程上。事实上，对线程封闭对象（例如，GUI 应用程序中的可视化组件或数据模型等）的引用通常保存在公有变量中。

当决定使用线程封闭技术时，通常是因为要将某个特定的子系统实现为一个单线程子系统。在某些情况下，单线程子系统提供的简便性要胜过 Ad-hoc 线程封闭技术的脆弱性。[⊖]

在 volatile 变量上存在一种特殊的线程封闭。只要你能确保只有单个线程对共享的 volatile 变量执行写入操作，那么就可以安全地在这些共享的 volatile 变量上执行"读取－修改－写入"的操作。在这种情况下，相当于将修改操作封闭在单个线程中以防止发生竞态条件，并且 volatile 变量的可见性保证还确保了其他线程能看到最新的值。

⊖ 应用程序服务器提供的连接池是线程安全的。连接池通常会由多个线程同时访问，因此非线程安全的连接池是毫无意义的。

⊖ 使用单线程子系统的另一个原因是为了避免死锁，这也是大多数 GUI 框架都是单线程的原因。第 9 章将进一步介绍单线程子系统。

由于 Ad-hoc 线程封闭技术的脆弱性，因此在程序中尽量少用它，在可能的情况下，应该使用更强的线程封闭技术（例如，栈封闭或 ThreadLocal 类）。

3.3.2 栈封闭

栈封闭是线程封闭的一种特例，在栈封闭中，只能通过局部变量才能访问对象。正如封装能使得代码更容易维持不变性条件那样，同步变量也能使对象更易于封闭在线程中。局部变量的固有属性之一就是封闭在执行线程中。它们位于执行线程的栈中，其他线程无法访问这个栈。栈封闭（也被称为线程内部使用或者线程局部使用，不要与核心类库中的 ThreadLocal 混淆）比 Ad-hoc 线程封闭更易于维护，也更加健壮。

对于基本类型的局部变量，例如程序清单 3-9 中 loadTheArk 方法的 numPairs，无论如何都不会破坏栈封闭性。由于任何方法都无法获得对基本类型的引用，因此 Java 语言的这种语义就确保了基本类型的局部变量始终封闭在线程内。

程序清单 3-9　基本类型的局部变量与引用变量的线程封闭性

```java
public int loadTheArk(Collection<Animal> candidates) {
    SortedSet<Animal> animals;
    int numPairs = 0;
    Animal candidate = null;

    // animals被封闭在方法中，不要使它们逸出！
    animals = new TreeSet<Animal>(new SpeciesGenderComparator());
    animals.addAll(candidates);
    for (Animal a : animals) {
        if (candidate == null || !candidate.isPotentialMate(a))
            candidate = a;
        else {
            ark.load(new AnimalPair(candidate, a));
            ++numPairs;
            candidate = null;
        }
    }
    return numPairs;
}
```

在维持对象引用的栈封闭性时，程序员需要多做一些工作以确保被引用的对象不会逸出。在 loadTheArk 中实例化一个 TreeSet 对象，并将指向该对象的一个引用保存到 animals 中。此时，只有一个引用指向集合 animals，这个引用被封闭在局部变量中，因此也被封闭在执行线程中。然而，如果发布了对集合 animals（或者该对象中的任何内部数据）的引用，那么封闭性将被破坏，并导致对象 animals 的逸出。

如果在线程内部（Within-Thread）上下文中使用非线程安全的对象，那么该对象仍然是线程安全的。然而，要小心的是，只有编写代码的开发人员才知道哪些对象需要被封闭到执行线程中，以及被封闭的对象是否是线程安全的。如果没有明确地说明这些需求，那么后续的维护人员很容易错误地使对象逸出。

3.3.3 ThreadLocal 类

维持线程封闭性的一种更规范方法是使用 ThreadLocal，这个类能使线程中的某个值与保存值的对象关联起来。ThreadLocal 提供了 get 与 set 等访问接口或方法，这些方法为每个使用该变量的线程都存有一份独立的副本，因此 get 总是返回由当前执行线程在调用 set 时设置的最新值。

ThreadLocal 对象通常用于防止对可变的单实例变量（Singleton）或全局变量进行共享。例如，在单线程应用程序中可能会维持一个全局的数据库连接，并在程序启动时初始化这个连接对象，从而避免在调用每个方法时都要传递一个 Connection 对象。由于 JDBC 的连接对象不一定是线程安全的，因此，当多线程应用程序在没有协同的情况下使用全局变量时，就不是线程安全的。通过将 JDBC 的连接保存到 ThreadLocal 对象中，每个线程都会拥有属于自己的连接，如程序清单 3-10 中的 ConnectionHolder 所示。

程序清单 3-10　使用 ThreadLocal 来维持线程封闭性

```
private static ThreadLocal<Connection> connectionHolder
    = new ThreadLocal<Connection>() {
        public Connection initialValue() {
            return DriverManager.getConnection(DB_URL);
        }
    };

public static Connection getConnection() {
    return connectionHolder.get();
}
```

当某个频繁执行的操作需要一个临时对象，例如一个缓冲区，而同时又希望避免在每次执行时都重新分配该临时对象，就可以使用这项技术。例如，在 Java 5.0 之前，Integer.toString() 方法使用 ThreadLocal 对象来保存一个 12 字节大小的缓冲区，用于对结果进行格式化，而不是使用共享的静态缓冲区（这需要使用锁机制）或者在每次调用时都分配一个新的缓冲区[⊖]。

当某个线程初次调用 ThreadLocal.get 方法时，就会调用 initialValue 来获取初始值。从概念上看，你可以将 ThreadLocal<T> 视为包含了 Map< Thread,T> 对象，其中保存了特定于该线程的值，但 ThreadLocal 的实现并非如此。这些特定于线程的值保存在 Thread 对象中，当线程终止后，这些值会作为垃圾回收。

假设你需要将一个单线程应用程序移植到多线程环境中，通过将共享的全局变量转换为 ThreadLocal 对象（如果全局变量的语义允许），可以维持线程安全性。然而，如果将应用程序范围内的缓存转换为线程局部的缓存，就不会有太大作用。

在实现应用程序框架时大量使用了 ThreadLocal。例如，在 EJB 调用期间，J2EE 容器需要将一个事务上下文（Transaction Context）与某个执行中的线程关联起来。通过将事务上下文保存在静态的 ThreadLocal 对象中，可以很容易地实现这个功能：当框架代码需要判断当前运行的是哪

⊖ 除非这个操作的执行频率非常高，或者分配操作的开销非常高，否则这项技术不可能带来性能提升。在 Java 5.0 中，这项技术被一种更直接的方式替代，即在每次调用时分配一个新的缓冲区，对于像临时缓冲区这种简单的对象，该技术并没有什么性能优势。

一个事务时，只需从这个 ThreadLocal 对象中读取事务上下文。这种机制很方便，因为它避免了在调用每个方法时都要传递执行上下文信息，然而这也将使用该机制的代码与框架耦合在一起。

开发人员经常滥用 ThreadLocal，例如将所有全局变量都作为 ThreadLocal 对象，或者作为一种"隐藏"方法参数的手段。ThreadLocal 变量类似于全局变量，它能降低代码的可重用性，并在类之间引入隐含的耦合性，因此在使用时要格外小心。

3.4 不变性

满足同步需求的另一种方法是使用不可变对象（Immutable Object）[EJ Item 13]。到目前为止，我们介绍了许多与原子性和可见性相关的问题，例如得到失效数据，丢失更新操作或者观察到某个对象处于不一致的状态等等，都与多线程试图同时访问同一个可变的状态相关。如果对象的状态不会改变，那么这些问题与复杂性也就自然消失了。

如果某个对象在被创建后其状态就不能被修改，那么这个对象就称为不可变对象。线程安全性是不可变对象的固有属性之一，它们的不变性条件是由构造函数创建的，只要它们的状态不改变，那么这些不变性条件就能得以维持。

> 不可变对象一定是线程安全的。

不可变对象很简单。它们只有一种状态，并且该状态由构造函数来控制。在程序设计中，一个最困难的地方就是判断复杂对象的可能状态。然而，判断不可变对象的状态却很简单。

同样，不可变对象也更加安全。如果将一个可变对象传递给不可信的代码，或者将该对象发布到不可信代码可以访问它的地方，那么就很危险——不可信代码会改变它们的状态，更糟的是，在代码中将保留一个对该对象的引用并稍后在其他线程中修改对象的状态。另一方面，不可变对象不会像这样被恶意代码或者有问题的代码破坏，因此可以安全地共享和发布这些对象，而无须创建保护性的副本 [EJ Item 24]。

虽然在 Java 语言规范和 Java 内存模型中都没有给出不可变性的正式定义，但不可变性并不等于将对象中所有的域都声明为 final 类型，即使对象中所有的域都是 final 类型的，这个对象也仍然是可变的，因为在 final 类型的域中可以保存对可变对象的引用。

> 当满足以下条件时，对象才是不可变的：
> - 对象创建以后其状态就不能修改。
> - 对象的所有域都是 final 类型㊀。
> - 对象是正确创建的（在对象的创建期间，this 引用没有逸出）。

㊀ 从技术上来看，不可变对象并不需要将其所有的域都声明为 final 类型，例如 String 就是这种情况，这就要对类的良性数据竞争（Benign Data Race）情况做精确分析，因此需要深入理解 Java 内存模型。（注意：String 会将散列值的计算推迟到第一次调用 hash Code 时进行，并将计算得到的散列值缓存到非 final 类型的域中，但这种方式之所以可行，是因为这个域有一个非默认的值，并且在每次计算中都得到相同的结果 [因为基于一个不可变的状态]。自己在编写代码时不要这么做。）

在不可变对象的内部仍可以使用可变对象来管理它们的状态，如程序清单3-11中的ThreeStooges所示。尽管保存姓名的Set对象是可变的，但从ThreeStooges的设计中可以看到，在Set对象构造完成后无法对其进行修改。stooges是一个final类型的引用变量，因此所有的对象状态都通过一个final域来访问。最后一个要求是"正确地构造对象"，这个要求很容易满足，因为构造函数能使该引用由除了构造函数及其调用者之外的代码来访问。

程序清单3-11　在可变对象基础上构建的不可变类

```
@Immutable
public final class ThreeStooges {
    private final Set<String> stooges = new HashSet<String>();

    public ThreeStooges() {
        stooges.add("Moe");
        stooges.add("Larry");
        stooges.add("Curly");
    }

    public boolean isStooge(String name) {
        return stooges.contains(name);
    }
}
```

由于程序的状态总在不断地变化，你可能会认为需要使用不可变对象的地方不多，但实际情况并非如此。在"不可变的对象"与"不可变的对象引用"之间存在着差异。保存在不可变对象中的程序状态仍然可以更新，即通过将一个保存新状态的实例来"替换"原有的不可变对象。下一节将给出使用这项技术的示例。⊖

3.4.1　Final域

关键字final可以视为C++中const机制的一种受限版本，用于构造不可变性对象。final类型的域是不能修改的（但如果final域所引用的对象是可变的，那么这些被引用的对象是可以修改的）。然而，在Java内存模型中，final域还有着特殊的语义。final域能确保初始化过程的安全性，从而可以不受限制地访问不可变对象，并在共享这些对象时无须同步。

即使对象是可变的，通过将对象的某些域声明为final类型，仍然可以简化对状态的判断，因此限制对象的可变性也就相当于限制了该对象可能的状态集合。仅包含一个或两个可变状态的"基本不可变"对象仍然比包含多个可变状态的对象简单。通过将域声明为final类型，也相当于告诉维护人员这些域是不会变化的。

⊖ 许多开发人员都担心这种方法会带来性能问题，但这是没有必要的。内存分配的开销比你想象的还要低，并且不可变对象还会带来其他的性能优势，例如减少了对加锁或者保护性副本的需求，以及降低对基于"代"的垃圾收集机制的影响。

正如"除非需要更高的可见性，否则应将所有的域都声明为私有域"[EJ Item 12] 是一个良好的编程习惯，"除非需要某个域是可变的，否则应将其声明为 final 域"也是一个良好的编程习惯。

3.4.2 示例：使用 Volatile 类型来发布不可变对象

在前面的 UnsafeCachingFactorizer 类中，我们尝试用两个 AtomicReferences 变量来保存最新的数值及其因数分解结果，但这种方式并非是线程安全的，因为我们无法以原子方式来同时读取或更新这两个相关的值。同样，用 volatile 类型的变量来保存这些值也不是线程安全的。然而，在某些情况下，不可变对象能提供一种弱形式的原子性。

因式分解 Servlet 将执行两个原子操作：更新缓存的结果，以及通过判断缓存中的数值是否等于请求的数值来决定是否直接读取缓存中的因数分解结果。每当需要对一组相关数据以原子方式执行某个操作时，就可以考虑创建一个不可变的类来包含这些数据，例如程序清单 3-12 中的 OneValueCache ⊖。

程序清单 3-12　对数值及其因数分解结果进行缓存的不可变容器类

```java
@Immutable
class OneValueCache {
    private final BigInteger lastNumber;
    private final BigInteger[] lastFactors;

    public OneValueCache(BigInteger i,
                         BigInteger[] factors) {
        lastNumber  = i;
        lastFactors = Arrays.copyOf(factors, factors.length);
    }

    public BigInteger[] getFactors(BigInteger i) {
        if (lastNumber == null || !lastNumber.equals(i))
            return null;
        else
            return Arrays.copyOf(lastFactors, lastFactors.length);
    }
}
```

对于在访问和更新多个相关变量时出现的竞争条件问题，可以通过将这些变量全部保存在一个不可变对象中来消除。如果是一个可变的对象，那么就必须使用锁来确保原子性。如果是一个不可变对象，那么当线程获得了对该对象的引用后，就不必担心另一个线程会修改对象的状态。如果要更新这些变量，那么可以创建一个新的容器对象，但其他使用原有对象的线程仍然会看到对象处于一致的状态。

⊖ 如果在 OneValueCache 和构造函数中没有调用 copyOf，那么 OneValueCache 就不是不可变的。Arrays.copyOf 是在 Java 6 中引入的，同样还可以使用 clone。

程序清单 3-13 中的 VolatileCachedFactorizer 使用了 OneValueCache 来保存缓存的数值及其因数。当一个线程将 volatile 类型的 cache 设置为引用一个新的 OneValueCache 时，其他线程就会立即看到新缓存的数据。

程序清单 3-13　使用指向不可变容器对象的 volatile 类型引用以缓存最新的结果

```
@ThreadSafe
public class VolatileCachedFactorizer implements Servlet {
    private volatile OneValueCache cache =
        new OneValueCache(null, null);

    public void service(ServletRequest req, ServletResponse resp) {
        BigInteger i = extractFromRequest(req);
        BigInteger[] factors = cache.getFactors(i);
        if (factors == null) {
            factors = factor(i);
            cache = new OneValueCache(i, factors);
        }
        encodeIntoResponse(resp, factors);
    }
}
```

与 cache 相关的操作不会相互干扰，因为 OneValueCache 是不可变的，并且在每条相应的代码路径中只会访问它一次。通过使用包含多个状态变量的容器对象来维持不变性条件，并使用一个 volatile 类型的引用来确保可见性，使得 Volatile Cached Factorizer 在没有显式地使用锁的情况下仍然是线程安全的。

3.5　安全发布

到目前为止，我们重点讨论的是如何确保对象不被发布，例如让对象封闭在线程或另一个对象的内部。当然，在某些情况下我们希望在多个线程间共享对象，此时必须确保安全地进行共享。然而，如果只是像程序清单 3-14 那样将对象引用保存到公有域中，那么还不足以安全地发布这个对象。

程序清单 3-14　在没有足够同步的情况下发布对象（不要这么做）

```
// 不安全的发布
public Holder holder;

public void initialize() {
    holder = new Holder(42);
}
```

你可能会奇怪，这个看似没有问题的示例何以会运行失败。由于存在可见性问题，其他线程看到的 Holder 对象将处于不一致的状态，即便在该对象的构造函数中已经正确地构建了不变性条件。这种不正确的发布导致其他线程看到尚未创建完成的对象。

3.5.1 不正确的发布：正确的对象被破坏

你不能指望一个尚未被完全创建的对象拥有完整性。某个观察该对象的线程将看到对象处于不一致的状态，然后看到对象的状态突然发生变化，即使线程在对象发布后还没有修改过它。事实上，如果程序清单 3-15 中的 Holder 使用程序清单 3-14 中的不安全发布方式，那么另一个线程在调用 assertSanity 时将抛出 AssertionError。⊖

程序清单 3-15　由于未被正确发布，因此这个类可能出现故障

```
public class Holder {
    private int n;

    public Holder(int n) { this.n = n; }

    public void assertSanity() {
        if (n != n)
            throw new AssertionError("This statement is false.");
    }
}
```

由于没有使用同步来确保 Holder 对象对其他线程可见，因此将 Holder 称为"未被正确发布"。在未被正确发布的对象中存在两个问题。首先，除了发布对象的线程外，其他线程可以看到的 Holder 域是一个失效值，因此将看到一个空引用或者之前的旧值。然而，更糟糕的情况是，线程看到 Holder 引用的值是最新的，但 Holder 状态的值却是失效的⊖。情况变得更加不可预测的是，某个线程在第一次读取域时得到失效值，而再次读取这个域时会得到一个更新值，这也是 assertSainty 抛出 AssertionError 的原因。

如果没有足够的同步，那么当在多个线程间共享数据时将发生一些非常奇怪的事情。

3.5.2 不可变对象与初始化安全性

由于不可变对象是一种非常重要的对象，因此 Java 内存模型为不可变对象的共享提供了一种特殊的初始化安全性保证。我们已经知道，即使某个对象的引用对其他线程是可见的，也并不意味着对象状态对于使用该对象的线程来说一定是可见的。为了确保对象状态能呈现出一致的视图，就必须使用同步。

另一方面，即使在发布不可变对象的引用时没有使用同步，也仍然可以安全地访问该对象。为了维持这种初始化安全性的保证，必须满足不可变性的所有需求：状态不可修改，所有域都是 final 类型，以及正确的构造过程。（如果程序清单 3-15 中的 Holder 对象是不可变的，那么即使 Holder 没有被正确地发布，在 assertSanity 中也不会抛出 AssertionError。）

⊖ 问题并不在于 Holder 类本身，而是在于 Holder 类未被正确地发布。然而，如果将 n 声明为 final 类型，那么 Holder 将不可变，从而避免出现不正确发布的问题。请参见 3.5.2 节。

⊖ 尽管在构造函数中设置的域值似乎是第一次向这些域中写入的值，因此不会有"更旧的"值被视为失效值，但 Object 的构造函数会在子类构造函数运行之前先将默认值写入所有的域。因此，某个域的默认值可能被视为失效值。

> 任何线程都可以在不需要额外同步的情况下安全地访问不可变对象，即使在发布这些对象时没有使用同步。

这种保证还将延伸到被正确创建对象中所有 final 类型的域。在没有额外同步的情况下，也可以安全地访问 final 类型的域。然而，如果 final 类型的域所指向的是可变对象，那么在访问这些域所指向的对象的状态时仍然需要同步。

3.5.3 安全发布的常用模式

可变对象必须通过安全的方式来发布，这通常意味着在发布和使用该对象的线程时都必须使用同步。现在，我们将重点介绍如何确保使用对象的线程能够看到该对象处于已发布的状态，并稍后介绍如何在对象发布后对其可见性进行修改。

> 要安全地发布一个对象，对象的引用以及对象的状态必须同时对其他线程可见。一个正确构造的对象可以通过以下方式来安全地发布：
> - 在静态初始化函数中初始化一个对象引用。
> - 将对象的引用保存到 volatile 类型的域或者 AtomicReferance 对象中。
> - 将对象的引用保存到某个正确构造对象的 final 类型域中。
> - 将对象的引用保存到一个由锁保护的域中。

在线程安全容器内部的同步意味着，在将对象放入到某个容器，例如 Vector 或 synchronizedList 时，将满足上述最后一条需求。如果线程 A 将对象 X 放入一个线程安全的容器，随后线程 B 读取这个对象，那么可以确保 B 看到 A 设置的 X 状态，即便在这段读/写 X 的应用程序代码中没有包含显式的同步。尽管 Javadoc 在这个主题上没有给出很清晰的说明，但线程安全库中的容器类提供了以下的安全发布保证：

- 通过将一个键或者值放入 Hashtable、synchronizedMap 或者 ConcurrentMap 中，可以安全地将它发布给任何从这些容器中访问它的线程（无论是直接访问还是通过迭代器访问）。
- 通过将某个元素放入 Vector、CopyOnWriteArrayList、CopyOnWriteArraySet、synchronizedList 或 synchronizedSet 中，可以将该元素安全地发布到任何从这些容器中访问该元素的线程。
- 通过将某个元素放入 BlockingQueue 或者 ConcurrentLinkedQueue 中，可以将该元素安全地发布到任何从这些队列中访问该元素的线程。

类库中的其他数据传递机制（例如 Future 和 Exchanger）同样能实现安全发布，在介绍这些机制时将讨论它们的安全发布功能。

通常，要发布一个静态构造的对象，最简单和最安全的方式是使用静态的初始化器：

```
public static Holder holder = new Holder(42);
```

静态初始化器由 JVM 在类的初始化阶段执行。由于在 JVM 内部存在着同步机制，因此通过这种方式初始化的任何对象都可以被安全地发布 [JLS 12.4.2]。

3.5.4 事实不可变对象

如果对象在发布后不会被修改,那么对于其他在没有额外同步的情况下安全地访问这些对象的线程来说,安全发布是足够的。所有的安全发布机制都能确保,当对象的引用对所有访问该对象的线程可见时,对象发布时的状态对于所有线程也将是可见的,并且如果对象状态不会再改变,那么就足以确保任何访问都是安全的。

如果对象从技术上来看是可变的,但其状态在发布后不会再改变,那么把这种对象称为"事实不可变对象(Effectively Immutable Object)"。这些对象不需要满足 3.4 节中提出的不可变性的严格定义。在这些对象发布后,程序只需将它们视为不可变对象即可。通过使用事实不可变对象,不仅可以简化开发过程,而且还能由于减少了同步而提高性能。

> 在没有额外的同步的情况下,任何线程都可以安全地使用被安全发布的事实不可变对象。

例如,Date 本身是可变的[注],但如果将它作为不可变对象来使用,那么在多个线程之间共享 Date 对象时,就可以省去对锁的使用。假设需要维护一个 Map 对象,其中保存了每位用户的最近登录时间:

```
public Map<String, Date> lastLogin =
    Collections.synchronizedMap(new HashMap<String, Date>());
```

如果 Date 对象的值在被放入 Map 后就不会改变,那么 synchronizedMap 中的同步机制就足以使 Date 值被安全地发布,并且在访问这些 Date 值时不需要额外的同步。

3.5.5 可变对象

如果对象在构造后可以修改,那么安全发布只能确保"发布当时"状态的可见性。对于可变对象,不仅在发布对象时需要使用同步,而且在每次对象访问时同样需要使用同步来确保后续修改操作的可见性。要安全地共享可变对象,这些对象就必须被安全地发布,并且必须是线程安全的或者由某个锁保护起来。

> 对象的发布需求取决于它的可变性:
> - 不可变对象可以通过任意机制来发布。
> - 事实不可变对象必须通过安全方式来发布。
> - 可变对象必须通过安全方式来发布,并且必须是线程安全的或者由某个锁保护起来。

3.5.6 安全地共享对象

当获得对象的一个引用时,你需要知道在这个引用上可以执行哪些操作。在使用它之前是否需要获得一个锁?是否可以修改它的状态,或者只能读取它?许多并发错误都是由于没有理

[注] 这或许是类库设计中的一个错误。

解共享对象的这些"既定规则"而导致的。当发布一个对象时，必须明确地说明对象的访问方式。

> 在并发程序中使用和共享对象时，可以使用一些实用的策略，包括：
> **线程封闭。** 线程封闭的对象只能由一个线程拥有，对象被封闭在该线程中，并且只能由这个线程修改。
> **只读共享。** 在没有额外同步的情况下，共享的只读对象可以由多个线程并发访问，但任何线程都不能修改它。共享的只读对象包括不可变对象和事实不可变对象。
> **线程安全共享。** 线程安全的对象在其内部实现同步，因此多个线程可以通过对象的公有接口来进行访问而不需要进一步的同步。
> **保护对象。** 被保护的对象只能通过持有特定的锁来访问。保护对象包括封装在其他线程安全对象中的对象，以及已发布的并且由某个特定锁保护的对象。

第 4 章
对象的组合

到目前为止,我们已经介绍了关于线程安全与同步的一些基础知识。然而,我们并不希望对每一次内存访问都进行分析以确保程序是线程安全的,而是希望将一些现有的线程安全组件组合为更大规模的组件或程序。本章将介绍一些组合模式,这些模式能够使一个类更容易成为线程安全的,并且在维护这些类时不会无意中破坏类的安全性保证。

4.1 设计线程安全的类

在线程安全的程序中,虽然可以将程序的所有状态都保存在公有的静态域中,但与那些将状态封装起来的程序相比,这些程序的线程安全性更难以得到验证,并且在修改时也更难以始终确保其线程安全性。通过使用封装技术,可以使得在不对整个程序进行分析的情况下就可以判断一个类是否是线程安全的。

> 在设计线程安全类的过程中,需要包含以下三个基本要素:
> - 找出构成对象状态的所有变量。
> - 找出约束状态变量的不变性条件。
> - 建立对象状态的并发访问管理策略。

要分析对象的状态,首先从对象的域开始。如果对象中所有的域都是基本类型的变量,那么这些域将构成对象的全部状态。程序清单 4-1 中的 Counter 只有一个域 value,因此这个域就是 Counter 的全部状态。对于含有 n 个基本类型域的对象,其状态就是这些域构成的 n 元组。例如,二维点的状态就是它的坐标值 (x, y)。如果在对象的域中引用了其他对象,那么该对象的状态将包含被引用对象的域。例如,LinkedList 的状态就包括该链表中所有节点对象的状态。

程序清单 4-1   使用 Java 监视器模式的线程安全计数器

```
@ThreadSafe
public final class Counter {
    @GuardedBy("this") private long value = 0;

    public synchronized long getValue() {
        return value;
    }
    public synchronized long increment() {
        if (value == Long.MAX_VALUE)
```

```
            throw new IllegalStateException("counter overflow");
        return ++value;
    }
}
```

同步策略（Synchronization Policy）定义了如何在不违背对象不变条件或后验条件的情况下对其状态的访问操作进行协同。同步策略规定了如何将不可变性、线程封闭与加锁机制等结合起来以维护线程的安全性，并且还规定了哪些变量由哪些锁来保护。要确保开发人员可以对这个类进行分析与维护，就必须将同步策略写为正式文档。

4.1.1 收集同步需求

要确保类的线程安全性，就需要确保它的不变性条件不会在并发访问的情况下被破坏，这就需要对其状态进行推断。对象与变量都有一个状态空间，即所有可能的取值。状态空间越小，就越容易判断线程的状态。final 类型的域使用得越多，就越能简化对象可能状态的分析过程。（在极端的情况中，不可变对象只有唯一的状态。）

在许多类中都定义了一些不可变条件，用于判断状态是有效的还是无效的。Counter 中的 value 域是 long 类型的变量，其状态空间为从 Long.MIN_VALUE 到 Long.MAX_VALUE，但 Counter 中 value 在取值范围上存在着一个限制，即不能是负值。

同样，在操作中还会包含一些后验条件来判断状态迁移是否有效的。如果 Counter 的当前状态为 17，那么下一个有效状态只能是 18。当下一个状态需要依赖当前状态时，这个操作就必须是一个复合操作。并非所有的操作都会在状态转换上施加限制，例如，当更新一个保存当前温度的变量时，该变量之前的状态并不会影响计算结果。

由于不变性条件以及后验条件在状态及状态转换上施加了各种约束，因此就需要额外的同步与封装。如果某些状态是无效的，那么必须对底层的状态变量进行封装，否则客户代码可能会使对象处于无效状态。如果在某个操作中存在无效的状态转换，那么该操作必须是原子的。另外，如果在类中没有施加这种约束，那么就可以放宽封装性或序列化等需求，以便获得更高的灵活性或性能。

在类中也可以包含同时约束多个状态变量的不变性条件。在一个表示数值范围的类（例如程序清单 4-10 中的 NumberRange）中可以包含两个状态变量，分别表示范围的上界和下界。这些变量必须遵循的约束是，下界值应该小于或等于上界值。类似于这种包含多个变量的不变性条件将带来原子性需求：这些相关的变量必须在单个原子操作中进行读取或更新。不能首先更新一个变量，然后释放锁并再次获得锁，然后再更新其他的变量。因为释放锁后，可能会使对象处于无效状态。如果在一个不变性条件中包含多个变量，那么在执行任何访问相关变量的操作时，都必须持有保护这些变量的锁。

> 如果不了解对象的不变性条件与后验条件，那么就不能确保线程安全性。要满足在状态变量的有效值或状态转换上的各种约束条件，就需要借助于原子性与封装性。

4.1.2 依赖状态的操作

类的不变性条件与后验条件约束了在对象上有哪些状态和状态转换是有效的。在某些对象的方法中还包含一些基于状态的先验条件（Precondition）。例如，不能从空队列中移除一个元素，在删除元素前，队列必须处于"非空的"状态。如果在某个操作中包含有基于状态的先验条件，那么这个操作就称为依赖状态的操作。

在单线程程序中，如果某个操作无法满足先验条件，那么就只能失败。但在并发程序中，先验条件可能会由于其他线程执行的操作而变成真。在并发程序中要一直等到先验条件为真，然后再执行该操作。

在 Java 中，等待某个条件为真的各种内置机制（包括等待和通知等机制）都与内置加锁机制紧密关联，要想正确地使用它们并不容易。要想实现某个等待先验条件为真时才执行的操作，一种更简单的方法是通过现有库中的类（例如阻塞队列 [Blocking Queue] 或信号量 [Semaphore]）来实现依赖状态的行为。第 5 章将介绍一些阻塞类，例如 BlockingQueue、Semaphore 以及其他的同步工具类。第 14 章将介绍如何使用在平台与类库中提供的各种底层机制来创建依赖状态的类。

4.1.3 状态的所有权

4.1 节曾指出，如果以某个对象为根节点构造一张对象图，那么该对象的状态将是对象图中所有对象包含的域的一个子集。为什么是一个"子集"？在从对象可以达到的所有域中，需要满足哪些条件才不属于对象状态的一部分？

在定义哪些变量将构成对象的状态时，只考虑对象拥有的数据。所有权（Ownership）在 Java 中并没有得到充分的体现，而是属于类设计中的一个要素。如果分配并填充了一个 HashMap 对象，那么就相当于创建了多个对象：HashMap 对象，在 HashMap 对象中包含的多个对象，以及在 Map.Entry 中可能包含的内部对象。HashMap 对象的逻辑状态包括所有的 Map.Entry 对象以及内部对象，即使这些对象都是一些独立的对象。

无论如何，垃圾回收机制使我们避免了如何处理所有权的问题。在 C++ 中，当把一个对象传递给某个方法时，必须认真考虑这种操作是否传递对象的所有权，是短期的所有权还是长期的所有权。在 Java 中同样存在这些所有权模型，只不过垃圾回收器为我们减少了许多在引用共享方面常见的错误，因此降低了在所有权处理上的开销。

许多情况下，所有权与封装性总是相互关联的：对象封装它拥有的状态，反之也成立，即对它封装的状态拥有所有权。状态变量的所有者将决定采用何种加锁协议来维持变量状态的完整性。所有权意味着控制权。然而，如果发布了某个可变对象的引用，那么就不再拥有独占的控制权，最多是"共享控制权"。对于从构造函数或者从方法中传递进来的对象，类通常并不拥有这些对象，除非这些方法是被专门设计为转移传递进来的对象的所有权（例如，同步容器封装器的工厂方法）。

容器类通常表现出一种"所有权分离"的形式，其中容器类拥有其自身的状态，而客户代码则拥有容器中各个对象的状态。Servlet 框架中的 ServletContext 就是其中一个示例。ServletContext 为 Servlet 提供了类似于 Map 形式的对象容器服务，在 ServletContext 中可以通过名称来注册（setAttribute）或获取（getAttribute）应用程序对象。由 Servlet 容器实现的 ServletContext 对象必须是线程安全的，因为它肯定会被多个线程同时访问。当调用 setAttribute 和 getAttribute 时，Servlet 不需要使用同步，但当使用保存在 ServletContext 中的对象时，则可能需要使用同步。这些对象由应用程序拥有，Servlet 容器只是替应用程序保管它们。与所有共享对象一样，它们必须安全地被共享。为了防止多个线程在并发访问同一个对象时产生的相互干扰，这些对象应该要么是线程安全的对象，要么是事实不可变的对象，或者由锁来保护的对象。⊖

4.2 实例封闭

如果某对象不是线程安全的，那么可以通过多种技术使其在多线程程序中安全地使用。你可以确保该对象只能由单个线程访问（线程封闭），或者通过一个锁来保护对该对象的所有访问。

封装简化了线程安全类的实现过程，它提供了一种实例封闭机制（Instance Confinement），通常也简称为"封闭"[CPJ 2.3.3]。当一个对象被封装到另一个对象中时，能够访问被封装对象的所有代码路径都是已知的。与对象可以由整个程序访问的情况相比，更易于对代码进行分析。通过将封闭机制与合适的加锁策略结合起来，可以确保以线程安全的方式来使用非线程安全的对象。

> 将数据封装在对象内部，可以将数据的访问限制在对象的方法上，从而更容易确保线程在访问数据时总能持有正确的锁。

被封闭对象一定不能超出它们既定的作用域。对象可以封闭在类的一个实例（例如作为类的一个私有成员）中，或者封闭在某个作用域内（例如作为一个局部变量），再或者封闭在线程内（例如在某个线程中将对象从一个方法传递到另一个方法，而不是在多个线程之间共享该对象）。当然，对象本身不会逸出——出现逸出情况的原因通常是由于开发人员在发布对象时超出了对象既定的作用域。

程序清单 4-2 中的 PersonSet 说明了如何通过封闭与加锁等机制使一个类成为线程安全的（即使这个类的状态变量并不是线程安全的）。PersonSet 的状态由 HashSet 来管理的，而 HashSet 并非线程安全的。但由于 mySet 是私有的并且不会逸出，因此 HashSet 被封闭在 PersonSet 中。唯一能访问 mySet 的代码路径是 addPerson 与 containsPerson，在执行它们时都要获得 PersonSet 上的锁。PersonSet 的状态完全由它的内置锁保护，因而 PersonSet 是一个线

⊖ 需要注意的是，虽然 HttpSession 对象在功能上类似于 Servlet 框架，但可能有着更严格的要求。由于 Servlet 容器可能需要访问 HttpSession 中的对象，以便在复制操作或者钝化操作（Passivation，指的是将状态保存到持久性存储）中对它们序列化，因此这些对象必须是线程安全的，因为容器可能与 Web Application 程序同时访问它们。（之所以说"可能"，是因为在 Servlet 的规范中并没有明确定义复制与钝化等操作，这只是大多数 Servlet 容器的一个常见功能。）

程安全的类。

程序清单 4-2　通过封闭机制来确保线程安全

```
@ThreadSafe
public class PersonSet {
    @GuardedBy("this")
    private final Set<Person> mySet = new HashSet<Person>();

    public synchronized void addPerson(Person p) {
        mySet.add(p);
    }

    public synchronized boolean containsPerson(Person p) {
        return mySet.contains(p);
    }
}
```

这个示例并未对 Person 的线程安全性做任何假设，但如果 Person 类是可变的，那么在访问从 PersonSet 中获得的 Person 对象时，还需要额外的同步。要想安全地使用 Person 对象，最可靠的方法就是使 Person 成为一个线程安全的类。另外，也可以使用锁来保护 Person 对象，并确保所有客户代码在访问 Person 对象之前都已经获得正确的锁。

实例封闭是构建线程安全类的一个最简单方式，它还使得在锁策略的选择上拥有了更多的灵活性。在 PersonSet 中使用了它的内置锁来保护它的状态，但对于其他形式的锁来说，只要自始至终都使用同一个锁，就可以保护状态。实例封闭还使得不同的状态变量可以由不同的锁来保护。（后面章节的 ServerStatus 中就使用了多个锁来保护类的状态。）

在 Java 平台的类库中还有很多线程封闭的示例，其中有些类的唯一用途就是将非线程安全的类转化为线程安全的类。一些基本的容器类并非线程安全的，例如 ArrayList 和 HashMap，但类库提供了包装器工厂方法（例如 Collections.synchronizedList 及其类似方法），使得这些非线程安全的类可以在多线程环境中安全地使用。这些工厂方法通过"装饰器（Decorator）"模式 (Gamma et al., 1995) 将容器类封装在一个同步的包装器对象中，而包装器能将接口中的每个方法都实现为同步方法，并将调用请求转发到底层的容器对象上。只要包装器对象拥有对底层容器对象的唯一引用（即把底层容器对象封闭在包装器中），那么它就是线程安全的。在这些方法的 Javadoc 中指出，对底层容器对象的所有访问必须通过包装器来进行。

当然，如果将一个本该被封闭的对象发布出去，那么也能破坏封闭性。如果一个对象本应该封闭在特定的作用域内，那么让该对象逸出作用域就是一个错误。当发布其他对象时，例如迭代器或内部的类实例，可能会间接地发布被封闭对象，同样会使被封闭对象逸出。

> 封闭机制更易于构造线程安全的类，因为当封闭类的状态时，在分析类的线程安全性时就无须检查整个程序。

4.2.1 Java 监视器模式

从线程封闭原则及其逻辑推论可以得出 Java 监视器模式[⊖]。遵循 Java 监视器模式的对象会把对象的所有可变状态都封装起来，并由对象自己的内置锁来保护。

在程序清单 4-1 的 Counter 中给出了这种模式的一个典型示例。在 Counter 中封装了一个状态变量 value，对该变量的所有访问都需要通过 Counter 的方法来执行，并且这些方法都是同步的。

在许多类中都使用了 Java 监视器模式，例如 Vector 和 Hashtable。在某些情况下，程序需要一种更复杂的同步策略。第 11 章将介绍如何通过细粒度的加锁策略来提高可伸缩性。Java 监视器模式的主要优势就在于它的简单性。

Java 监视器模式仅仅是一种编写代码的约定，对于任何一种锁对象，只要自始至终都使用该锁对象，都可以用来保护对象的状态。程序清单 4-3 给出了如何使用私有锁来保护状态。

程序清单 4-3　通过一个私有锁来保护状态

```
public class PrivateLock {
    private final Object myLock = new Object();
    @GuardedBy("myLock") Widget widget;

    void someMethod() {
        synchronized(myLock) {
            // 访问或修改 Widget 的状态
        }
    }
}
```

使用私有的锁对象而不是对象的内置锁（或任何其他可通过公有方式访问的锁），有许多优点。私有的锁对象可以将锁封装起来，使客户代码无法得到锁，但客户代码可以通过公有方法来访问锁，以便（正确或者不正确地）参与到它的同步策略中。如果客户代码错误地获得了另一个对象的锁，那么可能会产生活跃性问题。此外，要想验证某个公有访问的锁在程序中是否被正确地使用，则需要检查整个程序，而不是单个的类。

4.2.2 示例：车辆追踪

程序清单 4-1 中的 Counter 是一个简单但用处不大的 Java 监视器模式示例。我们来看一个更有用处的示例：一个用于调度车辆的"车辆追踪器"，例如出租车、警车、货车等。首先使用监视器模式来构建车辆追踪器，然后再尝试放宽某些封装性需求同时又保持线程安全性。

每台车都由一个 String 对象来标识，并且拥有一个相应的位置坐标（x, y）。在 VehicleTracker 类中封装了车辆的标识和位置，因而它非常适合作为基于 MVC (Model-View-Controller, 模型 - 视图 - 控制器) 模式的 GUI 应用程序中的数据模型，并且该模型将由一个视图线程和多

⊖ 虽然 Java 监视器模式来自于 Hoare 对监视器机制的研究工作（Hoare, 1974），但这种模式与真正的监视器类之间存在一些重要的差异。进入和退出同步代码块的字节指令也称为 monitorenter 和 monitorexit，而 Java 的内置锁也称为监视器锁或监视器。

个执行更新操作的线程共享。视图线程会读取车辆的名字和位置,并将它们显示在界面上:

```
Map<String, Point> locations = vehicles.getLocations();
for (String key : locations.keySet())
    renderVehicle(key, locations.get(key));
```

类似地,执行更新操作的线程通过从 GPS 设备上获取的数据或者调度员从 GUI 界面上输入的数据来修改车辆的位置。

```
void vehicleMoved(VehicleMovedEvent evt) {
    Point loc = evt.getNewLocation();
    vehicles.setLocation(evt.getVehicleId(), loc.x, loc.y);
}
```

视图线程与执行更新操作的线程将并发地访问数据模型,因此该模型必须是线程安全的。程序清单 4-4 给出了一个基于 Java 监视器模式实现的"车辆追踪器",其中使用了程序清单 4-5 中的 MutablePoint 来表示车辆的位置。

程序清单 4-4　基于监视器模式的车辆追踪

```
@ThreadSafe
public class MonitorVehicleTracker {
    @GuardedBy("this")
    private final Map<String, MutablePoint> locations;

    public MonitorVehicleTracker(
            Map<String, MutablePoint> locations) {
        this.locations = deepCopy(locations);
    }

    public synchronized Map<String, MutablePoint> getLocations() {
        return deepCopy(locations);
    }

    public synchronized MutablePoint getLocation(String id) {
        MutablePoint loc = locations.get(id);
        return loc == null ? null : new MutablePoint(loc);
    }

    public synchronized void setLocation(String id, int x, int y) {
        MutablePoint loc = locations.get(id);
        if (loc == null)
            throw new IllegalArgumentException("No such ID: " + id);
        loc.x = x;
        loc.y = y;
    }

    private static Map<String, MutablePoint> deepCopy(
            Map<String, MutablePoint> m) {
        Map<String, MutablePoint> result =
                new HashMap<String, MutablePoint>();
        for (String id : m.keySet())
            result.put(id, new MutablePoint(m.get(id)));
        return Collections.unmodifiableMap(result);
    }
}
```

}
public class MutablePoint { /* 程序清单 4-5 */ }

虽然类 MutablePoint 不是线程安全的，但追踪器类是线程安全的。它所包含的 Map 对象和可变的 Point 对象都未曾发布。当需要返回车辆的位置时，通过 MutablePoint 拷贝构造函数或者 deepCopy 方法来复制正确的值，从而生成一个新的 Map 对象，并且该对象中的值与原有 Map 对象中的 key 值和 value 值都相同。⊖

程序清单 4-5 与 Java.awt.Point 类似的可变 Point 类（不要这么做）

```
@NotThreadSafe
public class MutablePoint {
    public int x, y;

    public MutablePoint() { x = 0; y = 0; }
    public MutablePoint(MutablePoint p) {
        this.x = p.x;
        this.y = p.y;
    }
}
```

在某种程度上，这种实现方式是通过在返回客户代码之前复制可变的数据来维持线程安全性的。通常情况下，这并不存在性能问题，但在车辆容器非常大的情况下将极大地降低性能⊖。此外，由于每次调用 getLocation 就要复制数据，因此将出现一种错误情况——虽然车辆的实际位置发生了变化，但返回的信息却保持不变。这种情况是好还是坏，要取决于你的需求。如果在 location 集合上存在内部的一致性需求，那么这就是优点，在这种情况下返回一致的快照就非常重要。然而，如果调用者需要每辆车的最新信息，那么这就是缺点，因为这需要非常频繁地刷新快照。

4.3 线程安全性的委托

大多数对象都是组合对象。当从头开始构建一个类，或者将多个非线程安全的类组合为一个类时，Java 监视器模式是非常有用的。但是，如果类中的各个组件都已经是线程安全的，会是什么情况呢？我们是否需要再增加一个额外的线程安全层？答案是"视情况而定"。在某些情况下，通过多个线程安全类组合而成的类是线程安全的（如程序清单 4-7 和程序清单 4-9 所示），而在某些情况下，这仅仅是一个好的开端（如程序清单 4-10 所示）。

⊖ 注意，deepCopy 并不只是用 unmodifiableMap 来包装 Map 的，因为这只能防止容器对象被修改，而不能防止调用者修改保存在容器中的可变对象。基于同样的原因，如果只是通过拷贝构造函数来填充 deepCopy 中的 HashMap，那么同样是不正确的，因为这样做只复制了指向 Point 对象的引用，而不是 Point 对象本身。

⊖ 由于 deepCopy 是从一个 synchronized 方法中调用的，因此在执行时间较长的复制操作中，tracker 的内置锁将一直被占有，当有大量车辆需要追踪时，会严重降低用户界面的响应灵敏度。

在前面的 CountingFactorizer 类中，我们在一个无状态的类中增加了一个 AtomicLong 类型的域，并且得到的组合对象仍然是线程安全的。由于 CountingFactorizer 的状态就是 AtomicLong 的状态，而 AtomicLong 是线程安全的，因此 CountingFactorizer 不会对 counter 的状态施加额外的有效性约束，所以很容易知道 CountingFactorizer 是线程安全的。我们可以说 CountingFactorizer 将它的线程安全性委托给 AtomicLong 来保证：之所以 CountingFactorizer 是线程安全的，是因为 AtomicLong 是线程安全的。⊖

4.3.1 示例：基于委托的车辆追踪器

下面将介绍一个更实际的委托示例，构造一个委托给线程安全类的车辆追踪器。我们将车辆的位置保存到一个 Map 对象中，因此首先要实现一个线程安全的 Map 类，ConcurrentHashMap。我们还可以用一个不可变的 Point 类来代替 MutablePoint 以保存位置，如程序清单 4-6 所示。

程序清单 4-6　在 DelegatingVehicleTracker 中使用的不可变 Point 类

```
@Immutable
public class Point {
    public final int x, y;

    public Point(int x, int y) {
        this.x = x;
        this.y = y;
    }
}
```

由于 Point 类是不可变的，因而它是线程安全的。不可变的值可以被自由地共享与发布，因此在返回 location 时不需要复制。

在程序清单 4-7 的 DelegatingVehicleTracker 中没有使用任何显式的同步，所有对状态的访问都由 ConcurrentHashMap 来管理，而且 Map 所有的键和值都是不可变的。

程序清单 4-7　将线程安全委托给 ConcurrentHashMap

```
@ThreadSafe
public class DelegatingVehicleTracker {
    private final ConcurrentMap<String, Point> locations;
    private final Map<String, Point> unmodifiableMap;

    public DelegatingVehicleTracker(Map<String, Point> points) {
        locations = new ConcurrentHashMap<String, Point>(points);
        unmodifiableMap = Collections.unmodifiableMap(locations);
    }
```

⊖ 如果 count 不是 final 类型，那么要分析 CountingFactorizer 的线程安全性将变得更复杂。如果 CountingFactorizer 将 count 修改为指向另一个 AtomicLong 域的引用，那么必须确保 count 的更新操作对于所有访问 count 的线程都是可见的，并且还要确保在 count 的值上不存在竞态条件。这也是尽可能使用 final 类型域的另一个原因。

```
public Map<String, Point> getLocations() {
    return unmodifiableMap;
}

public Point getLocation(String id) {
    return locations.get(id);
}

public void setLocation(String id, int x, int y) {
    if (locations.replace(id, new Point(x, y)) == null)
        throw new IllegalArgumentException(
            "invalid vehicle name: " + id);
}
```

如果使用最初的 MutablePoint 类而不是 Point 类，就会破坏封装性，因为 getLocations 会发布一个指向可变状态的引用，而这个引用不是线程安全的。需要注意的是，我们稍微改变了车辆追踪器类的行为。在使用监视器模式的车辆追踪器中返回的是车辆位置的快照，而在使用委托的车辆追踪器中返回的是一个不可修改但却实时的车辆位置视图。这意味着，如果线程 A 调用 getLocations，而线程 B 在随后修改了某些点的位置，那么在返回给线程 A 的 Map 中将反映出这些变化。在前面提到过，这可能是一种优点（更新的数据），也可能是一种缺点（可能导致不一致的车辆位置视图），具体情况取决于你的需求。

如果需要一个不发生变化的车辆视图，那么 getLocations 可以返回对 locations 这个 Map 对象的一个浅拷贝 (Shallow Copy)。由于 Map 的内容是不可变的，因此只需复制 Map 的结构，而不用复制它的内容，如程序清单 4-8 所示（其中只返回一个 HashMap，因为 getLocations 并不能保证返回一个线程安全的 Map）。

程序清单 4-8　返回 locations 的静态拷贝而非实时拷贝

```
public Map<String, Point> getLocations() {
    return Collections.unmodifiableMap(
        new HashMap<String, Point>(locations));
}
```

4.3.2 独立的状态变量

到目前为止，这些委托示例都仅仅委托给了单个线程安全的状态变量。我们还可以将线程安全性委托给多个状态变量，只要这些变量是彼此独立的，即组合而成的类并不会在其包含的多个状态变量上增加任何不变性条件。

程序清单 4-9 中的 VisualComponent 是一个图形组件，允许客户程序注册监控鼠标和键盘等事件的监听器。它为每种类型的事件都备有一个已注册监听器列表，因此当某个事件发生时，就会调用相应的监听器。然而，在鼠标事件监听器与键盘事件监听器之间不存在任何关联，二者是彼此独立的，因此 VisualComponent 可以将其线程安全性委托给这两个线程安全的监听器列表。

程序清单 4-9 将线程安全性委托给多个状态变量

```java
public class VisualComponent {
    private final List<KeyListener> keyListeners
        = new CopyOnWriteArrayList<KeyListener>();
    private final List<MouseListener> mouseListeners
        = new CopyOnWriteArrayList<MouseListener>();

    public void addKeyListener(KeyListener listener) {
        keyListeners.add(listener);
    }

    public void addMouseListener(MouseListener listener) {
        mouseListeners.add(listener);
    }

    public void removeKeyListener(KeyListener listener) {
        keyListeners.remove(listener);
    }

    public void removeMouseListener(MouseListener listener) {
        mouseListeners.remove(listener);
    }
}
```

VisualComponent 使用 CopyOnWriteArrayList 来保存各个监听器列表。它是一个线程安全的链表，特别适用于管理监听器列表（参见 5.2.3 节）。每个链表都是线程安全的，此外，由于各个状态之间不存在耦合关系，因此 VisualComponent 可以将它的线程安全性委托给 mouseListeners 和 keyListeners 等对象。

4.3.3 当委托失效时

大多数组合对象都不会像 VisualComponent 这样简单：在它们的状态变量之间存在着某些不变性条件。程序清单 4-10 中的 NumberRange 使用了两个 AtomicInteger 来管理状态，并且含有一个约束条件，即第一个数值要小于或等于第二个数值。

程序清单 4-10 NumberRange 类并不足以保护它的不变性条件（不要这么做）

```java
public class NumberRange {
    // 不变性条件: lower <= upper
    private final AtomicInteger lower = new AtomicInteger(0);
    private final AtomicInteger upper = new AtomicInteger(0);

    public void setLower(int i) {
        // 注意——不安全的"先检查后执行"
        if (i > upper.get())
            throw new IllegalArgumentException(
                    "can't set lower to " + i + " > upper");
        lower.set(i);
    }

    public void setUpper(int i) {
```

```
    // 注意 —— 不安全的"先检查后执行"
    if (i < lower.get())
        throw new IllegalArgumentException(
                "can't set upper to " + i + " < lower");
    upper.set(i);
}

public boolean isInRange(int i) {
    return (i >= lower.get() && i <= upper.get());
}
```

NumberRange 不是线程安全的，没有维持对下界和上界进行约束的不变性条件。setLower 和 setUpper 等方法都尝试维持不变性条件，但却无法做到。setLower 和 setUpper 都是"先检查后执行"的操作，但它们没有使用足够的加锁机制来保证这些操作的原子性。假设取值范围为 (0，10)，如果一个线程调用 setLower(5)，而另一个线程调用 setUpper(4)，那么在一些错误的执行时序中，这两个调用都将通过检查，并且都能设置成功。结果得到的取值范围就是 (5，4)，那么这是一个无效的状态。因此，虽然 AtomicInteger 是线程安全的，但经过组合得到的类却不是。由于状态变量 lower 和 upper 不是彼此独立的，因此 NumberRange 不能将线程安全性委托给它的线程安全状态变量。

NumberRange 可以通过加锁机制来维护不变性条件以确保其线程安全性，例如使用一个锁来保护 lower 和 upper。此外，它还必须避免发布 lower 和 upper，从而防止客户代码破坏其不变性条件。

如果某个类含有复合操作，例如 NumberRange，那么仅靠委托并不足以实现线程安全性。在这种情况下，这个类必须提供自己的加锁机制以保证这些复合操作都是原子操作，除非整个复合操作都可以委托给状态变量。

> 如果一个类是由多个独立且线程安全的状态变量组成，并且在所有的操作中都不包含无效状态转换，那么可以将线程安全性委托给底层的状态变量。

即使 NumberRange 的各个状态组成部分都是线程安全的，也不能确保 NumberRange 的线程安全性，这种问题非常类似于 3.1.4 节介绍的 volatile 变量规则：仅当一个变量参与到包含其他状态变量的不变性条件时，才可以声明为 volatile 类型。

4.3.4 发布底层的状态变量

当把线程安全性委托给某个对象的底层状态变量时，在什么条件下才可以发布这些变量从而使其他类能修改它们？答案仍然取决于在类中对这些变量施加了哪些不变性条件。虽然 Counter 中的 value 域可以为任意整数值，但 Counter 施加的约束条件是只能取正整数，此外递增操作同样约束了下一个状态的有效取值范围。如果将 value 声明为一个公有域，那么客户代码可以将它修改为一个无效值，因此发布 value 会导致这个类出错。另一方面，如果某个变量表示的是当前温度或者最近登录用户的 ID，那么即使另一个类在某个时刻修改了这个值，也不会破坏任何不变性条件，因此发布这个变量也是可以接受的。（这或许不是个好主意，因为发布可变的变量将对下一步的开发和派生子类带来限制，但不会破坏类的线程安全性。）

> 如果一个状态变量是线程安全的，并且没有任何不变性条件来约束它的值，在变量的操作上也不存在任何不允许的状态转换，那么就可以安全地发布这个变量。

例如，发布 VisualComponent 中的 mouseListeners 或 keyListeners 等变量就是安全的。由于 VisualComponent 并没有在其监听器链表的合法状态上施加任何约束，因此这些域可以声明为公有域或者发布，而不会破坏线程安全性。

4.3.5 示例：发布状态的车辆追踪器

我们来构造车辆追踪器的另一个版本，并在这个版本中发布底层的可变状态。我们需要修改接口以适应这种变化，即使用可变且线程安全的 Point 类。

程序清单 4-11 中的 SafePoint 提供的 get 方法同时获得 x 和 y 的值，并将二者放在一个数组中返回⊖。如果为 x 和 y 分别提供 get 方法，那么在获得这两个不同坐标的操作之间，x 和 y 的值发生变化，从而导致调用者看到不一致的值：车辆从来没有到达过位置（x, y）。通过使用 SafePoint，可以构造一个发布其底层可变状态的车辆追踪器，还能确保其线程安全性不被破坏，如程序清单 4-12 中的 PublishingVehicleTracker 类所示。

程序清单 4-11　线程安全且可变的 Point 类

```
@ThreadSafe
public class SafePoint {
    @GuardedBy("this") private int x, y;

    private SafePoint(int[] a) { this(a[0], a[1]); }

    public SafePoint(SafePoint p) { this(p.get()); }

    public SafePoint(int x, int y) {
        this.x = x;
        this.y = y;
    }

    public synchronized int[] get() {
        return new int[] { x, y };
    }

    public synchronized void set(int x, int y) {
        this.x = x;
        this.y = y;
    }
}
```

⊖ 如果将拷贝构造函数实现为 this (p.x, p.y)，那么会产生竞态条件，而私有构造函数则可以避免这种竞态条件。这是私有构造函数捕获模式（Private Constructor Capture Idiom，Bloch and Gafter, 2005）的一个实例。

程序清单4-12 安全发布底层状态的车辆追踪器

```
@ThreadSafe
public class PublishingVehicleTracker {
    private final Map<String, SafePoint> locations;
    private final Map<String, SafePoint> unmodifiableMap;

    public PublishingVehicleTracker(
                        Map<String, SafePoint> locations) {
        this.locations
            = new ConcurrentHashMap<String, SafePoint>(locations);
        this.unmodifiableMap
            = Collections.unmodifiableMap(this.locations);
    }

    public Map<String, SafePoint> getLocations() {
        return unmodifiableMap;
    }

    public SafePoint getLocation(String id) {
        return locations.get(id);
    }

    public void setLocation(String id, int x, int y) {
        if (!locations.containsKey(id))
            throw new IllegalArgumentException(
                "invalid vehicle name: " + id);
        locations.get(id).set(x, y);
    }
}
```

PublishingVehicleTracker 将其线程安全性委托给底层的 ConcurrentHashMap，只是 Map 中的元素是线程安全的且可变的 Point，而并非不可变的。getLocation 方法返回底层 Map 对象的一个不可变副本。调用者不能增加或删除车辆，但却可以通过修改返回 Map 中的 SafePoint 值来改变车辆的位置。再次指出，Map 的这种"实时"特性究竟是带来好处还是坏处，仍然取决于实际的需求。PublishingVehicleTracker 是线程安全的，但如果它在车辆位置的有效值上施加了任何约束，那么就不再是线程安全的。如果需要对车辆位置的变化进行判断或者当位置变化时执行一些操作，那么 PublishingVehicleTracker 中采用的方法并不合适。

4.4 在现有的线程安全类中添加功能

Java 类库包含许多有用的"基础模块"类。通常，我们应该优先选择重用这些现有的类而不是创建新的类：重用能降低开发工作量、开发风险（因为现有的类都已经通过测试）以及维护成本。有时候，某个现有的线程安全类能支持我们需要的所有操作，但更多时候，现有的类只能支持大部分的操作，此时就需要在不破坏线程安全性的情况下添加一个新的操作。

例如，假设需要一个线程安全的链表，它需要提供一个原子的"若没有则添加（Put-If-Absent）"的操作。同步的 List 类已经实现了大部分的功能，我们可以根据它提供的 contains 方法和 add 方法来构造一个"若没有则添加"的操作。

"若没有则添加"的概念很简单，在向容器中添加元素前，首先检查该元素是否已经存在，如果存在就不再添加。（回想"先检查再执行"的注意事项。）由于这个类必须是线程安全的，因此就隐含地增加了另一个需求，即"若没有则添加"这个操作必须是原子操作。这意味着，如果在链表中没有包含对象 X，那么在执行两次"若没有则添加"X 后，在容器中只能包含一个 X 对象。然而，如果"若没有则添加"操作不是原子操作，那么在某些执行情况下，有两个线程都将看到 X 不在容器中，并且都执行了添加 X 的操作，从而使容器中包含两个相同的 X 对象。

要添加一个新的原子操作，最安全的方法是修改原始的类，但这通常无法做到，因为你可能无法访问或修改类的源代码。要想修改原始的类，就需要理解代码中的同步策略，这样增加的功能才能与原有的设计保持一致。如果直接将新方法添加到类中，那么意味着实现同步策略的所有代码仍然处于一个源代码文件中，从而更容易理解与维护。

另一种方法是扩展这个类，假定在设计这个类时考虑了可扩展性。程序清单 4-13 中的 BetterVector 对 Vector 进行了扩展，并添加了一个新方法 putIfAbsent。扩展 Vector 很简单，但并非所有的类都像 Vector 那样将状态向子类公开，因此也就不适合采用这种方法。

程序清单 4-13　扩展 Vector 并增加一个"若没有则添加"方法

```
@ThreadSafe
public class BetterVector<E> extends Vector<E> {
    public synchronized boolean putIfAbsent(E x) {
        boolean absent = !contains(x);
        if (absent)
            add(x);
        return absent;
    }
}
```

"扩展"方法比直接将代码添加到类中更加脆弱，因为现在的同步策略实现被分布到多个单独维护的源代码文件中。如果底层的类改变了同步策略并选择了不同的锁来保护它的状态变量，那么子类会被破坏，因为在同步策略改变后它无法再使用正确的锁来控制对基类状态的并发访问。（在 Vector 的规范中定义了它的同步策略，因此 BetterVector 不存在这个问题。）

4.4.1　客户端加锁机制

对于由 Collections.synchronizedList 封装的 ArrayList，这两种方法在原始类中添加一个方法或者对类进行扩展都行不通，因为客户代码并不知道在同步封装器工厂方法中返回的 List 对象的类型。第三种策略是扩展类的功能，但并不是扩展类本身，而是将扩展代码放入一个"辅助类"中。

程序清单 4-14 实现了一个包含"若没有则添加"操作的辅助类，用于对线程安全的 List 执行操作,但其中的代码是错误的。

程序清单 4-14 非线程安全的"若没有则添加"(不要这么做)

```
@NotThreadSafe
public class ListHelper<E> {
    public List<E> list =
        Collections.synchronizedList(new ArrayList<E>());
    ...
    public synchronized boolean putIfAbsent(E x) {
        boolean absent = !list.contains(x);
        if (absent)
            list.add(x);
        return absent;
    }
}
```

为什么这种方式不能实现线程安全性?毕竟,putIfAbsent 已经声明为 synchronized 类型的变量,对不对?问题在于在错误的锁上进行了同步。无论 List 使用哪一个锁来保护它的状态,可以确定的是,这个锁并不是 ListHelper 上的锁。ListHelper 只是带来了同步的假象,尽管所有的链表操作都被声明为 synchronized,但却使用了不同的锁,这意味着 putIfAbsent 相对于 List 的其他操作来说并不是原子的,因此就无法确保当 putIfAbsent 执行时另一个线程不会修改链表。

要想使这个方法能正确执行,必须使 List 在实现客户端加锁或外部加锁时使用同一个锁。客户端加锁是指,对于使用某个对象 X 的客户端代码,使用 X 本身用于保护其状态的锁来保护这段客户代码。要使用客户端加锁,你必须知道对象 X 使用的是哪一个锁。

在 Vector 和同步封装器类的文档中指出,它们通过使用 Vector 或封装器容器的内置锁来支持客户端加锁。程序清单 4-15 给出了在线程安全的 List 上执行 putIfAbsent 操作,其中使用了正确的客户端加锁。

程序清单 4-15 通过客户端加锁来实现"若没有则添加"

```
@ThreadSafe
public class ListHelper<E> {
    public List<E> list =
        Collections.synchronizedList(new ArrayList<E>());
    ...
    public boolean putIfAbsent(E x) {
        synchronized (list) {
            boolean absent = !list.contains(x);
            if (absent)
                list.add(x);
            return absent;
        }
    }
}
```

通过添加一个原子操作来扩展类是脆弱的,因为它将类的加锁代码分布到多个类中。然而，客户端加锁却更加脆弱，因为它将类 C 的加锁代码放到与 C 完全无关的其他类中。当在那些并不承诺遵循加锁策略的类上使用客户端加锁时，要特别小心。

客户端加锁机制与扩展类机制有许多共同点，二者都是将派生类的行为与基类的实现耦合在一起。正如扩展会破坏实现的封装性 [EJ Item 14]，客户端加锁同样会破坏同步策略的封装性。

4.4.2 组合

当为现有的类添加一个原子操作时，有一种更好的方法：组合（Composition）。程序清单 4-16 中的 ImprovedList 通过将 List 对象的操作委托给底层的 List 实例来实现 List 的操作，同时还添加了一个原子的 putIfAbsent 方法。（与 Collections.synchronizedList 和其他容器封装器一样，ImprovedList 假设把某个链表对象传给构造函数以后，客户代码不会再直接使用这个对象，而只能通过 ImprovedList 来访问它。）

程序清单 4-16　通过组合实现"若没有则添加"

```
@ThreadSafe
public class ImprovedList<T> implements List<T> {
    private final List<T> list;

    public ImprovedList(List<T> list) { this.list = list; }

    public synchronized boolean putIfAbsent(T x) {
        boolean contains = list.contains(x);
        if (contains)
            list.add(x);
        return !contains;
    }

    public synchronized void clear() { list.clear(); }
    // ... 按照类似的方式委托 List 的其他方法
}
```

ImprovedList 通过自身的内置锁增加了一层额外的加锁。它并不关心底层的 List 是否是线程安全的，即使 List 不是线程安全的或者修改了它的加锁实现，ImprovedList 也会提供一致的加锁机制来实现线程安全性。虽然额外的同步层可能导致轻微的性能损失⊖，但与模拟另一个对象的加锁策略相比，ImprovedList 更为健壮。事实上，我们使用了 Java 监视器模式来封装现有的 List，并且只要在类中拥有指向底层 List 的唯一外部引用，就能确保线程安全性。

4.5　将同步策略文档化

在维护线程安全性时，文档是最强大的（同时也是最未被充分利用的）工具之一。用户可以通过查阅文档来判断某个类是否是线程安全的，而维护人员也可以通过查阅文档来理解其

⊖ 性能损失很小，因为在底层 List 上的同步不存在竞争，所以速度很快，请参见第 11 章。

中的实现策略，避免在维护过程中破坏安全性。然而，通常人们从文档中获取的信息却是少之又少。

> 在文档中说明客户代码需要了解的线程安全性保证，以及代码维护人员需要了解的同步策略。

synchronized、volatile 或者任何一个线程安全类都对应于某种同步策略，用于在并发访问时确保数据的完整性。这种策略是程序设计的要素之一，因此应该将其文档化。当然，设计阶段是编写设计决策文档的最佳时间。这之后的几周或几个月后，一些设计细节会逐渐变得模糊，因此一定要在忘记之前将它们记录下来。

在设计同步策略时需要考虑多个方面，例如，将哪些变量声明为 volatile 类型，哪些变量用锁来保护，哪些锁保护哪些变量，哪些变量必须是不可变的或者被封闭在线程中的，哪些操作必须是原子操作等。其中某些方面是严格的实现细节，应该将它们文档化以便于日后的维护。还有一些方面会影响类中加锁行为的外在表现，也应该将其作为规范的一部分写入文档。

最起码，应该保证将类中的线程安全性文档化。它是否是线程安全的？在执行回调时是否持有一个锁？是否有某些特定的锁会影响其行为？不要让客户冒着风险去猜测。如果你不想支持客户端加锁也是可以的，但一定要明确地指出来。如果你希望客户代码能够在类中添加新的原子操作，如 4.4 节所示，那么就需要在文档中说明需要获得哪些锁才能实现安全的原子操作。如果使用锁来保护状态，那么也要将其写入文档以便日后维护，这很简单，只需使用标注 @GuardedBy 即可。如果要使用更复杂的方法来维护线程安全性，那么一定要将它们写入文档，因为维护者通常很难发现它们。

甚至在平台的类库中，线程安全性方面的文档也是很难令人满意。当你阅读某个类的 Javadoc 时，是否曾怀疑过它是否是线程安全的？⊖大多数类都没有给出任何提示。许多正式的 Java 技术规范，例如 Servlet 和 JDBC，也没有在它们的文档中给出线程安全性的保证和需求。

尽管我们不应该对规范之外的行为进行猜测，但有时候出于工作需要，将不得不面对各种糟糕的假设。我们是否应该因为某个对象看上去是线程安全的而就假设它是安全的？是否可以假设通过获取对象的锁来确保对象访问的线程安全性？（只有当我们能控制所有访问该对象的代码时，才能使用这种带风险的技术，否则，这只能带来线程安全性的假象。）无论做出哪种选择都难以令人满意。

更糟糕的是，我们的直觉通常是错误的：我们认为"可能是线程安全"的类通常并不是线程安全的。例如，java.text.SimpleDateFormat 并不是线程安全的，但 JDK 1.4 之前的 Javadoc 并没有提到这点。许多开发人员都对这个类不是线程安全的而感到惊讶。有多少程序已经错误地生成了这种非线程安全的对象，并在多线程中使用它？这些程序没有意识到这将在高负载的情况下导致错误的结果。

如果某个类没有明确地声明是线程安全的，那么就不要假设它是线程安全的，从而有

⊖ 如果你从未考虑过这些问题，那么你确实比较乐观。

效地避免类似于 SimpleDateFormat 的问题。而另一方面，如果不对容器提供对象（例如 HttpSession）的线程安全性做某种有问题的假设，也就不可能开发出一个基于 Servlet 的应用程序。不要使你的客户或同事也做这样的猜测。

解释含糊的文档

许多 Java 技术规范都没有（或者至少不愿意）说明接口的线程安全性，例如 ServletContext、HttpSession 或 DataSource ⊖。这些接口是由容器或数据库供应商来实现的，而你通常无法通过查看其实现代码来了解细节功能。此外，你也不希望依赖于某个特定 JDBC 驱动的实现细节——你希望遵从标准，这样代码可以基于任何一个 JDBC 驱动工作。但在 JDBC 的规范中从未出现"线程"和"并发"这些术语，同样在 Servlet 规范中也很少提到。那么你该做些什么呢？

你只能去猜测。一个提高猜测准确性的方法是，从实现者（例如容器或数据库的供应商）的角度去解释规范，而不是从使用者的角度去解释。Servlet 通常是在容器管理的（Container-Managed）线程中调用的，因此可以安全地假设：如果有多个这种线程在运行，那么容器是知道这种情况的。Servlet 容器能生成一些为多个 Servlet 提供服务的对象，例如 HttpSession 或 ServletContext。因此，Servlet 容器应该预见到这些对象将被并发访问，因为它创建了多个线程，并且从这些线程中调用像 Servlet.service 这样的方法，而这个方法很可能会访问 ServletContext。

由于这些对象在单线程的上下文中很少是有用的，因此我们不得不假设它们已被实现为线程安全的，即使在规范中没有明确地说明。此外，如果它们需要客户端加锁，那么客户端代码应该在哪个锁上进行同步？在文档中没有说明这一点，而要猜测的话也不知从何猜起。在规范和正式手册中给出的如何访问 ServletContext 或 HttpSession 的示例中进一步强调了这种"合理的假设"，并且没有使用任何客户端同步。

另一方面，通过把 setAttribute 放到 ServletContext 中或者将 HttpSession 的对象由 Web 应用程序拥有，而不是 Servlet 容器拥有。在 Serviet 规范中没有给出任何机制来协调对这些共享属性的并发访问。因此，由容器代替 Web 应用程序来保存这些属性应该是线程安全的，或者是不可变的。如果容器的工作只是代替 Web 应用程序来保存这些属性，那么当从 servlet 应用程序代码访问它们时，应该确保它们始终由同一个锁保护。但由于容器可能需要序列化 HttpSession 中的对象以实现复制或钝化等操作，并且容器不可能知道你的加锁协议，因此你要自己确保这些对象是线程安全的。

可以对 JDBC DataSource 接口做出类似的推断，该接口表示一个可重用的数据库连接池。DataSource 为应用程序提供服务，它在单线程应用程序中没有太大意义。我们很难想象不在多线程情况下使用 getConnection。并且，与 Servlet 一样，在使用 DataSource 的许多示例代码中，JDBC 规范并没有说明需要使用任何客户端加锁。因此，尽管 JDBC 规范没有说明 DataSource 是否是线程安全的，或者要求生产商提供线程安全的实现，但同样由于"如果不

⊖ 令我们失望的是，在多次对规范的修订中一直都忽略了这些问题。

这么做将是不可思议的",所以我们只能假设 DataSource.getConnection 不需要额外的客户端加锁。

另一方面,在 DataSource 分配 JDBC Connection 对象上没有这样的争议,因为在它们返回连接池之前,不会有其他操作将它们共享。因此,如果某个获取 JDBC Connection 对象的操作跨越了多个线程,那么它必须通过同步来保护对 Connection 对象的访问。(大多数应用程序在实现使用 JDBC Connection 对象的操作时,通常都会把 Connection 对象封闭在某个特定的线程中。)

第 5 章
基础构建模块

第 4 章介绍了构造线程安全类时采用的一些技术,例如将线程安全性委托给现有的线程安全类。委托是创建线程安全类的一个最有效的策略:只需让现有的线程安全类管理所有的状态即可。

Java 平台类库包含了丰富的并发基础构建模块,例如线程安全的容器类以及各种用于协调多个相互协作的线程控制流的同步工具类(Synchronizer)。本章将介绍其中一些最有用的并发构建模块,特别是在 Java 5.0 和 Java 6 中引入的一些新模块,以及在使用这些模块来构造并发应用程序时的一些常用模式。

5.1 同步容器类

同步容器类包括 Vector 和 Hashtable,二者是早期 JDK 的一部分,此外还包括在 JDK 1.2 中添加的一些功能相似的类,这些同步的封装器类是由 Collections.synchronizedXxx 等工厂方法创建的。这些类实现线程安全的方式是:将它们的状态封装起来,并对每个公有方法都进行同步,使得每次只有一个线程能访问容器的状态。

5.1.1 同步容器类的问题

同步容器类都是线程安全的,但在某些情况下可能需要额外的客户端加锁来保护复合操作。容器上常见的复合操作包括:迭代(反复访问元素,直到遍历完容器中所有元素)、跳转(根据指定顺序找到当前元素的下一个元素)以及条件运算,例如"若没有则添加"(检查在 Map 中是否存在键值 K,如果没有,就加入二元组 (K,V))。在同步容器类中,这些复合操作在没有客户端加锁的情况下仍然是线程安全的,但当其他线程并发地修改容器时,它们可能会表现出意料之外的行为。

程序清单 5-1 给出了在 Vector 中定义的两个方法:getLast 和 deleteLast,它们都会执行"先检查再运行"操作。每个方法首先都获得数组的大小,然后通过结果来获取或删除最后一个元素。

程序清单 5-1 Vector 上可能导致混乱结果的复合操作

```
public static Object getLast(Vector list) {
    int lastIndex = list.size() - 1;
    return list.get(lastIndex);
}
```

```
public static void deleteLast(Vector list) {
    int lastIndex = list.size() - 1;
    list.remove(lastIndex);
}
```

这些方法看似没有任何问题，从某种程度上来看也确实如此——无论多少个线程同时调用它们，也不破坏 Vector。但从这些方法的调用者角度来看，情况就不同了。如果线程 A 在包含 10 个元素的 Vector 上调用 getLast，同时线程 B 在同一个 Vector 上调用 deleteLast，这些操作的交替执行如图 5-1 所示，getLast 将抛出 ArrayIndexOutOfBoundsException 异常。在调用 size 与调用 getLast 这两个操作之间，Vector 变小了，因此在调用 size 时得到的索引值将不再有效。这种情况很好地遵循了 Vector 的规范——如果请求一个不存在的元素，那么将抛出一个异常。但这并不是 getLast 的调用者所希望得到的结果（即使在并发修改的情况下也不希望看到），除非 Vector 从一开始就是空的。

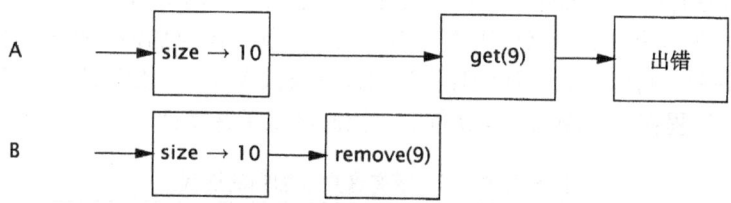

图 5-1　交替调用 getLast 和 deleteLast 时将抛出 ArrayIndexOutOfBoundsException

由于同步容器类要遵守同步策略，即支持客户端加锁⊖，因此可能会创建一些新的操作，只要我们知道应该使用哪一个锁，那么这些新操作就与容器的其他操作一样都是原子操作。同步容器类通过其自身的锁来保护它的每个方法。通过获得容器类的锁，我们可以使 getLast 和 deleteLast 成为原子操作，并确保 Vector 的大小在调用 size 和 get 之间不会发生变化，如程序清单 5-2 所示。

程序清单 5-2　在使用客户端加锁的 Vector 上的复合操作

```
public static Object getLast(Vector list) {
    synchronized (list) {
        int lastIndex = list.size() - 1;
        return list.get(lastIndex);
    }
}

public static void deleteLast(Vector list) {
    synchronized (list) {
        int lastIndex = list.size() - 1;
        list.remove(lastIndex);
    }
}
```

⊖ 这只在 Java 5.0 的 Javadoc 中作为迭代示例简要地提了一下。

在调用 size 和相应的 get 之间，Vector 的长度可能会发生变化，这种风险在对 Vector 中的元素进行迭代时仍然会出现，如程序清单 5-3 所示。

程序清单 5-3　可能抛出 ArrayIndexOutOfBoundsException 的迭代操作

```
for (int i = 0; i < vector.size(); i++)
    doSomething(vector.get(i));
```

这种迭代操作的正确性要依赖于运气，即在调用 size 和 get 之间没有线程会修改 Vector。在单线程环境中，这种假设完全成立，但在有其他线程并发地修改 Vector 时，则可能导致麻烦。与 getLast 一样，如果在对 Vector 进行迭代时，另一个线程删除了一个元素，并且这两个操作交替执行，那么这种迭代方法将抛出 ArrayIndexOutOfBoundsException 异常。

虽然在程序清单 5-3 的迭代操作中可能抛出异常，但并不意味着 Vector 就不是线程安全的。Vector 的状态仍然是有效的，而抛出的异常也与其规范保持一致。然而，像在读取最后一个元素或者迭代等这样的简单操作中抛出异常显然不是人们所期望的。

我们可以通过在客户端加锁来解决不可靠迭代的问题，但要牺牲一些伸缩性。通过在迭代期间持有 Vector 的锁，可以防止其他线程在迭代期间修改 Vector，如程序清单 5-4 所示。然而，这同样会导致其他线程在迭代期间无法访问它，因此降低了并发性。

程序清单 5-4　带有客户端加锁的迭代

```
synchronized (vector) {
    for (int i = 0; i < vector.size(); i++)
        doSomething(vector.get(i));
}
```

5.1.2　迭代器与 ConcurrentModificationException

为了将问题阐述清楚，我们使用了 Vector，虽然这是一个"古老"的容器类。然而，许多"现代"的容器类也并没有消除复合操作中的问题。无论是在直接迭代还是在 Java 5.0 引入的 for-each 循环语法中，对容器类进行迭代的标准方式都是使用 Iterator。然而，如果有其他线程并发地修改容器，那么即使是使用迭代器也无法避免在迭代期间对容器加锁。在设计同步容器类的迭代器时并没有考虑到并发修改的问题，并且它们表现出的行为是"及时失败"（fail-fast）的。这意味着，当它们发现容器在迭代过程中被修改时，就会抛出一个 ConcurrentModificationException 异常。

这种"及时失败"的迭代器并不是一种完备的处理机制，而只是"善意地"捕获并发错误，因此只能作为并发问题的预警指示器。它们采用的实现方式是，将计数器的变化与容器关联起来：如果在迭代期间计数器被修改，那么 hasNext 或 next 将抛出 ConcurrentModificationException。然而，这种检查是在没有同步的情况下进行的，因此可能会看到失效的计数值，而迭代器可能并没有意识到已经发生了修改。这是一种设计上的权衡，从而降低并发修改操作的检测代码[注]对程序性能带来的影响。

程序清单 5-5 说明了如何使用 for-each 循环语法对 List 容器进行迭代。从内部来看，javac 将生成使用 Iterator 的代码，反复调用 hasNext 和 next 来迭代 List 对象。与迭代 Vector 一样，要想避免出现 ConcurrentModificationException，就必须在迭代过程持有容器的锁。

程序清单 5-5　通过 Iterator 来迭代 List

```
List<Widget> widgetList
    = Collections.synchronizedList(new ArrayList<Widget>());
...
// 可能抛出 ConcurrentModificationException
for (Widget w : widgetList)
    doSomething(w);
```

然而，有时候开发人员并不希望在迭代期间对容器加锁。例如，某些线程在可以访问容器之前，必须等待迭代过程结束，如果容器的规模很大，或者在每个元素上执行操作的时间很长，那么这些线程将长时间等待。同样，如果容器像程序清单 5-4 中那样加锁，那么在调用 doSomething 时将持有一个锁，这可能会产生死锁（请参见第 10 章）。即使不存在饥饿或者死锁等风险，长时间地对容器加锁也会降低程序的可伸缩性。持有锁的时间越长，那么在锁上的竞争就可能越激烈，如果许多线程都在等待锁被释放，那么将极大地降低吞吐量和 CPU 的利用率（请参见第 11 章）。

如果不希望在迭代期间对容器加锁，那么一种替代方法就是"克隆"容器，并在副本上进行迭代。由于副本被封闭在线程内，因此其他线程不会在迭代期间对其进行修改，这样就避免了抛出 ConcurrentModificationException（在克隆过程中仍然需要对容器加锁）。在克隆容器时存在显著的性能开销。这种方式的好坏取决于多个因素，包括容器的大小，在每个元素上执行的工作，迭代操作相对于容器其他操作的调用频率，以及在响应时间和吞吐量等方面的需求。

5.1.3 隐藏迭代器

虽然加锁可以防止迭代器抛出 ConcurrentModificationException，但你必须要记住在所有对共享容器进行迭代的地方都需要加锁。实际情况要更加复杂，因为在某些情况下，迭代器会隐藏起来，如程序清单 5-6 中的 HiddenIterator 所示。在 HiddenIterator 中没有显式的迭代操作，但在粗体标出的代码中将执行迭代操作。编译器将字符串的连接操作转换为调用 StringBuilder. append(Object)，而这个方法又会调用容器的 toString 方法，标准容器的 toString 方法将迭代容器，并在每个元素上调用 toString 来生成容器内容的格式化表示。

程序清单 5-6　隐藏在字符串连接中的迭代操作（不要这么做）

```
public class HiddenIterator {
    @GuardedBy("this")
```

[注] 在单线程代码中也可能抛出 ConcurrentModificationException 异常。当对象直接从容器中删除而不是通过 Iterator.remove 来删除时，就会抛出这个异常。

```
    private final Set<Integer> set = new HashSet<Integer>();

    public synchronized void add(Integer i) { set.add(i); }
    public synchronized void remove(Integer i) { set.remove(i); }

    public void addTenThings() {
        Random r = new Random();
        for (int i = 0; i < 10; i++)
            add(r.nextInt());
        System.out.println("DEBUG: added ten elements to " + set);
    }
}
```

addTenThings 方法可能会抛出 ConcurrentModificationException，因为在生成调试消息的过程中，toString 对容器进行迭代。当然，真正的问题在于 HiddenIteracor 不是线程安全的。在使用 println 中的 set 之前必须首先获取 HiddenIterator 的锁，但在调试代码和日志代码中通常会忽视这个要求。

这里得到的教训是，如果状态与保护它的同步代码之间相隔越远，那么开发人员就越容易忘记在访问状态时使用正确的同步。如果 HiddenIterator 用 synchronizedSet 来包装 HashSet，并且对同步代码进行封装，那么就不会发生这种错误。

> 正如封装对象的状态有助于维持不变性条件一样，封装对象的同步机制同样有助于确保实施同步策略。

容器的 hashCode 和 equals 等方法也会间接地执行迭代操作，当容器作为另一个容器的元素或键值时，就会出现这种情况。同样，containsAll、removeAll 和 retainAll 等方法，以及把容器作为参数的构造函数，都会对容器进行迭代。所有这些间接的迭代操作都可能抛出 ConcurrentModificationException。

5.2 并发容器

Java 5.0 提供了多种并发容器类来改进同步容器的性能。同步容器将所有对容器状态的访问都串行化，以实现它们的线程安全性。这种方法的代价是严重降低并发性，当多个线程竞争容器的锁时，吞吐量将严重减低。

另一方面，并发容器是针对多个线程并发访问设计的。在 Java 5.0 中增加了 ConcurrentHashMap，用来替代同步且基于散列的 Map，以及 CopyOnWriteArrayList，用于在遍历操作为主要操作的情况下代替同步的 List。在新的 ConcurrentMap 接口中增加了对一些常见复合操作的支持，例如"若没有则添加"、替换以及有条件删除等。

> 通过并发容器来代替同步容器，可以极大地提高伸缩性并降低风险。

Java 5.0 增加了两种新的容器类型：Queue 和 BlockingQueue。Queue 用来临时保存一组等待处理的元素。它提供了几种实现，包括：ConcurrentLinkedQueue，这是一个传统的先进先出队列，以及 PriorityQueue，这是一个（非并发的）优先队列。Queue 上的操作不会阻塞，如果队列为空，那么获取元素的操作将返回空值。虽然可以用 List 来模拟 Queue 的行为——事实上，正是通过 LinkedList 来实现 Queue 的，但还需要一个 Queue 的类，因为它能去掉 List 的随机访问需求，从而实现更高效的并发。

BlockingQueue 扩展了 Queue，增加了可阻塞的插入和获取等操作。如果队列为空，那么获取元素的操作将一直阻塞，直到队列中出现一个可用的元素。如果队列已满（对于有界队列来说），那么插入元素的操作将一直阻塞，直到队列中出现可用的空间。在"生产者-消费者"这种设计模式中，阻塞队列是非常有用的，5.3 节将会详细介绍。

正如 ConcurrentHashMap 用于代替基于散列的同步 Map，Java 6 也引入了 ConcurrentSkipListMap 和 ConcurrentSkipListSet，分别作为同步的 SortedMap 和 SortedSet 的并发替代品（例如用 synchronizedMap 包装的 TreeMap 或 TreeSet）。

5.2.1 ConcurrentHashMap

同步容器类在执行每个操作期间都持有一个锁。在一些操作中，例如 HashMap.get 或 List.contains，可能包含大量的工作：当遍历散列桶或链表来查找某个特定的对象时，必须在许多元素上调用 equals（而 equals 本身还包含一定的计算量）。在基于散列的容器中，如果 hashCode 不能很均匀地分布散列值，那么容器中的元素就不会均匀地分布在整个容器中。某些情况下，某个糟糕的散列函数还会把一个散列表变成线性链表。当遍历很长的链表并且在某些或者全部元素上调用 equals 方法时，会花费很长的时间，而其他线程在这段时间内都不能访问该容器。

与 HashMap 一样，ConcurrentHashMap 也是一个基于散列的 Map，但它使用了一种完全不同的加锁策略来提供更高的并发性和伸缩性。ConcurrentHashMap 并不是将每个方法都在同一个锁上同步并使得每次只能有一个线程访问容器，而是使用一种粒度更细的加锁机制来实现更大程度的共享，这种机制称为分段锁（Lock Striping，请参见 11.4.3 节）。在这种机制中，任意数量的读取线程可以并发地访问 Map，执行读取操作的线程和执行写入操作的线程可以并发地访问 Map，并且一定数量的写入线程可以并发地修改 Map。ConcurrentHashMap 带来的结果是，在并发访问环境下将实现更高的吞吐量，而在单线程环境中只损失非常小的性能。

ConcurrentHashMap 与其他并发容器一起增强了同步容器类：它们提供的迭代器不会抛出 ConcurrentModificationException，因此不需要在迭代过程中对容器加锁。ConcurrentHashMap 返回的迭代器具有弱一致性（Weakly Consistent），而并非"及时失败"。弱一致性的迭代器可以容忍并发的修改，当创建迭代器时会遍历已有的元素，并可以（但是不保证）在迭代器被构造后将修改操作反映给容器。

尽管有这些改进，但仍然有一些需要权衡的因素。对于一些需要在整个 Map 上进行计算的方法，例如 size 和 isEmpty，这些方法的语义被略微减弱了以反映容器的并发特性。由于 size 返回的结果在计算时可能已经过期了，它实际上只是一个估计值，因此允许 size 返回一个近似值而不是一个精确值。虽然这看上去有些令人不安，但事实上 size 和 isEmpty 这样的方法在并发环境下的用处很小，因为它们的返回值总在不断变化。因此，这些操作的需求被弱化了，以换取对其他更重要操作的性能优化，包括 get、put、containsKey 和 remove 等。

在 ConcurrentHashMap 中没有实现对 Map 加锁以提供独占访问。在 Hashtable 和 synchronizedMap 中，获得 Map 的锁能防止其他线程访问这个 Map。在一些不常见的情况中需要这种功能，例如通过原子方式添加一些映射，或者对 Map 迭代若干次并在此期间保持元素顺序相同。然而，总体来说这种权衡还是合理的，因为并发容器的内容会持续变化。

与 Hashtable 和 synchronizedMap 相比，ConcurrentHashMap 有着更多的优势以及更少的劣势，因此在大多数情况下，用 ConcurrentHashMap 来代替同步 Map 能进一步提高代码的可伸缩性。只有当应用程序需要加锁 Map 以进行独占访问⊖时，才应该放弃使用 ConcurrentHashMap。

5.2.2 额外的原子 Map 操作

由于 ConcurrentHashMap 不能被加锁来执行独占访问，因此我们无法使用客户端加锁来创建新的原子操作，例如 4.4.1 节中对 Vector 增加原子操作"若没有则添加"。但是，一些常见的复合操作，例如"若没有则添加"、"若相等则移除 (Remove-If-Equal)"和"若相等则替换 (Replace-If-Equal)"等，都已经实现为原子操作并且在 ConcurrentMap 的接口中声明，如程序清单 5-7 所示。如果你需要在现有的同步 Map 中添加这样的功能，那么很可能就意味着应该考虑使用 ConcurrentMap 了。

程序清单 5-7　ConcurrentMap 接口

```
public interface ConcurrentMap<K,V> extends Map<K,V> {
// 仅当 K 没有相应的映射值时才插入
    V putIfAbsent(K key, V value);

// 仅当 K 被映射到 V 时才移除
    boolean remove(K key, V value);

// 仅当 K 被映射到 oldValue 时才替换为 newValue
    boolean replace(K key, V oldValue, V newValue);

// 仅当 K 被映射到某个值时才替换为 newValue
    V replace(K key, V newValue);
}
```

5.2.3 CopyOnWriteArrayList

CopyOnWriteArrayList 用于替代同步 List，在某些情况下它提供了更好的并发性能，并且在迭代期间不需要对容器进行加锁或复制。（类似地，CopyOnWriteArraySet 的作用是替代同步 Set。）

"写入时复制 (Copy-On-Write)"容器的线程安全性在于，只要正确地发布一个事实不可

⊖ 或者需要依赖于同步 Map 带来的一些其他作用。

变的对象，那么在访问该对象时就不再需要进一步的同步。在每次修改时，都会创建并重新发布一个新的容器副本，从而实现可变性。"写入时复制"容器的迭代器保留一个指向底层基础数组的引用，这个数组当前位于迭代器的起始位置，由于它不会被修改，因此在对其进行同步时只需确保数组内容的可见性。因此，多个线程可以同时对这个容器进行迭代，而不会彼此干扰或者与修改容器的线程相互干扰。"写入时复制"容器返回的迭代器不会抛出 ConcurrentModificationException，并且返回的元素与迭代器创建时的元素完全一致，而不必考虑之后修改操作所带来的影响。

显然，每当修改容器时都会复制底层数组，这需要一定的开销，特别是当容器的规模较大时。仅当迭代操作远远多于修改操作时，才应该使用"写入时复制"容器。这个准则很好地描述了许多事件通知系统：在分发通知时需要迭代已注册监听器链表，并调用每一个监听器，在大多数情况下，注册和注销事件监听器的操作远少于接收事件通知的操作。（关于"写入时复制"的更多信息请参见 [CPJ 2.4.4]。）

5.3 阻塞队列和生产者 – 消费者模式

阻塞队列提供了可阻塞的 put 和 take 方法，以及支持定时的 offer 和 poll 方法。如果队列已经满了，那么 put 方法将阻塞直到有空间可用；如果队列为空，那么 take 方法将会阻塞直到有元素可用。队列可以是有界的也可以是无界的，无界队列永远都不会充满，因此无界队列上的 put 方法也永远不会阻塞。

阻塞队列支持生产者 – 消费者这种设计模式。该模式将"找出需要完成的工作"与"执行工作"这两个过程分离开来，并把工作项放入一个"待完成"列表中以便在随后处理，而不是找出后立即处理。生产者 – 消费者模式能简化开发过程，因为它消除了生产者类和消费者类之间的代码依赖性，此外，该模式还将生产数据的过程与使用数据的过程解耦开来以简化工作负载的管理，因为这两个过程在处理数据的速率上有所不同。

在基于阻塞队列构建的生产者 – 消费者设计中，当数据生成时，生产者把数据放入队列，而当消费者准备处理数据时，将从队列中获取数据。生产者不需要知道消费者的标识或数量，或者它们是否是唯一的生产者，而只需将数据放入队列即可。同样，消费者也不需要知道生产者是谁，或者工作来自何处。BlockingQueue 简化了生产者 – 消费者设计的实现过程，它支持任意数量的生产者和消费者。一种最常见的生产者 – 消费者设计模式就是线程池与工作队列的组合，在 Executor 任务执行框架中就体现了这种模式，这也是第 6 章和第 8 章的主题。

以两个人洗盘子为例，二者的劳动分工也是一种生产者 – 消费者模式：其中一个人把洗好的盘子放在盘架上，而另一个人从盘架上取出盘子并把它们烘干。在这个示例中，盘架相当于阻塞队列。如果盘架上没有盘子，那么消费者会一直等待，直到有盘子需要烘干。如果盘架放满了，那么生产者会停止清洗直到盘架上有更多的空间。我们可以将这种类比扩展为多个生产者（虽然可能存在对水槽的竞争）和多个消费者，每个工人只需与盘架打交道。人们不需要知道究竟有多少生产者或消费者，或者谁生产了某个指定的工作项。

"生产者"和"消费者"的角色是相对的，某种环境中的消费者在另一种不同的环境中可能会成为生产者。烘干盘子的工人将"消费"洗干净的湿盘子，而产生烘干的盘子。第三个人把洗干净的盘子整理好，在这种情况中，烘干盘子的工人既是消费者，也是生产者，从而就有了两个共享的工作队列（每个队列都可能阻塞烘干工作的运行）。

阻塞队列简化了消费者程序的编码，因为 take 操作会一直阻塞直到有可用的数据。如果生产者不能尽快地产生工作项使消费者保持忙碌，那么消费者就只能一直等待，直到有工作可做。在某些情况下，这种方式是非常合适的（例如，在服务器应用程序中，没有任何客户请求服务），而在其他一些情况下，这也表示需要调整生产者线程数量和消费者线程数量之间的比率，从而实现更高的资源利用率（例如，在"网页爬虫 [Web Crawler]"或其他应用程序中，有无穷的工作需要完成）。

如果生产者生成工作的速率比消费者处理工作的速率快，那么工作项会在队列中累积起来，最终耗尽内存。同样，put 方法的阻塞特性也极大地简化了生产者的编码。如果使用有界队列，那么当队列充满时，生产者将阻塞并且不能继续生成工作，而消费者就有时间来赶上工作处理进度。

阻塞队列同样提供了一个 offer 方法，如果数据项不能被添加到队列中，那么将返回一个失败状态。这样你就能够创建更多灵活的策略来处理负荷过载的情况，例如减轻负载，将多余的工作项序列化并写入磁盘，减少生产者线程的数量，或者通过某种方式来抑制生产者线程。

> 在构建高可靠的应用程序时，有界队列是一种强大的资源管理工具：它们能抑制并防止产生过多的工作项，使应用程序在负荷过载的情况下变得更加健壮。

虽然生产者-消费者模式能够将生产者和消费者的代码彼此解耦开来，但它们的行为仍然会通过共享工作队列间接地耦合在一起。开发人员总会假设消费者处理工作的速率能赶上生产者生成工作项的速率，因此通常不会为工作队列的大小设置边界，但这将导致在之后需要重新设计系统架构。因此，应该尽早地通过阻塞队列在设计中构建资源管理机制——这件事情做得越早，就越容易。在许多情况下，阻塞队列能使这项工作更加简单，如果阻塞队列并不完全符合设计需求，那么还可以通过信号量（Semaphore）来创建其他的阻塞数据结构（请参见 5.5.3 节）。

在类库中包含了 BlockingQueue 的多种实现，其中，LinkedBlockingQueue 和 ArrayBlockingQueue 是 FIFO 队列，二者分别与 LinkedList 和 ArrayList 类似，但比同步 List 拥有更好的并发性能。PriorityBlockingQueue 是一个按优先级排序的队列，当你希望按照某种顺序而不是 FIFO 来处理元素时，这个队列将非常有用。正如其他有序的容器一样，PriorityBlockingQueue 既可以根据元素的自然顺序来比较元素（如果它们实现了 Comparable 方法），也可以使用 Comparator 来比较。

最后一个 BlockingQueue 实现是 SynchronousQueue，实际上它不是一个真正的队列，因为它不会为队列中元素维护存储空间。与其他队列不同的是，它维护一组线程，这些线程在等待着把元素加入或移出队列。如果以洗盘子的比喻为例，那么这就相当于没有盘架，而是将洗好的盘子直接放入下一个空闲的烘干机中。这种实现队列的方式看似很奇怪，但由于可以直接交付工作，从而降低了将数据从生产者移动到消费者的延迟。（在传统的队列中，在一个工作单元可以交付之前，必须通过串行方式首先完成入列 [Enqueue] 或者出列 [Dequeue] 等操作。）直接交付方式还会将更多关于任务状态的信息反馈给生产者。当交付被接受时，它就知道消费者已经得到了任务，而不是简单地把任务放入一个队列——这种区别就好比将文件直接交给同事，还是将文件放到她的邮箱中并希望她能尽快拿到文件。因为 SynchronousQueue 没有存储功能，因此 put 和 take 会一直阻塞，直到有另一个线程已经准备好参与到交付过程中。仅当有足够多的消费者，并且总是有一个消费者准备好获取交付的工作时，才适合使用同步队列。

5.3.1 示例：桌面搜索

有一种类型的程序适合被分解为生产者和消费者，例如代理程序，它将扫描本地驱动器上的文件并建立索引以便随后进行搜索，类似于某些桌面搜索程序或者 Windows 索引服务。在程序清单 5-8 的 DiskCrawler 中给出了一个生产者任务，即在某个文件层次结构中搜索符合索引标准的文件，并将它们的名称放入工作队列。而且，在 Indexer 中还给出了一个消费者任务，即从队列中取出文件名称并对它们建立索引。

程序清单 5-8　桌面搜索应用程序中的生产者任务和消费者任务

```java
public class FileCrawler implements Runnable {
    private final BlockingQueue<File> fileQueue;
    private final FileFilter fileFilter;
    private final File root;
    ...
    public void run() {
        try {
            crawl(root);
        } catch (InterruptedException e) {
            Thread.currentThread().interrupt();
        }
    }

    private void crawl(File root) throws InterruptedException {
        File[] entries = root.listFiles(fileFilter);
        if (entries != null) {
            for (File entry : entries)
                if (entry.isDirectory())
                    crawl(entry);
                else if (!alreadyIndexed(entry))
                    fileQueue.put(entry);
        }
    }
}

public class Indexer implements Runnable {
    private final BlockingQueue<File> queue;

    public Indexer(BlockingQueue<File> queue) {
        this.queue = queue;
    }

    public void run() {
        try {
            while (true)
```

```
            indexFile(queue.take());
        } catch (InterruptedException e) {
            Thread.currentThread().interrupt();
        }
    }
}
```

生产者-消费者模式提供了一种适合线程的方法将桌面搜索问题分解为更简单的组件。将文件遍历与建立索引等功能分解为独立的操作，比将所有功能都放到一个操作中实现有着更高的代码可读性和可重用性：每个操作只需完成一个任务，并且阻塞队列将负责所有的控制流，因此每个功能的代码都更加简单和清晰。

生产者-消费者模式同样能带来许多性能优势。生产者和消费者可以并发地执行。如果一个是 I/O 密集型，另一个是 CPU 密集型，那么并发执行的吞吐率要高于串行执行的吞吐率。如果生产者和消费者的并行度不同，那么将它们紧密耦合在一起会把整体并行度降低为二者中更小的并行度。

在程序清单 5-9 中启动了多个爬虫程序和索引建立程序，每个程序都在各自的线程中运行。前面曾讲，消费者线程永远不会退出，因而程序无法终止，第 7 章将介绍多种技术来解决这个问题。虽然这个示例使用了显式管理的线程，但许多生产者-消费者设计也可以通过 Executor 任务执行框架来实现，其本身也使用了生产者-消费者模式。

程序清单 5-9　启动桌面搜索

```
public static void startIndexing(File[] roots) {
    BlockingQueue<File> queue = new LinkedBlockingQueue<File>(BOUND);
    FileFilter filter = new FileFilter() {
        public boolean accept(File file) { return true; }
    };

    for (File root : roots)
        new Thread(new FileCrawler(queue, filter, root)).start();

    for (int i = 0; i < N_CONSUMERS; i++)
        new Thread(new Indexer(queue)).start();
}
```

5.3.2　串行线程封闭

在 java.util.concurrent 中实现的各种阻塞队列都包含了足够的内部同步机制，从而安全地将对象从生产者线程发布到消费者线程。

对于可变对象，生产者-消费者这种设计与阻塞队列一起，促进了串行线程封闭，从而将对象所有权从生产者交付给消费者。线程封闭对象只能由单个线程拥有，但可以通过安全地发布该对象来"转移"所有权。在转移所有权后，也只有另一个线程能获得这个对象的访问权限，并且发布对象的线程不会再访问它。这种安全的发布确保了对象状态对于新的所有者来说是可见的，并且由于最初的所有者不会再访问它，因此对象将被封闭在新的线程中。新的所有者线程可以对该对象做任意修改,因为它具有独占的访问权。

对象池利用了串行线程封闭,将对象"借给"一个请求线程。只要对象池包含足够的内部同步来安全地发布池中的对象,并且只要客户代码本身不会发布池中的对象,或者在将对象返回给对象池后就不再使用它,那么就可以安全地在线程之间传递所有权。

我们也可以使用其他发布机制来传递可变对象的所有权,但必须确保只有一个线程能接受被转移的对象。阻塞队列简化了这项工作。除此之外,还可以通过 ConcurrentMap 的原子方法 remove 或者 AtomicReference 的原子方法 compareAndSet 来完成这项工作。

5.3.3 双端队列与工作密取

Java 6 增加了两种容器类型,Deque(发音为"deck")和 BlockingDeque,它们分别对 Queue 和 BlockingQueue 进行了扩展。Deque 是一个双端队列,实现了在队列头和队列尾的高效插入和移除。具体实现包括 ArrayDeque 和 LinkedBlockingDeque。

正如阻塞队列适用于生产者-消费者模式,双端队列同样适用于另一种相关模式,即工作密取(Work Stealing)。在生产者-消费者设计中,所有消费者有一个共享的工作队列,而在工作密取设计中,每个消费者都有各自的双端队列。如果一个消费者完成了自己双端队列中的全部工作,那么它可以从其他消费者双端队列末尾秘密地获取工作。密取工作模式比传统的生产者-消费者模式具有更高的可伸缩性,这是因为工作者线程不会在单个共享的任务队列上发生竞争。在大多数时候,它们都只是访问自己的双端队列,从而极大地减少了竞争。当工作者线程需要访问另一个队列时,它会从队列的尾部而不是从头部获取工作,因此进一步降低了队列上的竞争程度。

工作密取非常适用于既是消费者也是生产者问题——当执行某个工作时可能导致出现更多的工作。例如,在网页爬虫程序中处理一个页面时,通常会发现有更多的页面需要处理。类似的还有许多搜索图的算法,例如在垃圾回收阶段对堆进行标记,都可以通过工作密取机制来实现高效并行。当一个工作线程找到新的任务单元时,它会将其放到自己队列的末尾(或者在工作共享设计模式中,放入其他工作者线程的队列中)。当双端队列为空时,它会在另一个线程的队列队尾查找新的任务,从而确保每个线程都保持忙碌状态。

5.4 阻塞方法与中断方法

线程可能会阻塞或暂停执行,原因有多种:等待 I/O 操作结束,等待获得一个锁,等待从 Thread.sleep 方法中醒来,或是等待另一个线程的计算结果。当线程阻塞时,它通常被挂起,并处于某种阻塞状态(BLOCKED、WAITING 或 TIMED_WAITING)。阻塞操作与执行时间很长的普通操作的差别在于,被阻塞的线程必须等待某个不受它控制的事件发生后才能继续执行,例如等待 I/O 操作完成,等待某个锁变成可用,或者等待外部计算的结束。当某个外部事件发生时,线程被置回 RUNNABLE 状态,并可以再次被调度执行。

BlockingQueue 的 put 和 take 等方法会抛出受检查异常(Checked Exception)Interrupted-Exception,这与类库中其他一些方法的做法相同,例如 Thread.sleep。当某方法抛出 Interrupted-

Exception 时，表示该方法是一个阻塞方法，如果这个方法被中断，那么它将努力提前结束阻塞状态。

Thread 提供了 interrupt 方法，用于中断线程或者查询线程是否已经被中断。每个线程都有一个布尔类型的属性，表示线程的中断状态，当中断线程时将设置这个状态。

中断是一种协作机制。一个线程不能强制其他线程停止正在执行的操作而去执行其他的操作。当线程 A 中断 B 时，A 仅仅是要求 B 在执行到某个可以暂停的地方停止正在执行的操作——前提是如果线程 B 愿意停止下来。虽然在 API 或者语言规范中并没有为中断定义任何特定应用级别的语义，但最常使用中断的情况就是取消某个操作。方法对中断请求的响应度越高，就越容易及时取消那些执行时间很长的操作。

当在代码中调用了一个将抛出 InterruptedException 异常的方法时，你自己的方法也就变成了一个阻塞方法，并且必须要处理对中断的响应。对于库代码来说，有两种基本选择：

传递 InterruptedException。避开这个异常通常是最明智的策略——只需把 InterruptedException 传递给方法的调用者。传递 InterruptedException 的方法包括，根本不捕获该异常，或者捕获该异常，然后在执行某种简单的清理工作后再次抛出这个异常。

恢复中断。有时候不能抛出 InterruptedException，例如当代码是 Runnable 的一部分时。在这些情况下，必须捕获 InterruptedException，并通过调用当前线程上的 interrupt 方法恢复中断状态，这样在调用栈中更高层的代码将看到引发了一个中断，如程序清单 5-10 所示。

程序清单 5-10 恢复中断状态以避免屏蔽中断

```
public class TaskRunnable implements Runnable {
    BlockingQueue<Task> queue;
    ...
    public void run() {
        try {
            processTask(queue.take());
        } catch (InterruptedException e) {
            // 恢复被中断的状态
            Thread.currentThread().interrupt();
        }
    }
}
```

还可以采用一些更复杂的中断处理方法，但上述两种方法已经可以应付大多数情况了。然而在出现 InterruptedException 时不应该做的事情是，捕获它但不做出任何响应。这将使调用栈上更高层的代码无法对中断采取处理措施，因为线程被中断的证据已经丢失。只有在一种特殊的情况中才能屏蔽中断，即对 Thread 进行扩展，并且能控制调用栈上所有更高层的代码。第 7 章将进一步介绍取消和中断等操作。

5.5 同步工具类

在容器类中，阻塞队列是一种独特的类：它们不仅能作为保存对象的容器，还能协调生产者和消费者等线程之间的控制流，因为 take 和 put 等方法将阻塞，直到队列达到期望的状态

（队列既非空，也非满）。

同步工具类可以是任何一个对象，只要它根据其自身的状态来协调线程的控制流。阻塞队列可以作为同步工具类，其他类型的同步工具类还包括信号量（Semaphore）、栅栏（Barrier）以及闭锁（Latch）。在平台类库中还包含其他一些同步工具类的类，如果这些类还无法满足需要，那么可以按照第 14 章中给出的机制来创建自己的同步工具类。

所有的同步工具类都包含一些特定的结构化属性：它们封装了一些状态，这些状态将决定执行同步工具类的线程是继续执行还是等待，此外还提供了一些方法对状态进行操作，以及另一些方法用于高效地等待同步工具类进入到预期状态。

5.5.1 闭锁

闭锁是一种同步工具类，可以延迟线程的进度直到其到达终止状态 [CPJ 3.4.2]。闭锁的作用相当于一扇门：在闭锁到达结束状态之前，这扇门一直是关闭的，并且没有任何线程能通过，当到达结束状态时，这扇门会打开并允许所有的线程通过。当闭锁到达结束状态后，将不会再改变状态，因此这扇门将永远保持打开状态。闭锁可以用来确保某些活动直到其他活动都完成后才继续执行，例如：

- 确保某个计算在其需要的所有资源都被初始化之后才继续执行。二元闭锁（包括两个状态）可以用来表示"资源 R 已经被初始化"，而所有需要 R 的操作都必须先在这个闭锁上等待。
- 确保某个服务在其依赖的所有其他服务都已经启动之后才启动。每个服务都有一个相关的二元闭锁。当启动服务 S 时，将首先在 S 依赖的其他服务的闭锁上等待，在所有依赖的服务都启动后会释放闭锁 S，这样其他依赖 S 的服务才能继续执行。
- 等待直到某个操作的所有参与者（例如，在多玩家游戏中的所有玩家）都就绪再继续执行。在这种情况中，当所有玩家都准备就绪时，闭锁将到达结束状态。

CountDownLatch 是一种灵活的闭锁实现，可以在上述各种情况中使用，它可以使一个或多个线程等待一组事件发生。闭锁状态包括一个计数器，该计数器被初始化为一个正数，表示需要等待的事件数量。countDown 方法递减计数器，表示有一个事件已经发生了，而 await 方法等待计数器达到零，这表示所有需要等待的事件都已经发生。如果计数器的值非零，那么 await 会一直阻塞直到计数器为零，或者等待中的线程中断，或者等待超时。

在程序清单 5-11 的 TestHarness 中给出了闭锁的两种常见用法。TestHarness 创建一定数量的线程，利用它们并发地执行指定的任务。它使用两个闭锁，分别表示"起始门（Starting Gate）"和"结束门（Ending Gate）"。起始门计数器的初始值为 1，而结束门计数器的初始值为工作线程的数量。每个工作线程首先要做的值就是在启动门上等待，从而确保所有线程都就绪后才开始执行。而每个线程要做的最后一件事情是将调用结束门的 countDown 方法减 1，这能使主线程高效地等待直到所有工作线程都执行完成，因此可以统计所消耗的时间。

程序清单 5-11　在计时测试中使用 CountDownLatch 来启动和停止线程

```
public class TestHarness {
```

```java
public long timeTasks(int nThreads, final Runnable task)
        throws InterruptedException {
    final CountDownLatch startGate = new CountDownLatch(1);
    final CountDownLatch endGate = new CountDownLatch(nThreads);

    for (int i = 0; i < nThreads; i++) {
        Thread t = new Thread() {
            public void run() {
                try {
                    startGate.await();
                    try {
                        task.run();
                    } finally {
                        endGate.countDown();
                    }
                } catch (InterruptedException ignored) { }
            }
        };
        t.start();
    }

    long start = System.nanoTime();
    startGate.countDown();
    endGate.await();
    long end = System.nanoTime();
    return end-start;
}
```

为什么要在 TestHarness 中使用闭锁,而不是在线程创建后就立即启动?或许,我们希望测试 n 个线程并发执行某个任务时需要的时间。如果在创建线程后立即启动它们,那么先启动的线程将"领先"后启动的线程,并且活跃线程数量会随着时间的推移而增加或减少,竞争程度也在不断发生变化。启动门将使得主线程能够同时释放所有工作线程,而结束门则使主线程能够等待最后一个线程执行完成,而不是顺序地等待每个线程执行完成。

5.5.2 FutureTask

FutureTask 也可以用做闭锁。(FutureTask 实现了 Future 语义,表示一种抽象的可生成结果的计算 [CPJ 4.3.3])。FutureTask 表示的计算是通过 Callable 来实现的,相当于一种可生成结果的 Runnable,并且可以处于以下 3 种状态:等待运行(Waiting to run),正在运行(Running)和运行完成(Completed)。"执行完成"表示计算的所有可能结束方式,包括正常结束、由于取消而结束和由于异常而结束等。当 FutureTask 进入完成状态后,它会永远停止在这个状态上。

Future.get 的行为取决于任务的状态。如果任务已经完成,那么 get 会立即返回结果,否则 get 将阻塞直到任务进入完成状态,然后返回结果或者抛出异常。FutureTask 将计算结果从执行计算的线程传递到获取这个结果的线程,而 FutureTask 的规范确保了这种传递过程能实现结果的安全发布。

FutureTask 在 Executor 框架中表示异步任务，此外还可以用来表示一些时间较长的计算，这些计算可以在使用计算结果之前启动。程序清单 5-12 中的 Preloader 就使用了 FutureTask 来执行一个高开销的计算，并且计算结果将在稍后使用。通过提前启动计算，可以减少在等待结果时需要的时间。

程序清单 5-12　使用 FutureTask 来提前加载稍后需要的数据

```java
public class Preloader {
    private final FutureTask<ProductInfo> future =
        new FutureTask<ProductInfo>(new Callable<ProductInfo>() {
            public ProductInfo call() throws DataLoadException {
                return loadProductInfo();
            }
        });
    private final Thread thread = new Thread(future);

    public void start() { thread.start(); }

    public ProductInfo get()
            throws DataLoadException, InterruptedException {
        try {
            return future.get();
        } catch (ExecutionException e) {
            Throwable cause = e.getCause();
            if (cause instanceof DataLoadException)
                throw (DataLoadException) cause;
            else
                throw launderThrowable(cause);
        }
    }
}
```

Preloader 创建了一个 FutureTask，其中包含从数据库加载产品信息的任务，以及一个执行运算的线程。由于在构造函数或静态初始化方法中启动线程并不是一种好方法，因此提供了一个 start 方法来启动线程。当程序随后需要 ProductInfo 时，可以调用 get 方法，如果数据已经加载，那么将返回这些数据，否则将等待加载完成后再返回。

Callable 表示的任务可以抛出受检查的或未受检查的异常，并且任何代码都可能抛出一个 Error。无论任务代码抛出什么异常，都会被封装到一个 ExecutionException 中，并在 Future.get 中被重新抛出。这将使调用 get 的代码变得复杂，因为它不仅需要处理可能出现的 ExecutionException（以及未检查的 CancellationException），而且还由于 ExecutionException 是作为一个 Throwable 类返回的，因此处理起来并不容易。

在 Preloader 中，当 get 方法抛出 ExecutionException 时，可能是以下三种情况之一：Callable 抛出的受检查异常，RuntimeException，以及 Error。我们必须对每种情况进行单独处理，但我们将使用程序清单 5-13 中的 launderThrowable 辅助方法来封装一些复杂的异常处理逻辑。在调用 launderThrowable 之前，Preloader 会首先检查已知的受检查异常，并重新抛出它们。剩下的是未检查异常，Preloader 将调用 launderThrowable 并抛出结果。如果 Throwable 传递给

launderThrowable 的是一个 Error，那么 launderThrowable 将直接再次抛出它；如果不是 RuntimeException，那么将抛出一个 IllegalStateException 表示这是一个逻辑错误。剩下的 RuntimeException，launderThrowable 将把它们返回给调用者，而调用者通常会重新抛出它们。

程序清单 5-13　强制将未检查的 Throwable 转换为 RuntimeException

```
/** 如果Throwable是Error，那么抛出它；如果是RuntimeException，那么返回它，否则抛出
IllegalStateException。 */
public static RuntimeException launderThrowable(Throwable t) {
    if (t instanceof RuntimeException)
        return (RuntimeException) t;
    else if (t instanceof Error)
        throw (Error) t;
    else
        throw new IllegalStateException("Not unchecked", t);
}
```

5.5.3　信号量

计数信号量（Counting Semaphore）用来控制同时访问某个特定资源的操作数量，或者同时执行某个指定操作的数量 [CPJ 3.4.1]。计数信号量还可以用来实现某种资源池，或者对容器施加边界。

Semaphore 中管理着一组虚拟的许可 (permit)，许可的初始数量可通过构造函数来指定。在执行操作时可以首先获得许可（只要还有剩余的许可），并在使用以后释放许可。如果没有许可，那么 acquire 将阻塞直到有许可（或者直到被中断或者操作超时）。release 方法将返回一个许可给信号量。⊖计算信号量的一种简化形式是二值信号量，即初始值为 1 的 Semaphore。二值信号量可以用做互斥体 (mutex)，并具备不可重入的加锁语义：谁拥有这个唯一的许可，谁就拥有了互斥锁。

Semaphore 可以用于实现资源池，例如数据库连接池。我们可以构造一个固定长度的资源池，当池为空时，请求资源将会失败，但你真正希望看到的行为是阻塞而不是失败，并且当池非空时解除阻塞。如果将 Semaphore 的计数值初始化为池的大小，并在从池中获取一个资源之前首先调用 acquire 方法获取一个许可，在将资源返回给池之后调用 release 释放许可，那么 acquire 将一直阻塞直到资源池不为空。在第 12 章的有界缓冲类中将使用这项技术。（在构造阻塞对象池时，一种更简单的方法是使用 BlockingQueue 来保存池的资源。）

同样，你也可以使用 Semaphore 将任何一种容器变成有界阻塞容器，如程序清单 5-14 中的 BoundedHashSet 所示。信号量的计数值会初始化为容器容量的最大值。add 操作在向底层容器中添加一个元素之前，首先要获取一个许可。如果 add 操作没有添加任何元素，那么会立刻

⊖ 在这种实现中不包含真正的许可对象，并且 Semaphore 也不会将许可与线程关联起来，因此在一个线程中获得的许可可以在另一个线程中释放。可以将 acquire 操作视为是消费一个许可，而 release 操作是创建一个许可，Semaphore 并不受限于它在创建时的初始许可数量。

释放许可。同样，remove 操作释放一个许可，使更多的元素能够添加到容器中。底层的 Set 实现并不知道关于边界的任何信息，这是由 BoundedHashSet 来处理的。

程序清单 5-14 使用 Semaphore 为容器设置边界

```java
public class BoundedHashSet<T> {
    private final Set<T> set;
    private final Semaphore sem;

    public BoundedHashSet(int bound) {
        this.set = Collections.synchronizedSet(new HashSet<T>());
        sem = new Semaphore(bound);
    }

    public boolean add(T o) throws InterruptedException {
        sem.acquire();
        boolean wasAdded = false;
        try {
            wasAdded = set.add(o);
            return wasAdded;
        }
        finally {
            if (!wasAdded)
                sem.release();
        }
    }

    public boolean remove(Object o) {
        boolean wasRemoved = set.remove(o);
        if (wasRemoved)
            sem.release();
        return wasRemoved;
    }
}
```

5.5.4 栅栏

我们已经看到通过闭锁来启动一组相关的操作，或者等待一组相关的操作结束。闭锁是一次性对象，一旦进入终止状态，就不能被重置。

栅栏 (Barrier) 类似于闭锁，它能阻塞一组线程直到某个事件发生 [CPJ 4.4.3]。栅栏与闭锁的关键区别在于，所有线程必须同时到达栅栏位置，才能继续执行。闭锁用于等待事件，而栅栏用于等待其他线程。栅栏用于实现一些协议，例如几个家庭决定在某个地方集合："所有人 6:00 在麦当劳碰头，到了以后要等其他人，之后再讨论下一步要做的事情。"

CyclicBarrier 可以使一定数量的参与方反复地在栅栏位置汇集，它在并行迭代算法中非常有用：这种算法通常将一个问题拆分成一系列相互独立的子问题。当线程到达栅栏位置时将调用 await 方法，这个方法将阻塞直到所有线程都到达栅栏位置。如果所有线程都到达了栅栏位置，那么栅栏将打开，此时所有线程都被释放，而栅栏将被重置以便下次使用。如果对 await 的调用超时，或者 await 阻塞的线程被中断，那么栅栏就被认为是打破了，所有阻塞的 await 调用都将终止并抛出 BrokenBarrierException。如果成功地通过栅栏，那么 await 将为每个线程返回一个唯一的到达索引号，我们可以利用这些索引来"选举"产生一个领导线程，并在下一次迭代中由该领导线程执行一些特殊的工作。CyclicBarrier 还可以使你将一个栅栏操作传递给构造函数，这是一个 Runnable，当成功通过栅栏时会（在一个子任务线程中）执行它，但在阻塞线程被释放之前是不能执行的。

在模拟程序中通常需要使用栅栏，例如某个步骤中的计算可以并行执行，但必须等到该步骤中的所有计算都执行完毕才能进入下一个步骤。例如，在 n-body 粒子模拟系统中，每个步骤都根据其他粒子的位置和属性来计算各个粒子的新位置。通过在每两次更新之间等待栅栏，能够确保在第 k 步中的所有更新操作都已经计算完毕，才进入第 k+1 步。

在程序清单 5-15 的 CellularAutomata 中给出了如何通过栅栏来计算细胞的自动化模拟，例如 Conway 的生命游戏 (Gardner, 1970)。在把模拟过程并行化时，为每个元素（在这个示例中相当于一个细胞）分配一个独立的线程是不现实的，因为这将产生过多的线程，而在协调这些线程上导致的开销将降低计算性能。合理的做法是，将问题分解成一定数量的子问题，为每个子问题分配一个线程来进行求解，之后再将所有的结果合并起来。CellularAutomata 将问题分解为 N_{cpu} 个子问题，其中 N_{cpu} 等于可用 CPU 的数量，并将每个子问题分配给一个线程。⊖ 在每个步骤中，工作线程都为各自子问题中的所有细胞计算新值。当所有工作线程都到达栅栏时，栅栏会把这些新值提交给数据模型。在栅栏的操作执行完以后，工作线程将开始下一步的计算，包括调用 isDone 方法来判断是否需要进行下一次迭代。

程序清单 5-15 通过 CyclicBarrier 协调细胞自动衍生系统中的计算

```
public class CellularAutomata {
    private final Board mainBoard;
    private final CyclicBarrier barrier;
    private final Worker[] workers;

    public CellularAutomata(Board board) {
        this.mainBoard = board;
        int count = Runtime.getRuntime().availableProcessors();
        this.barrier = new CyclicBarrier(count,
                new Runnable() {
                    public void run() {
                        mainBoard.commitNewValues();
                    }});
        this.workers = new Worker[count];
        for (int i = 0; i < count; i++)
            workers[i] = new Worker(mainBoard.getSubBoard(count, i));
    }

    private class Worker implements Runnable {
        private final Board board;
```

⊖ 在这种不涉及 I/O 操作或共享数据访问的计算问题中，当线程数量为 N_{cpu} 或 $N_{cpu}+1$ 时将获得最优的吞吐量。更多的线程并不会带来任何帮助，甚至在某种程度上会降低性能，因为多个线程将会在 CPU 和内存等资源上发生竞争。

```java
        public Worker(Board board) { this.board = board; }
        public void run() {
            while (!board.hasConverged()) {
                for (int x = 0; x < board.getMaxX(); x++)
                    for (int y = 0; y < board.getMaxY(); y++)
                        board.setNewValue(x, y, computeValue(x, y));
                try {
                    barrier.await();
                } catch (InterruptedException ex) {
                    return;
                } catch (BrokenBarrierException ex) {
                    return;
                }
            }
        }
    }

    public void start() {
        for (int i = 0; i < workers.length; i++)
            new Thread(workers[i]).start();
        mainBoard.waitForConvergence();
    }
}
```

另一种形式的栅栏是 Exchanger，它是一种两方（Two-Party）栅栏，各方在栅栏位置上交换数据 [CPJ 3.4.3]。当两方执行不对称的操作时，Exchanger 会非常有用，例如当一个线程向缓冲区写入数据，而另一个线程从缓冲区中读取数据。这些线程可以使用 Exchanger 来汇合，并将满的缓冲区与空的缓冲区交换。当两个线程通过 Exchanger 交换对象时，这种交换就把这两个对象安全地发布给另一方。

数据交换的时机取决于应用程序的响应需求。最简单的方案是，当缓冲区被填满时，由填充任务进行交换，当缓冲区为空时，由清空任务进行交换。这样会把需要交换的次数降至最低，但如果新数据的到达率不可预测，那么一些数据的处理过程就将延迟。另一个方法是，不仅当缓冲被填满时进行交换，并且当缓冲被填充到一定程度并保持一定时间后，也进行交换。

5.6 构建高效且可伸缩的结果缓存

几乎所有的服务器应用程序都会使用某种形式的缓存。重用之前的计算结果能降低延迟，提高吞吐量，但却需要消耗更多的内存。

像许多"重复发明的轮子"一样，缓存看上去都非常简单。然而，简单的缓存可能会将性能瓶颈转变成可伸缩性瓶颈，即使缓存是用于提升单线程的性能。本节我们将开发一个高效且可伸缩的缓存，用于改进一个高计算开销的函数。我们首先从简单的 HashMap 开始，然后分析它的并发性缺陷，并讨论如何修复它们。

在程序清单 5-16 的 Computable<A, V> 接口中声明了一个函数 Computable，其输入类型为 A，输出类型为 V。在 ExpensiveFunction 中实现的 Computable，需要很长的时间来计算结果，我们将创建一个 Computable 包装器，帮助记住之前的计算结果，并将缓存过程封装起来。（这项技术被称为"记忆 [Memoization]"。）

程序清单 5-16　使用 HashMap 和同步机制来初始化缓存

```java
public interface Computable<A, V> {
    V compute(A arg) throws InterruptedException;
}

public class ExpensiveFunction
        implements Computable<String, BigInteger> {
    public BigInteger compute(String arg) {
        // 在经过长时间的计算后
        return new BigInteger(arg);
    }
}

public class Memoizer1<A, V> implements Computable<A, V> {
    @GuardedBy("this")
    private final Map<A, V> cache = new HashMap<A, V>();
    private final Computable<A, V> c;

    public Memoizer1(Computable<A, V> c) {
        this.c = c;
    }

    public synchronized V compute(A arg) throws InterruptedException {
        V result = cache.get(arg);
        if (result == null) {
            result = c.compute(arg);
            cache.put(arg, result);
        }
        return result;
    }
}
```

在程序清单 5-16 中的 Memoizer1 给出了第一种尝试：使用 HashMap 来保存之前计算的结果。compute 方法将首先检查需要的结果是否已经在缓存中，如果存在则返回之前计算的值。否则，将把计算结果缓存在 HashMap 中，然后再返回。

HashMap 不是线程安全的，因此要确保两个线程不会同时访问 HashMap，Memoizer1 采用了一种保守的方法，即对整个 compute 方法进行同步。这种方法能确保线程安全性，但会带来一个明显的可伸缩性问题：每次只有一个线程能够执行 compute。如果另一个线程正在计算结果，那么其他调用 compute 的线程可能被阻塞很长时间。如果有多个线程在排队等待还未计算出的结果，那么 compute 方法的计算时间可能比没有"记忆"操作的计算时间更长。在图 5-2 中给出了当多个线程使用这种方法中的"记忆"操作时发生的情况，这显然不是我们希望通过缓存获得的性能提升结果。

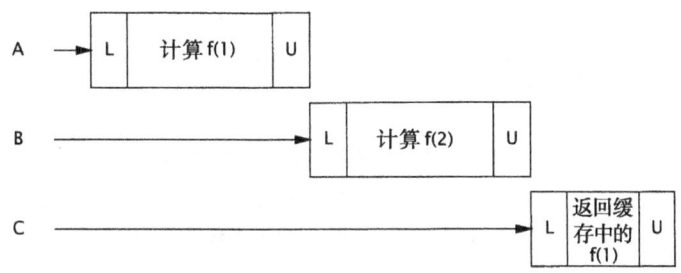

图 5-2　Memoizer1 糟糕的并发性

程序清单 5-17 中的 Memoizer2 用 ConcurrentHashMap 代替 HashMap 来改进 Memoizer1 中糟糕的并发行为。由于 ConcurrentHashMap 是线程安全的，因此在访问底层 Map 时就不需要进行同步，因而避免了在对 Memoizer1 中的 compute 方法进行同步时带来的串行性。

Memoizer2 比 Memoizer1 有着更好的并发行为：多线程可以并发地使用它。但它在作为缓存时仍然存在一些不足——当两个线程同时调用 compute 时存在一个漏洞，可能会导致计算得到相同的值。在使用 memoization 的情况下，这只会带来低效，因为缓存的作用是避免相同的数据被计算多次。但对于更通用的缓存机制来说，这种情况将更为糟糕。对于只提供单次初始化的对象缓存来说，这个漏洞就会带来安全风险。

程序清单 5-17　用 ConcurrentHashMap 替换 HashMap

```java
public class Memoizer2<A, V> implements Computable<A, V> {
    private final Map<A, V> cache = new ConcurrentHashMap<A, V>();
    private final Computable<A, V> c;

    public Memoizer2(Computable<A, V> c) { this.c = c; }

    public V compute(A arg) throws InterruptedException {
        V result = cache.get(arg);
        if (result == null) {
            result = c.compute(arg);
            cache.put(arg, result);
        }
        return result;
    }
}
```

Memoizer2 的问题在于，如果某个线程启动了一个开销很大的计算，而其他线程并不知道这个计算正在进行，那么很可能会重复这个计算，如图 5-3 所示。我们希望通过某种方法来表达"线程 X 正在计算 f(27)"这种情况，这样当另一个线程查找 f(27) 时，它能够知道最高效的方法是等待线程 X 计算结束，然后再去查询缓存"f(27) 的结果是多少？"。

我们已经知道有一个类能基本实现这个功能：FutureTask。FutureTask 表示一个计算的过程，这个过程可能已经计算完成，也可能正在进行。如果有结果可用，那么 FutureTask.get 将立即返回结果，否则它会一直阻塞，直到结果计算出来再将其返回。

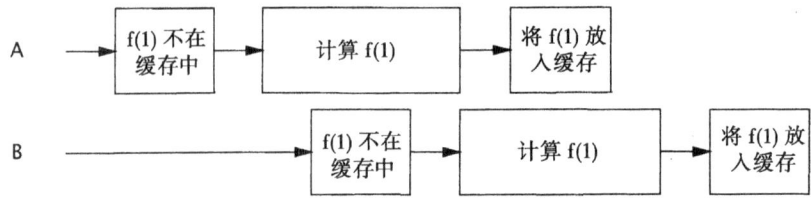

图 5-3 当使用 Memoizer2 时，两个线程计算相同的值

程序清单 5-18 中的 Memoizer3 将用于缓存值的 Map 重新定义为 ConcurrentHashMap<A, Future<V>>，替换原来的 ConcurrentHashMap<A, V>。Memoizer3 首先检查某个相应的计算是否已经开始（Memoizer2 与之相反，它首先判断某个计算是否已经完成）。如果还没有启动，那么就创建一个 FutureTask，并注册到 Map 中，然后启动计算；如果已经启动，那么等待现有计算的结果。结果可能很快会得到，也可能还在运算过程中，但这对于 Future.get 的调用者来说是透明的。

程序清单 5-18 基于 FutureTask 的 Memoizing 封装器

```java
public class Memoizer3<A, V> implements Computable<A, V> {
    private final Map<A, Future<V>> cache
        = new ConcurrentHashMap<A, Future<V>>();
    private final Computable<A, V> c;

    public Memoizer3(Computable<A, V> c) { this.c = c; }

    public V compute(final A arg) throws InterruptedException {
        Future<V> f = cache.get(arg);
        if (f == null) {
            Callable<V> eval = new Callable<V>() {
                public V call() throws InterruptedException {
                    return c.compute(arg);
                }
            };
            FutureTask<V> ft = new FutureTask<V>(eval);
            f = ft;
            cache.put(arg, ft);
            ft.run(); // 在这里将调用 c.compute
        }
        try {
            return f.get();
        } catch (ExecutionException e) {
            throw launderThrowable(e.getCause());
        }
    }
}
```

Memoizer3 的实现几乎是完美的：它表现出了非常好的并发性（基本上是源于 ConcurrentHashMap 高效的并发性），若结果已经计算出来，那么将立即返回。如果其他线程正在计算该结果，那么新到的线程将一直等待这个结果被计算出来。它只有一个缺陷，即仍然存在两个线程计算出相同值的漏洞。这个漏洞的发生概率要远小于 Memoizer2 中发生的概率，但由于 compute 方法中的 if 代码块仍然是非原子 (nonatomic) 的 "先检查再执行" 操作,因此两个线程仍有可能在同一时间内调用 compute 来计算相同的值,即二者都没有在缓存中找到期望的值,因此都开始计算。这个错误的执行时序如图 5-4 所示。

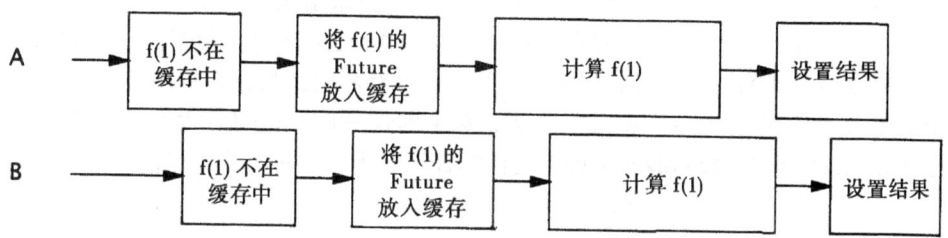

图 5-4 错误的执行时序将使得 Memoizer3 将相同的值计算两次

Memoizer3 中存在这个问题的原因是,复合操作("若没有则添加")是在底层的 Map 对象上执行的,而这个对象无法通过加锁来确保原子性。程序清单 5-19 中的 Memoizer 使用了 ConcurrentMap 中的原子方法 putIfAbsent,避免了 Memoizer3 的漏洞。

程序清单 5-19 Memoizer 的最终实现

```
public class Memoizer<A, V> implements Computable<A, V> {
    private final ConcurrentMap<A, Future<V>> cache
        = new ConcurrentHashMap<A, Future<V>>();
    private final Computable<A, V> c;

    public Memoizer(Computable<A, V> c) { this.c = c; }

    public V compute(final A arg) throws InterruptedException {
        while (true) {
            Future<V> f = cache.get(arg);
            if (f == null) {
                Callable<V> eval = new Callable<V>() {
                    public V call() throws InterruptedException {
                        return c.compute(arg);
                    }
                };
                FutureTask<V> ft = new FutureTask<V>(eval);
                f = cache.putIfAbsent(arg, ft);
                if (f == null) { f = ft; ft.run(); }
            }
            try {
                return f.get();
            } catch (CancellationException e) {
                cache.remove(arg, f);
            } catch (ExecutionException e) {
                throw launderThrowable(e.getCause());
            }
        }
    }
}
```

当缓存的是 Future 而不是值时,将导致缓存污染(Cache Pollution)问题:如果某个计算被取消或者失败，那么在计算这个结果时将指明计算过程被取消或者失败。为了避免这种情况，如果 Memoizer 发现计算被取消，那么将把 Future 从缓存中移除。如果检测到 RuntimeException，那么也会移除 Future，这样将来的计算才可能成功。Memoizer 同样没有解决缓存逾期的问题，但它可以通过使用 FutureTask 的子类来解决，在子类中为每个结果指定一个逾期时间，并定期扫描缓存中逾期的元素。（同样，它也没有解决缓存清理的问题，即移除旧的计算结果以便为新的计算结果腾出空间，从而使缓存不会消耗过多的内存。）

在完成并发缓存的实现后，就可以为第 2 章中因式分解 servlet 添加结果缓存。程序清单 5-20 中的 Factorizer 使用 Memoizer 来缓存之前的计算结果，这种方式不仅高效，而且可扩展性也更高。

程序清单 5-20　在因式分解 servlet 中使用 Memoizer 来缓存结果

```
@ThreadSafe
public class Factorizer implements Servlet {
    private final Computable<BigInteger, BigInteger[]> c =
        new Computable<BigInteger, BigInteger[]>() {
            public BigInteger[] compute(BigInteger arg) {
                return factor(arg);
            }
        };
    private final Computable<BigInteger, BigInteger[]> cache
        = new Memoizer<BigInteger, BigInteger[]>(c);

    public void service(ServletRequest req,
                        ServletResponse resp) {
        try {
            BigInteger i = extractFromRequest(req);
            encodeIntoResponse(resp, cache.compute(i));
        } catch (InterruptedException e) {
            encodeError(resp, "factorization interrupted");
        }
    }
}
```

第一部分小结

到目前为止，我们已经介绍了许多基础知识。下面这个"并发技巧清单"列举了在第一部分中介绍的主要概念和规则。

- 可变状态是至关重要的（It's the mutable state, stupid）⊖。

  所有的并发问题都可以归结为如何协调对并发状态的访问。可变状态越少，就越容易确保线程安全性。

⊖ 在 1992 年美国总统竞选期间，竞选策略专家 James Carville 在 Bill Clinton 的竞选总部里挂了一个牌子，上面写着 "The economy, stupid（经济是至关重要的）"，作为竞选运动的核心理念。

- 尽量将域声明为 final 类型，除非需要它们是可变的。
- 不可变对象一定是线程安全的。

    不可变对象能极大地降低并发编程的复杂性。它们更为简单而且安全，可以任意共享而无须使用加锁或保护性复制等机制。
- 封装有助于管理复杂性。

    在编写线程安全的程序时，虽然可以将所有数据都保存在全局变量中，但为什么要这样做？将数据封装在对象中，更易于维持不变性条件；将同步机制封装在对象中，更易于遵循同步策略。
- 用锁来保护每个可变变量。
- 当保护同一个不变性条件中的所有变量时，要使用同一个锁。
- 在执行复合操作期间，要持有锁。
- 如果从多个线程中访问同一个可变变量时没有同步机制，那么程序会出现问题。
- 不要故作聪明地推断出不需要使用同步。
- 在设计过程中考虑线程安全，或者在文档中明确地指出它不是线程安全的。
- 将同步策略文档化。

第二部分
结构化并发应用程序

第 6 章
任务执行

大多数并发应用程序都是围绕"任务执行（Task Execution）"来构造的：任务通常是一些抽象的且离散的工作单元。通过把应用程序的工作分解到多个任务中，可以简化程序的组织结构，提供一种自然的事务边界来优化错误恢复过程，以及提供一种自然的并行工作结构来提升并发性。

6.1 在线程中执行任务

当围绕"任务执行"来设计应用程序结构时，第一步就是要找出清晰的任务边界。在理想情况下，各个任务之间是相互独立的：任务并不依赖于其他任务的状态、结果或边界效应。独立性有助于实现并发，因为如果存在足够多的处理资源，那么这些独立的任务都可以并行执行。为了在调度与负载均衡等过程中实现更高的灵活性，每项任务还应该表示应用程序的一小部分处理能力。

在正常的负载下，服务器应用程序应该同时表现出良好的吞吐量和快速的响应性。应用程序提供商希望程序支持尽可能多的用户，从而降低每个用户的服务成本，而用户则希望获得尽快的响应。而且，当负荷过载时，应用程序的性能应该是逐渐降低，而不是直接失败。要实现上述目标，应该选择清晰的任务边界以及明确的任务执行策略（请参见 6.2.2 节）。

大多数服务器应用程序都提供了一种自然的任务边界选择方式：以独立的客户请求为边界。Web 服务器、邮件服务器、文件服务器、EJB 容器以及数据库服务器等，这些服务器都能通过网络接受远程客户的连接请求。将独立的请求作为任务边界，既可以实现任务的独立性，又可以实现合理的任务规模。例如,在向邮件服务器提交一个消息后得到的结果,并不会受其他正在处理的消息影响,而且在处理单个消息时通常只需要服务器总处理能力的很小一部分。

6.1.1 串行地执行任务

在应用程序中可以通过多种策略来调度任务,而其中一些策略能够更好地利用潜在的并发性。最简单的策略就是在单个线程中串行地执行各项任务。程序清单6-1中的SingleThreadWebServer将串行地处理它的任务(即通过80端口接收到的HTTP请求)。至于如何处理请求的细节问题,在这里并不重要,我们感兴趣的是如何表征不同调度策略的同步特性。

程序清单6-1 串行的Web服务器

```java
class SingleThreadWebServer {
    public static void main(String[] args) throws IOException {
        ServerSocket socket = new ServerSocket(80);
        while (true) {
            Socket connection = socket.accept();
            handleRequest(connection);
        }
    }
}
```

SingleThreadWebServer很简单,且在理论上是正确的,但在实际生产环境中的执行性能却很糟糕,因为它每次只能处理一个请求。主线程在接受连接与处理相关请求等操作之间不断地交替运行。当服务器正在处理请求时,新到来的连接必须等待直到请求处理完成,然后服务器将再次调用accept。如果处理请求的速度很快并且handleRequest可以立即返回,那么这种方法是可行的,但现实世界中的Web服务器的情况却并非如此。

在Web请求的处理中包含了一组不同的运算与I/O操作。服务器必须处理套接字I/O以读取请求和写回响应,这些操作通常会由于网络拥塞或连通性问题而被阻塞。此外,服务器还可能处理文件I/O或者数据库请求,这些操作同样会阻塞。在单线程的服务器中,阻塞不仅会推迟当前请求的完成时间,而且还将彻底阻止等待中的请求被处理。如果请求阻塞的时间过长,用户将认为服务器是不可用的,因为服务器看似失去了响应。同时,服务器的资源利用率非常低,因为当单线程在等待I/O操作完成时,CPU将处于空闲状态。

在服务器应用程序中,串行处理机制通常都无法提供高吞吐率或快速响应性。也有一些例外,例如,当任务数量很少且执行时间很长时,或者当服务器只为单个用户提供服务,并且该客户每次只发出一个请求时——但大多数服务器应用程序并不是按照这种方式来工作的⊖。

6.1.2 显式地为任务创建线程

通过为每个请求创建一个新的线程来提供服务,从而实现更高的响应性,如程序清单6-2中的ThreadPerTaskWebServer所示。

⊖ 在某些情况中,串行处理方式能带来简单性或安全性。大多数GUI框架都通过单一的线程来串行地处理任务。我们将在第9章再次介绍串行模型。

程序清单6-2 在Web服务器中为每个请求启动一个新的线程（不要这么做）

```
class ThreadPerTaskWebServer {
    public static void main(String[] args) throws IOException {
        ServerSocket socket = new ServerSocket(80);
        while (true) {
            final Socket connection = socket.accept();
            Runnable task = new Runnable() {
                    public void run() {
                        handleRequest(connection);
                    }
                };
            new Thread(task).start();
        }
    }
}
```

ThreadPerTaskWebServer在结构上类似于前面的单线程版本——主线程仍然不断地交替执行"接受外部连接"与"分发请求"等操作。区别在于，对于每个连接，主循环都将创建一个新线程来处理请求，而不是在主循环中进行处理。由此可得出3个主要结论：

- 任务处理过程从主线程中分离出来，使得主循环能够更快地重新等待下一个到来的连接。这使得程序在完成前面的请求之前可以接受新的请求，从而提高响应性。
- 任务可以并行处理，从而能同时服务多个请求。如果有多个处理器，或者任务由于某种原因被阻塞，例如等待I/O完成、获取锁或者资源可用性等，程序的吞吐量将得到提高。
- 任务处理代码必须是线程安全的，因为当有多个任务时会并发地调用这段代码。

在正常负载情况下，"为每个任务分配一个线程"的方法能提升串行执行的性能。只要请求的到达速率不超出服务器的请求处理能力，那么这种方法可以同时带来更快的响应性和更高的吞吐率。

6.1.3 无限制创建线程的不足

在生产环境中，"为每个任务分配一个线程"这种方法存在一些缺陷，尤其是当需要创建大量的线程时：

线程生命周期的开销非常高。线程的创建与销毁并不是没有代价的。根据平台的不同，实际的开销也有所不同，但线程的创建过程都会需要时间，延迟处理的请求，并且需要JVM和操作系统提供一些辅助操作。如果请求的到达率非常高且请求的处理过程是轻量级的，例如大多数服务器应用程序就是这种情况，那么为每个请求创建一个新线程将消耗大量的计算资源。

资源消耗。活跃的线程会消耗系统资源，尤其是内存。如果可运行的线程数量多于可用处理器的数量，那么有些线程将闲置。大量空闲的线程会占用许多内存，给垃圾回收器带来压力，而且大量线程在竞争CPU资源时还将产生其他的性能开销。如果你已经拥有足够多的线程使所有CPU保持忙碌状态，那么再创建更多的线程反而会降低性能。

稳定性。在可创建线程的数量上存在一个限制。这个限制值将随着平台的不同而不同，并且受多个因素制约，包括JVM的启动参数、Thread构造函数中请求的栈大小，以及底层操作系统对线程的限制等⊖。如果破坏了这些限制，那么很可能抛出 OutOfMemoryError 异常，要想从这种错误中恢复过来是非常危险的，更简单的办法是通过构造程序来避免超出这些限制。

在一定的范围内，增加线程可以提高系统的吞吐率，但如果超出了这个范围，再创建更多的线程只会降低程序的执行速度，并且如果过多地创建一个线程，那么整个应用程序将崩溃。要想避免这种危险，就应该对应用程序可以创建的线程数量进行限制，并且全面地测试应用程序，从而确保在线程数量达到限制时，程序也不会耗尽资源。

"为每个任务分配一个线程"这种方法的问题在于，它没有限制可创建线程的数量，只限制了远程用户提交 HTTP 请求的速率。与其他的并发危险一样，在原型设计和开发阶段，无限制地创建线程或许还能较好地运行，但在应用程序部署后并处于高负载下运行时，才会有问题不断地暴露出来。因此，某个恶意的用户或者过多的用户，都会使 Web 服务器的负载达到某个阈值，从而使服务器崩溃。如果服务器需要提供高可用性，并且在高负载情况下能平缓地降低性能，那么这将是一个严重的故障。

6.2 Executor 框架

任务是一组逻辑工作单元，而线程则是使任务异步执行的机制。我们已经分析了两种通过线程来执行任务的策略，即把所有任务放在单个线程中串行执行，以及将每个任务放在各自的线程中执行。这两种方式都存在一些严格的限制：串行执行的问题在于其糟糕的响应性和吞吐量，而"为每个任务分配一个线程"的问题在于资源管理的复杂性。

在第 5 章中，我们介绍了如何通过有界队列来防止高负荷的应用程序耗尽内存。线程池简化了线程的管理工作，并且 java.util.concurrent 提供了一种灵活的线程池实现作为 Executor 框架的一部分。在 Java 类库中，任务执行的主要抽象不是 Thread，而是 Executor，如程序清单 6-3 所示。

程序清单 6-3　Executor 接口

```
public interface Executor {
    void execute(Runnable command);
}
```

虽然 Executor 是个简单的接口，但它却为灵活且强大的异步任务执行框架提供了基础，该框架能支持多种不同类型的任务执行策略。它提供了一种标准的方法将任务的提交过程与执行过程解耦开来，并用 Runnable 来表示任务。Executor 的实现还提供了对生命周期的支持，以及统计信息收集、应用程序管理机制和性能监视等机制。

Executor 基于生产者-消费者模式，提交任务的操作相当于生产者（生成待完成的工作单元），执行任务的线程则相当于消费者（执行完这些工作单元）。如果要在程序中实现一个生产

⊖ 在 32 位的机器上，其中一个主要的限制因素是线程栈的地址空间。每个线程都维护两个执行栈，一个用于 Java 代码，另一个用于原生代码。通常，JVM 在默认情况下会生成一个复合的栈，大小约为 0.5MB。（可以通过 JVM 标志 -Xss 或者通过 Thread 的构造函数来修改这个值。）如果将 2^{32} 除以每个线程的栈大小，那么线程数量将被限制为几千到几万。其他一些因素，例如操作系统的限制等，则可能会施加更加严格的约束。

者-消费者的设计，那么最简单的方式通常就是使用 Executor。

6.2.1 示例：基于 Executor 的 Web 服务器

基于 Executor 来构建 Web 服务器是非常容易的。在程序清单 6-4 中用 Executor 代替了硬编码的线程创建过程。在这种情况下使用了一种标准的 Executor 实现，即一个固定长度的线程池，可以容纳 100 个线程。

程序清单 6-4　基于线程池的 Web 服务器

```java
class TaskExecutionWebServer {
    private static final int NTHREADS = 100;
    private static final Executor exec
        = Executors.newFixedThreadPool(NTHREADS);

    public static void main(String[] args) throws IOException {
        ServerSocket socket = new ServerSocket(80);
        while (true) {
            final Socket connection = socket.accept();
            Runnable task = new Runnable() {
                public void run() {
                    handleRequest(connection);
                }
            };
            exec.execute(task);
        }
    }
}
```

在 TaskExecutionWebServer 中，通过使用 Executor，将请求处理任务的提交与任务的实际执行解耦开来，并且只需采用另一种不同的 Executor 实现，就可以改变服务器的行为。改变 Executor 实现或配置所带来的影响要远远小于改变任务提交方式带来的影响。通常，Executor 的配置是一次性的，因此在部署阶段可以完成，而提交任务的代码却会不断地扩散到整个程序中，增加了修改的难度。

我们可以很容易地将 TaskExecutionWebServer 修改为类似 ThreadPerTaskWebServer 的行为，只需使用一个为每个请求都创建新线程的 Executor。编写这样的 Executor 很简单，如程序清单 6-5 中的 ThreadPerTaskExecutor 所示。

程序清单 6-5　为每个请求启动一个新线程的 Executor

```java
public class ThreadPerTaskExecutor implements Executor {
    public void execute(Runnable r) {
        new Thread(r).start();
    };
}
```

同样，还可以编写一个 Executor 使 TaskExecutionWebServer 的行为类似于单线程的行为，即以同步的方式执行每个任务，然后再返回，如程序清单 6-6 中的 WithinThreadExecutor 所示。

程序清单6-6　在调用线程中以同步方式执行所有任务的Executor

```
public class WithinThreadExecutor implements Executor {
    public void execute(Runnable r) {
        r.run();
    };
}
```

6.2.2 执行策略

通过将任务的提交与执行解耦开来，从而无须太大的困难就可以为某种类型的任务指定和修改执行策略。在执行策略中定义了任务执行的"What、Where、When、How"等方面，包括：

- 在什么（What）线程中执行任务？
- 任务按照什么（What）顺序执行（FIFO、LIFO、优先级）？
- 有多少个（How Many）任务能并发执行？
- 在队列中有多少个（How Many）任务在等待执行？
- 如果系统由于过载而需要拒绝一个任务，那么应该选择哪一个（Which）任务？另外，如何(How)通知应用程序有任务被拒绝？
- 在执行一个任务之前或之后，应该进行哪些（What）动作？

各种执行策略都是一种资源管理工具，最佳策略取决于可用的计算资源以及对服务质量的需求。通过限制并发任务的数量，可以确保应用程序不会由于资源耗尽而失败，或者由于在稀缺资源上发生竞争而严重影响性能⊖。通过将任务的提交与任务的执行策略分离开来，有助于在部署阶段选择与可用硬件资源最匹配的执行策略。

> 每当看到下面这种形式的代码时：
>
> `new Thread(runnable).start()`
>
> 并且你希望获得一种更灵活的执行策略时，请考虑使用Executor来代替Thread。

6.2.3 线程池

线程池，从字面含义来看，是指管理一组同构工作线程的资源池。线程池是与工作队列（Work Queue）密切相关的，其中在工作队列中保存了所有等待执行的任务。工作者线程（Worker Thread）的任务很简单：从工作队列中获取一个任务，执行任务，然后返回线程池并等待下一个任务。

"在线程池中执行任务"比"为每个任务分配一个线程"优势更多。通过重用现有的线程而不是创建新线程，可以在处理多个请求时分摊在线程创建和销毁过程中产生的巨大开销。另一个额外的好处是，当请求到达时，工作线程通常已经存在，因此不会由于等待创建线程而延

⊖ 这类似于某个企业应用程序中事务监视器(Transaction Monitor)的作用：它能将事务的执行速率控制在某个合理水平，因而就不会使有限资源耗尽或者造成过大压力。

迟任务的执行，从而提高了响应性。通过适当调整线程池的大小，可以创建足够多的线程以便使处理器保持忙碌状态，同时还可以防止过多线程相互竞争资源而使应用程序耗尽内存或失败。

类库提供了一个灵活的线程池以及一些有用的默认配置。可以通过调用 Executors 中的静态工厂方法之一来创建一个线程池：

newFixedThreadPool。newFixedThreadPool 将创建一个固定长度的线程池，每当提交一个任务时就创建一个线程，直到达到线程池的最大数量，这时线程池的规模将不再变化（如果某个线程由于发生了未预期的 Exception 而结束，那么线程池会补充一个新的线程）。

newCachedThreadPool。newCachedThreadPool 将创建一个可缓存的线程池，如果线程池的当前规模超过了处理需求时，那么将回收空闲的线程，而当需求增加时，则可以添加新的线程，线程池的规模不存在任何限制。

newSingleThreadExecutor。newSingleThreadExecutor 是一个单线程的 Executor，它创建单个工作者线程来执行任务，如果这个线程异常结束，会创建另一个线程来替代。newSingleThreadExecutor 能确保依照任务在队列中的顺序来串行执行（例如 FIFO、LIFO、优先级）。⊖

newScheduledThreadPool。newScheduledThreadPool 创建了一个固定长度的线程池，而且以延迟或定时的方式来执行任务，类似于 Timer（参见 6.2.5 节）。

newFixedThreadPool 和 newCachedThreadPool 这两个工厂方法返回通用的 ThreadPoolExecutor 实例，这些实例可以直接用来构造专门用途的 executor。我们将在第 8 章中深入讨论线程池的各个配置选项。

TaskExecutionWebServer 中的 Web 服务器使用了一个带有有界线程池的 Executor。通过 execute 方法将任务提交到工作队列中，工作线程反复地从工作队列中取出任务并执行它们。

从"为每任务分配一个线程"策略变成基于线程池的策略，将对应用程序的稳定性产生重大的影响：Web 服务器不会再在高负载情况下失败⊖。由于服务器不会创建数千个线程来争夺有限的 CPU 和内存资源，因此服务器的性能将平缓地降低。通过使用 Executor，可以实现各种调优、管理、监视、记录日志、错误报告和其他功能，如果不使用任务执行框架，那么要增加这些功能是非常困难的。

6.2.4 Executor 的生命周期

我们已经知道如何创建一个 Executor，但并没有讨论如何关闭它。Executor 的实现通常会创建线程来执行任务。但 JVM 只有在所有（非守护）线程全部终止后才会退出。因此，如果无法正确地关闭 Executor，那么 JVM 将无法结束。

⊖ 单线程的 Executor 还提供了大量的内部同步机制，从而确保了任务执行的任何内存写入操作对于后续任务来说都是可见的。这意味着，即使这个线程会不时地被另一个线程替代，但对象总是可以安全地封闭在"任务线程"中。

⊖ 尽管服务器不会因为创建了过多的线程而失败，但在足够长的时间内，如果任务到达的速度总是超过任务执行的速度，那么服务器仍有可能（只是更不易）耗尽内存，因为等待执行的 Runnable 队列将不断增长。可以通过使用一个有界工作队列在 Executor 框架内部解决这个问题（参见 8.3.2 节）。

由于 Executor 以异步方式来执行任务，因此在任何时刻，之前提交任务的状态不是立即可见的。有些任务可能已经完成，有些可能正在运行，而其他的任务可能在队列中等待执行。当关闭应用程序时，可能采用最平缓的关闭形式（完成所有已经启动的任务，并且不再接受任何新的任务），也可能采用最粗暴的关闭形式（直接关掉机房的电源），以及其他各种可能的形式。既然 Executor 是为应用程序提供服务的，因而它们也是可关闭的（无论采用平缓的方式还是粗暴的方式），并将在关闭操作中受影响的任务的状态反馈给应用程序。

为了解决执行服务的生命周期问题，Executor 扩展了 ExecutorService 接口，添加了一些用于生命周期管理的方法（同时还有一些用于任务提交的便利方法）。在程序清单 6-7 中给出了 ExecutorService 中的生命周期管理方法。

程序清单 6-7　ExecutorService 中的生命周期管理方法

```
public interface ExecutorService extends Executor {
    void shutdown();
    List<Runnable> shutdownNow();
    boolean isShutdown();
    boolean isTerminated();
    boolean awaitTermination(long timeout, TimeUnit unit)
        throws InterruptedException;
    //  ……其他用于任务提交的便利方法
}
```

ExecutorService 的生命周期有 3 种状态：运行、关闭和已终止。ExecutorService 在初始创建时处于运行状态。shutdown 方法将执行平缓的关闭过程：不再接受新的任务，同时等待已经提交的任务执行完成——包括那些还未开始执行的任务。shutdownNow 方法将执行粗暴的关闭过程：它将尝试取消所有运行中的任务，并且不再启动队列中尚未开始执行的任务。

在 ExecutorService 关闭后提交的任务将由"拒绝执行处理器 (Rejected Execution Handler)"来处理（请参见 8.3.3 节），它会抛弃任务，或者使得 execute 方法抛出一个未检查的 Rejected-ExecutionException。等所有任务都完成后，ExecutorService 将转入终止状态。可以调用 awaitTermination 来等待 ExecutorService 到达终止状态，或者通过调用 isTerminated 来轮询 ExecutorService 是否已经终止。通常在调用 awaitTermination 之后会立即调用 shutdown，从而产生同步地关闭 ExecutorService 的效果。（第 7 章将进一步介绍 Executor 的关闭和任务取消等方面的内容。）

程序清单 6-8 的 LifecycleWebServer 通过增加生命周期支持来扩展 Web 服务器的功能。可以通过两种方法来关闭 Web 服务器：在程序中调用 stop，或者以客户端请求形式向 Web 服务器发送一个特定格式的 HTTP 请求。

程序清单 6-8　支持关闭操作的 Web 服务器

```
class LifecycleWebServer {
    private final ExecutorService exec = ...;

    public void start() throws IOException {
        ServerSocket socket = new ServerSocket(80);
```

```
        while (!exec.isShutdown()) {
            try {
                final Socket conn = socket.accept();
                exec.execute(new Runnable() {
                    public void run() { handleRequest(conn); }
                });
            } catch (RejectedExecutionException e) {
                if (!exec.isShutdown())
                    log("task submission rejected", e);
            }
        }
    }

    public void stop() { exec.shutdown(); }

    void handleRequest(Socket connection) {
        Request req = readRequest(connection);
        if (isShutdownRequest(req))
            stop();
        else
            dispatchRequest(req);
    }
}
```

6.2.5 延迟任务与周期任务

  Timer 类负责管理延迟任务（"在 100ms 后执行该任务"）以及周期任务（"每 10ms 执行一次该任务"）。然而，Timer 存在一些缺陷，因此应该考虑使用 ScheduledThreadPoolExecutor 来代替它[⊖]。可以通过 ScheduledThreadPoolExecutor 的构造函数或 newScheduledThreadPool 工厂方法来创建该类的对象。

  Timer 在执行所有定时任务时只会创建一个线程。如果某个任务的执行时间过长，那么将破坏其他 TimerTask 的定时精确性。例如某个周期 TimerTask 需要每 10ms 执行一次，而另一个 TimerTask 需要执行 40ms，那么这个周期任务或者在 40ms 任务执行完成后快速连续地调用 4 次，或者彻底"丢失"4 次调用（取决于它是基于固定速率来调度还是基于固定延时来调度）。线程池能弥补这个缺陷，它可以提供多个线程来执行延时任务和周期任务。

  Timer 的另一个问题是，如果 TimerTask 抛出了一个未检查的异常，那么 Timer 将表现出糟糕的行为。Timer 线程并不捕获异常，因此当 TimerTask 抛出未检查的异常时将终止定时线程。这种情况下，Timer 也不会恢复线程的执行，而是会错误地认为整个 Timer 都被取消了。因此，已经被调度但尚未执行的 TimerTask 将不会再执行，新的任务也不能被调度。（这个问题称之为"线程泄漏 [Thread Leakage]"，7.3 节将介绍该问题以及如何避免它。）

  在程序清单 6-9 的 OutOfTime 中给出了 Timer 中为什么会出现这种问题，以及如何使得试图提交 TimerTask 的调用者也出现问题。你可能认为程序会运行 6 秒后退出，但

 ⊖ Timer 支持基于绝对时间而不是相对时间的调度机制，因此任务的执行对系统时钟变化很敏感，而 ScheduledThreadPoolExecutor 只支持基于相对时间的调度。

实际情况是运行1秒就结束了,并抛出了一个异常消息"Timer already cancelled"。ScheduledThreadPoolExecutor能正确处理这些表现出错误行为的任务。在 Java 5.0 或更高的 JDK 中,将很少使用 Timer。

如果要构建自己的调度服务,那么可以使用 DelayQueue,它实现了 BlockingQueue,并为 ScheduledThreadPoolExecutor 提供调度功能。DelayQueue 管理着一组 Delayed 对象。每个 Delayed 对象都有一个相应的延迟时间:在 DelayQueue 中,只有某个元素逾期后,才能从 DelayQueue 中执行 take 操作。从 DelayQueue 中返回的对象将根据它们的延迟时间进行排序。

6.3 找出可利用的并行性

Executor 框架帮助指定执行策略,但如果要使用 Executor,必须将任务表述为一个 Runnable。在大多数服务器应用程序中都存在一个明显的任务边界:单个客户请求。但有时候,任务边界并非是显而易见的,例如在很多桌面应用程序中。即使是服务器应用程序,在单个客户请求中仍可能存在可发掘的并行性,例如数据库服务器。(请参见 [CPJ 4.4.1.1] 了解在选择任务边界时的各种权衡因素及相关讨论。)

程序清单 6-9 错误的 Timer 行为

```
public class OutOfTime {
    public static void main(String[] args) throws Exception {
        Timer timer = new Timer();
        timer.schedule(new ThrowTask(), 1);
        SECONDS.sleep(1);
        timer.schedule(new ThrowTask(), 1);
        SECONDS.sleep(5);
    }
    static class ThrowTask extends TimerTask {
        public void run() { throw new RuntimeException(); }
    }
}
```

本节中我们将开发一些不同版本的组件,并且每个版本都实现了不同程度的并发性。该示例组件实现浏览器程序中的页面渲染(Page-Rendering)功能,它的作用是将 HTML 页面绘制到图像缓存中。为了简便,假设 HTML 页面只包含标签文本,以及预定义大小的图片和 URL。

6.3.1 示例:串行的页面渲染器

最简单的方法就是对 HTML 文档进行串行处理。当遇到文本标签时,将其绘制到图像缓存中。当遇到图像引用时,先通过网络获取它,然后再将其绘制到图像缓存中。这很容易实现,程序只需将输入中的每个元素处理一次(甚至不需要缓存文档),但这种方法可能会令用户感到烦恼,他们必须等待很长时间,直到显示所有的文本。

另一种串行执行方法更好一些,它先绘制文本元素,同时为图像预留出矩形的占位空间,在处理完了第一遍文本后,程序再开始下载图像,并将它们绘制到相应的占位空间中。在程序清单 6-10 的 SingleThreadRenderer 中给出了这种方法。

图像下载过程的大部分时间都是在等待 I/O 操作执行完成，在这期间 CPU 几乎不做任何工作。因此，这种串行执行方法没有充分地利用 CPU，使得用户在看到最终页面之前要等待过长的时间。通过将问题分解为多个独立的任务并发执行，能够获得更高的 CPU 利用率和响应灵敏度。

程序清单 6-10　串行地渲染页面元素

```
public class SingleThreadRenderer {
    void renderPage(CharSequence source) {
        renderText(source);
        List<ImageData> imageData = new ArrayList<ImageData>();
        for (ImageInfo imageInfo : scanForImageInfo(source))
            imageData.add(imageInfo.downloadImage());
        for (ImageData data : imageData)
            renderImage(data);
    }
}
```

6.3.2　携带结果的任务 Callable 与 Future

Executor 框架使用 Runnable 作为其基本的任务表示形式。Runnable 是一种有很大局限的抽象，虽然 run 能写入到日志文件或者将结果放入某个共享的数据结构，但它不能返回一个值或抛出一个受检查的异常。

许多任务实际上都是存在延迟的计算——执行数据库查询，从网络上获取资源，或者计算某个复杂的功能。对于这些任务，Callable 是一种更好的抽象：它认为主入口点（即 call）将返回一个值，并可能抛出一个异常。⊖在 Executor 中包含了一些辅助方法能将其他类型的任务封装为一个 Callable，例如 Runnable 和 java.security.PrivilegedAction。

Runnable 和 Callable 描述的都是抽象的计算任务。这些任务通常是有范围的，即都有一个明确的起始点，并且最终会结束。Executor 执行的任务有 4 个生命周期阶段：创建、提交、开始和完成。由于有些任务可能要执行很长的时间，因此通常希望能够取消这些任务。在 Executor 框架中，已提交但尚未开始的任务可以取消，但对于那些已经开始执行的任务，只有当它们能响应中断时，才能取消。取消一个已经完成的任务不会有任何影响。（第 7 章将进一步介绍取消操作。）

Future 表示一个任务的生命周期，并提供了相应的方法来判断是否已经完成或取消，以及获取任务的结果和取消任务等。在程序清单 6-11 中给出了 Callable 和 Future。在 Future 规范中包含的隐含意义是，任务的生命周期只能前进，不能后退，就像 ExecutorService 的生命周期一样。当某个任务完成后，它就永远停留在"完成"状态上。

get 方法的行为取决于任务的状态（尚未开始、正在运行、已完成）。如果任务已经完成，

⊖ 要使用 Callable 来表示无返回值的任务，可使用 Callable<Void>。

那么 get 会立即返回或者抛出一个 Exception，如果任务没有完成，那么 get 将阻塞并直到任务完成。如果任务抛出了异常，那么 get 将该异常封装为 ExecutionException 并重新抛出。如果任务被取消，那么 get 将抛出 CancellationException。如果 get 抛出了 ExecutionException，那么可以通过 getCause 来获得被封装的初始异常。

程序清单 6-11　Callable 与 Future 接口

```
public interface Callable<V> {
    V call() throws Exception;
}
public interface Future<V> {
    boolean cancel(boolean mayInterruptIfRunning);
    boolean isCancelled();
    boolean isDone();
    V get() throws InterruptedException, ExecutionException,
                   CancellationException;
    V get(long timeout, TimeUnit unit)
        throws InterruptedException, ExecutionException,
               CancellationException, TimeoutException;
}
```

可以通过许多种方法创建一个 Future 来描述任务。ExecutorService 中的所有 submit 方法都将返回一个 Future，从而将一个 Runnable 或 Callable 提交给 Executor，并得到一个 Future 用来获得任务的执行结果或者取消任务。还可以显式地为某个指定的 Runnable 或 Callable 实例化一个 FutureTask。（由于 FutureTask 实现了 Runnable，因此可以将它提交给 Executor 来执行，或者直接调用它的 run 方法。）

从 Java 6 开始，ExecutorService 实现可以改写 AbstractExecutorService 中的 newTaskFor 方法，从而根据已提交的 Runnable 或 Callable 来控制 Future 的实例化过程。在默认实现中仅创建了一个新的 FutureTask，如程序清单 6-12 所示。

程序清单 6-12　ThreadPoolExecutor 中 newTaskFor 的默认实现

```
protected <T> RunnableFuture<T> newTaskFor(Callable<T> task) {
    return new FutureTask<T>(task);
}
```

在将 Runnable 或 Callable 提交到 Executor 的过程中，包含了一个安全发布过程（请参见 3.5 节），即将 Runnable 或 Callable 从提交线程发布到最终执行任务的线程。类似地，在设置 Future 结果的过程中也包含了一个安全发布，即将这个结果从计算它的线程发布到任何通过 get 获得它的线程。

6.3.3　示例：使用 Future 实现页面渲染器

为了使页面渲染器实现更高的并发性，首先将渲染过程分解为两个任务，一个是渲染所有的文本，另一个是下载所有的图像。（因为其中一个任务是 CPU 密集型，而另一个任务是 I/O

密集型，因此这种方法即使在单 CPU 系统上也能提升性能。）

Callable 和 Future 有助于表示这些协同任务之间的交互。在程序清单 6-13 的 Future-Renderer 中创建了一个 Callable 来下载所有的图像，并将其提交到一个 ExecutorService。这将返回一个描述任务执行情况的 Future。当主任务需要图像时，它会等待 Future.get 的调用结果。如果幸运的话，当开始请求时所有图像就已经下载完成了，即使没有，至少图像的下载任务也已经提前开始了。

程序清单 6-13　使用 Future 等待图像下载

```java
public class FutureRenderer {
    private final ExecutorService executor = ...;

    void renderPage(CharSequence source) {
        final List<ImageInfo> imageInfos = scanForImageInfo(source);
        Callable<List<ImageData>> task =
            new Callable<List<ImageData>>() {
                public List<ImageData> call() {
                    List<ImageData> result
                        = new ArrayList<ImageData>();
                    for (ImageInfo imageInfo : imageInfos)
                        result.add(imageInfo.downloadImage());
                    return result;
                }
            };

        Future<List<ImageData>> future = executor.submit(task);
        renderText(source);

        try {
            List<ImageData> imageData = future.get();
            for (ImageData data : imageData)
                renderImage(data);
        } catch (InterruptedException e) {
            // 重新设置线程的中断状态
            Thread.currentThread().interrupt();
            // 由于不需要结果，因此取消任务
            future.cancel(true);
        } catch (ExecutionException e) {
            throw launderThrowable(e.getCause());
        }
    }
}
```

get 方法拥有"状态依赖"的内在特性，因而调用者不需要知道任务的状态，此外在任务提交和获得结果中包含的安全发布属性也确保了这个方法是线程安全的。Future.get 的异常处理代码将处理两个可能的问题：任务遇到一个 Exception，或者调用 get 的线程在获得结果之前被中断（请参见 5.5.2 节和 5.4 节）。

FutureRenderer 使得渲染文本任务与下载图像数据的任务并发地执行。当所有图像下载完后，会显示到页面上。这将提升用户体验，不仅使用户更快地看到结果，还有效利用了并行性，但我们还可以做得更好。用户不必等到所有的图像都下载完成，而希望看到每当下载完一幅图像时就立即显示出来。

6.3.4 在异构任务并行化中存在的局限

在上个示例中，我们尝试并行地执行两个不同类型的任务——下载图像与渲染页面。然而，通过对异构任务进行并行化来获得重大的性能提升是很困难的。

两个人可以很好地分担洗碗的工作：其中一个人负责清洗，而另一个人负责烘干。然而，要将不同类型的任务平均分配给每个工人却并不容易。当人数增加时，如何确保他们能帮忙而不是妨碍其他人工作，或者在重新分配工作时，并不是容易的事情。如果没有在相似的任务之间找出细粒度的并行性，那么这种方法带来的好处将减少。

当在多个工人之间分配异构的任务时，还有一个问题就是各个任务的大小可能完全不同。如果将两个任务 A 和 B 分配给两个工人，但 A 的执行时间是 B 的 10 倍，那么整个过程也只能加速 9%。最后，当在多个工人之间分解任务时，还需要一定的任务协调开销：为了使任务分解能提高性能，这种开销不能高于并行性实现的提升。

FutureRenderer 使用了两个任务，其中一个负责渲染文本，另一个负责下载图像。如果渲染文本的速度远远高于下载图像的速度（可能性很大），那么程序的最终性能与串行执行时的性能差别不大，而代码却变得更复杂了。当使用两个线程时，至多能将速度提高一倍。因此，虽然做了许多工作来并发执行异构任务以提高并发度，但从中获得的并发性却是十分有限的。（在 11.4.2 节和 11.4.3 节中的示例说明了同一个问题。）

只有当大量相互独立且同构的任务可以并发进行处理时，才能体现出将程序的工作负载分配到多个任务中带来的真正性能提升。

6.3.5 CompletionService:Executor 与 BlockingQueue

如果向 Executor 提交了一组计算任务，并且希望在计算完成后获得结果，那么可以保留与每个任务关联的 Future，然后反复使用 get 方法，同时将参数 timeout 指定为 0，从而通过轮询来判断任务是否完成。这种方法虽然可行，但却有些繁琐。幸运的是，还有一种更好的方法：完成服务 (CompletionService)。

CompletionService 将 Executor 和 BlockingQueue 的功能融合在一起。你可以将 Callable 任务提交给它来执行，然后使用类似于队列操作的 take 和 poll 等方法来获得已完成的结果，而这些结果会在完成时将被封装为 Future。ExecutorCompletionService 实现了 CompletionService，并将计算部分委托给一个 Executor。

ExecutorCompletionService 的实现非常简单。在构造函数中创建一个 BlockingQueue 来保存计算完成的结果。当计算完成时，调用 Future-Task 中的 done 方法。当提交某个任务时，该任务将首先包装为一个 QueueingFuture，这是 FutureTask 的一个子类，然后再改写子类的 done 方法，并将结果放入 BlockingQueue 中，如程序清单 6-14 所示。take 和 poll 方法委托给了 BlockingQueue，这些方法会在得出结果之前阻塞。

程序清单 6-14 由 ExecutorCompletionService 使用的 QueueingFuture 类

```
private class QueueingFuture<V> extends FutureTask<V> {
    QueueingFuture(Callable<V> c) { super(c); }
    QueueingFuture(Runnable t, V r) { super(t, r); }

    protected void done() {
        completionQueue.add(this);
    }
}
```

6.3.6 示例：使用 CompletionService 实现页面渲染器

可以通过 CompletionService 从两个方面来提高页面渲染器的性能：缩短总运行时间以及提高响应性。为每一幅图像的下载都创建一个独立任务，并在线程池中执行它们，从而将串行的下载过程转换为并行的过程：这将减少下载所有图像的总时间。此外，通过从 CompletionService 中获取结果以及使每张图片在下载完成后立刻显示出来，能使用户获得一个更加动态和更高响应性的用户界面。如程序清单 6-15 的 Renderer 所示。

程序清单 6-15 使用 CompletionService，使页面元素在下载完成后立即显示出来

```
public class Renderer {
    private final ExecutorService executor;

    Renderer(ExecutorService executor) { this.executor = executor; }

    void renderPage(CharSequence source) {
        List<ImageInfo> info = scanForImageInfo(source);
        CompletionService<ImageData> completionService =
            new ExecutorCompletionService<ImageData>(executor);
        for (final ImageInfo imageInfo : info)
            completionService.submit(new Callable<ImageData>() {
                public ImageData call() {
                    return imageInfo.downloadImage();
                }
            });

        renderText(source);

        try {
            for (int t = 0, n = info.size(); t < n; t++) {
                Future<ImageData> f = completionService.take();
                ImageData imageData = f.get();
                renderImage(imageData);
            }
        } catch (InterruptedException e) {
            Thread.currentThread().interrupt();
        } catch (ExecutionException e) {
            throw launderThrowable(e.getCause());
        }
    }
}
```

多个 ExecutorCompletionService 可以共享一个 Executor，因此可以创建一个对于特定计算私有，又能共享一个公共 Executor 的 ExecutorCompletionService。因此，CompletionService 的作用就相当于一组计算的句柄，这与 Future 作为单个计算的句柄是非常类似的。通过记录提交给 CompletionService 的任务数量，并计算出已经获得的已完成结果的数量，即使使用一个共享的 Executor，也能知道已经获得了所有任务结果的时间。

6.3.7 为任务设置时限

有时候，如果某个任务无法在指定时间内完成，那么将不再需要它的结果，此时可以放弃这个任务。例如，某个 Web 应用程序从外部的广告服务器上获取广告信息，但如果该应用程序在两秒钟内得不到响应，那么将显示一个默认的广告，这样即使不能获得广告信息，也不会降低站点的响应性能。类似地，一个门户网站可以从多个数据源并行地获取数据，但可能只会在指定的时间内等待数据，如果超出了等待时间，那么只显示已经获得的数据。

在有限时间内执行任务的主要困难在于，要确保得到答案的时间不会超过限定的时间，或者在限定的时间内无法获得答案。在支持时间限制的 Future.get 中支持这种需求：当结果可用时，它将立即返回，如果在指定时限内没有计算出结果，那么将抛出 TimeoutException。

在使用限时任务时需要注意，当这些任务超时后应该立即停止，从而避免为继续计算一个不再使用的结果而浪费计算资源。要实现这个功能，可以由任务本身来管理它的限定时间，并且在超时后中止执行或取消任务。此时可再次使用 Future，如果一个限时的 get 方法抛出了 TimeoutException，那么可以通过 Future 来取消任务。如果编写的任务是可取消的（参见第 7 章），那么可以提前中止它，以免消耗过多的资源。在程序清单 6-13 和 6-16 的代码中使用了这项技术。

程序清单 6-16 给出了限时 Future.get 的一种典型应用。在它生成的页面中包括响应用户请求的内容以及从广告服务器上获得的广告。它将获取广告的任务提交给一个 Executor，然后计算剩余的文本页面内容，最后等待广告信息，直到超出指定的时间⊖。如果 get 超时，那么将取消⊖广告获取任务，并转而使用默认的广告信息。

程序清单 6-16 在指定时间内获取广告信息

```
Page renderPageWithAd() throws InterruptedException {
    long endNanos = System.nanoTime() + TIME_BUDGET;
    Future<Ad> f = exec.submit(new FetchAdTask());
    // 在等待广告的同时显示页面
    Page page = renderPageBody();
    Ad ad;
    try {
        // 只等待指定的时间长度
        long timeLeft = endNanos - System.nanoTime();
```

⊖ 传递给 get 的 timeout 参数的计算方法是，将指定时限减去当前时间。这可能会得到负数，但 java.util.concurrent 中所有与时限相关的方法都将负数视为零，因此不需要额外的代码来处理这种情况。

⊖ Future.cancel 的参数为 true 表示任务线程可以在运行过程中中断。请参见第 7 章。

```
            ad = f.get(timeLeft, NANOSECONDS);
    } catch (ExecutionException e) {
            ad = DEFAULT_AD;
    } catch (TimeoutException e) {
            ad = DEFAULT_AD;
            f.cancel(true);
    }
    page.setAd(ad);
    return page;
}
```

6.3.8 示例：旅行预定门户网站

"预定时间"方法可以很容易地扩展到任意数量的任务上。考虑这样一个旅行预定门户网站：用户输入旅行的日期和其他要求，门户网站获取并显示来自多条航线、旅店或汽车租赁公司的报价。在获取不同公司报价的过程中，可能会调用 Web 服务、访问数据库、执行一个 EDI 事务或其他机制。在这种情况下，不宜让页面的响应时间受限于最慢的响应时间，而应该只显示在指定时间内收到的信息。对于没有及时响应的服务提供者，页面可以忽略它们，或者显示一个提示信息，例如 "Did not hear from Air Java in time。"

从一个公司获得报价的过程与从其他公司获得报价的过程无关，因此可以将获取报价的过程当成一个任务，从而使获得报价的过程能并发执行。创建 n 个任务，将其提交到一个线程池，保留 n 个 Future，并使用限时的 get 方法通过 Future 串行地获取每一个结果，这一切都很简单，但还有一个更简单的方法——invokeAll。

程序清单 6-17 使用了支持限时的 invokeAll，将多个任务提交到一个 ExecutorService 并获得结果。InvokeAll 方法的参数为一组任务，并返回一组 Future。这两个集合有着相同的结构。invokeAll 按照任务集合中迭代器的顺序将所有的 Future 添加到返回的集合中，从而使调用者能将各个 Future 与其表示的 Callable 关联起来。当所有任务都执行完毕时，或者调用线程被中断时，又或者超过指定时限时，invokeAll 将返回。当超过指定时限后，任何还未完成的任务都会取消。当 invokeAll 返回后，每个任务要么正常地完成，要么被取消，而客户端代码可以调用 get 或 isCancelled 来判断究竟是何种情况。

程序清单 6-17　在预定时间内请求旅游报价

```
private class QuoteTask implements Callable<TravelQuote> {
    private final TravelCompany company;
    private final TravelInfo travelInfo;
    ...
    public TravelQuote call() throws Exception {
        return company.solicitQuote(travelInfo);
    }
}

public List<TravelQuote> getRankedTravelQuotes(
        TravelInfo travelInfo, Set<TravelCompany> companies,
        Comparator<TravelQuote> ranking, long time, TimeUnit unit)
        throws InterruptedException {
```

```
    List<QuoteTask> tasks = new ArrayList<QuoteTask>();
    for (TravelCompany company : companies)
        tasks.add(new QuoteTask(company, travelInfo));

    List<Future<TravelQuote>> futures =
        exec.invokeAll(tasks, time, unit);

    List<TravelQuote> quotes =
        new ArrayList<TravelQuote>(tasks.size());
    Iterator<QuoteTask> taskIter = tasks.iterator();
    for (Future<TravelQuote> f : futures) {
        QuoteTask task = taskIter.next();
        try {
            quotes.add(f.get());
        } catch (ExecutionException e) {
            quotes.add(task.getFailureQuote(e.getCause()));
        } catch (CancellationException e) {
            quotes.add(task.getTimeoutQuote(e));
        }
    }

    Collections.sort(quotes, ranking);
    return quotes;
}
```

小结

通过围绕任务执行来设计应用程序,可以简化开发过程,并有助于实现并发。Executor 框架将任务提交与执行策略解耦开来,同时还支持多种不同类型的执行策略。当需要创建线程来执行任务时,可以考虑使用 Executor。要想在将应用程序分解为不同的任务时获得最大的好处,必须定义清晰的任务边界。某些应用程序中存在着比较明显的任务边界,而在其他一些程序中则需要进一步分析才能揭示出粒度更细的并行性。

第 7 章

取消与关闭

任务和线程的启动很容易。在大多数时候,我们都会让它们运行直到结束,或者让它们自行停止。然而,有时候我们希望提前结束任务或线程,或许是因为用户取消了操作,或者应用程序需要被快速关闭。

要使任务和线程能安全、快速、可靠地停止下来,并不是一件容易的事。Java 没有提供任何机制来安全地终止线程⊖。但它提供了中断(Interruption),这是一种协作机制,能够使一个线程终止另一个线程的当前工作。

这种协作式的方法是必要的,我们很少希望某个任务、线程或服务立即停止,因为这种立即停止会使共享的数据结构处于不一致的状态。相反,在编写任务和服务时可以使用一种协作的方式:当需要停止时,它们首先会清除当前正在执行的工作,然后再结束。这提供了更好的灵活性,因为任务本身的代码比发出取消请求的代码更清楚如何执行清除工作。

生命周期结束(End-of-Lifecycle)的问题会使任务、服务以及程序的设计和实现等过程变得复杂,而这个在程序设计中非常重要的要素却经常被忽略。一个在行为良好的软件与勉强运行的软件之间的最主要区别就是,行为良好的软件能很完善地处理失败、关闭和取消等过程。本章将给出各种实现取消和中断的机制,以及如何编写任务和服务,使它们能对取消请求做出响应。

7.1 任务取消

如果外部代码能在某个操作正常完成之前将其置入"完成"状态,那么这个操作就可以称为可取消的(Cancellable)。取消某个操作的原因很多:

用户请求取消。用户点击图形界面程序中的"取消"按钮,或者通过管理接口来发出取消请求,例如 JMX(Java Management Extensions)。

有时间限制的操作。例如,某个应用程序需要在有限时间内搜索问题空间,并在这个时间内选择最佳的解决方案。当计时器超时时,需要取消所有正在搜索的任务。

应用程序事件。例如,应用程序对某个问题空间进行分解并搜索,从而使不同的任务可以搜索问题空间中的不同区域。当其中一个任务找到了解决方案时,所有其他仍在搜索的任务都

⊖ 虽然 Thread.stop 和 suspend 等方法提供了这样的机制,但由于存在着一些严重的缺陷,因此应该避免使用。请参见 http://java.sun.com/j2se/1.5.0/docs/guide/misc/threadPrimitiveDeprecation.html 了解对这些问题的详细说明。

将被取消。

错误。网页爬虫程序搜索相关的页面，并将页面或摘要数据保存到硬盘。当一个爬虫任务发生错误时（例如，磁盘空间已满），那么所有搜索任务都会取消，此时可能会记录它们的当前状态，以便稍后重新启动。

关闭。当一个程序或服务关闭时，必须对正在处理和等待处理的工作执行某种操作。在平缓的关闭过程中，当前正在执行的任务将继续执行直到完成，而在立即关闭过程中，当前的任务则可能取消。

在 Java 中没有一种安全的抢占式方法来停止线程，因此也就没有安全的抢占式方法来停止任务。只有一些协作式的机制，使请求取消的任务和代码都遵循一种协商好的协议。

其中一种协作机制能设置某个"已请求取消（Cancellation Requested）"标志，而任务将定期地查看该标志。如果设置了这个标志，那么任务将提前结束。程序清单 7-1 中就使用了这项技术，其中的 PrimeGenerator 持续地枚举素数，直到它被取消。cancel 方法将设置 cancelled 标志，并且主循环在搜索下一个素数之前会首先检查这个标志。（为了使这个过程能可靠地工作，标志 cancelled 必须为 volatile 类型。）

程序清单 7-1　使用 volatile 类型的域来保存取消状态

```
@ThreadSafe
public class PrimeGenerator implements Runnable {
    @GuardedBy("this")
    private final List<BigInteger> primes
            = new ArrayList<BigInteger>();
    private  volatile boolean cancelled;

    public void run() {
        BigInteger p = BigInteger.ONE;
        while (!cancelled ) {
            p = p.nextProbablePrime();
            synchronized (this) {
                primes.add(p);
            }
        }
    }

    public void cancel() { cancelled = true;   }

    public synchronized List<BigInteger> get() {
        return new ArrayList<BigInteger>(primes);
    }
}
```

程序清单 7-2 给出了这个类的使用示例，即让素数生成器运行 1 秒钟后取消。素数生成器通常并不会刚好在运行 1 秒钟后停止，因为在请求取消的时刻和 run 方法中循环执行下一次检查之间可能存在延迟。cancel 方法由 finally 块调用，从而确保即使在调用 sleep 时被中断也能取消素数生成器的执行。如果 cancel 没有被调用，那么搜索素数的线程将永远运行下去，不断消耗 CPU 的时钟周期，并使得 JVM 不能正常退出。

程序清单 7-2　一个仅运行一秒钟的素数生成器

```
List<BigInteger> aSecondOfPrimes() throws InterruptedException {
    PrimeGenerator generator = new PrimeGenerator();
    new Thread(generator).start();
    try {
        SECONDS.sleep(1);
    } finally {
        generator.cancel();
    }
    return generator.get();
}
```

一个可取消的任务必须拥有取消策略(Cancellation Policy)，在这个策略中将详细地定义取消操作的"How"、"When"以及"What"，即其他代码如何（How）请求取消该任务，任务在何时（When）检查是否已经请求了取消，以及在响应取消请求时应该执行哪些（What）操作。

考虑现实世界中停止支付（Stop-Payment）支票的示例。银行通常都会规定如何提交一个停止支付的请求，在处理这些请求时需要做出哪些响应性保证，以及当支付中断后需要遵守哪些流程（例如通知该事务中涉及的其他银行，以及对付款人的账户进行费用评估）。这些流程和保证放在一起就构成了支票支付的取消策略。

PrimeGenerator使用了一种简单的取消策略：客户代码通过调用cancel来请求取消，PrimeGenerator在每次搜索素数前首先检查是否存在取消请求，如果存在则退出。

7.1.1 中断

PrimeGenerator中的取消机制最终会使得搜索素数的任务退出，但在退出过程中需要花费一定的时间。然而，如果使用这种方法的任务调用了一个阻塞方法，例如BlockingQueue.put，那么可能会产生一个更严重的问题——任务可能永远不会检查取消标志，因此永远不会结束。

在程序清单7-3中的BrokenPrimeProducer就说明了这个问题。生产者线程生成素数，并将它们放入一个阻塞队列。如果生产者的速度超过了消费者的处理速度，队列将被填满，put方法也会阻塞。当生产者在put方法中阻塞时，如果消费者希望取消生产者任务，那么将发生什么情况？它可以调用cancel方法来设置cancelled标志，但此时生产者却永远不能检查这个标志，因为它无法从阻塞的put方法中恢复过来（因为消费者此时已经停止从队列中取出素数，所以put方法将一直保持阻塞状态）。

程序清单 7-3　不可靠的取消操作将把生产者置于阻塞的操作中（不要这么做）

```
class BrokenPrimeProducer extends Thread {
    private final BlockingQueue<BigInteger> queue;
    private volatile boolean cancelled = false;

    BrokenPrimeProducer(BlockingQueue<BigInteger> queue) {
        this.queue = queue;
    }

    public void run() {
        try {
```

```
            BigInteger p = BigInteger.ONE;
            while (!cancelled)
                queue.put(p = p.nextProbablePrime());
        } catch (InterruptedException consumed) { }
    }

    public void cancel() { cancelled = true; }
}

void consumePrimes() throws InterruptedException {
    BlockingQueue<BigInteger> primes = ...;
    BrokenPrimeProducer producer = new BrokenPrimeProducer(primes);
    producer.start();
    try {
        while (needMorePrimes())
            consume(primes.take());
    } finally {
        producer.cancel();
    }
}
```

第 5 章曾提到，一些特殊的阻塞库的方法支持中断。线程中断是一种协作机制，线程可以通过这种机制来通知另一个线程，告诉它在合适的或者可能的情况下停止当前工作，并转而执行其他的工作。

> 在 Java 的 API 或语言规范中，并没有将中断与任何取消语义关联起来，但实际上，如果在取消之外的其他操作中使用中断，那么都是不合适的，并且很难支撑起更大的应用。

每个线程都有一个 boolean 类型的中断状态。当中断线程时，这个线程的中断状态将被设置为 true。在 Thread 中包含了中断线程以及查询线程中断状态的方法，如程序清单 7-4 所示。interrupt 方法能中断目标线程，而 isInterrupted 方法能返回目标线程的中断状态。静态的 interrupted 方法将清除当前线程的中断状态，并返回它之前的值，这也是清除中断状态的唯一方法。

程序清单 7-4   Thread 中的中断方法

```
public class Thread {
    public void interrupt() { ... }
    public boolean isInterrupted() { ... }
    public static boolean interrupted() { ... }
    ...
}
```

阻塞库方法，例如 Thread.sleep 和 Object.wait 等，都会检查线程何时中断，并且在发现中断时提前返回。它们在响应中断时执行的操作包括：清除中断状态，抛出 InterruptedException，表示阻塞操作由于中断而提前结束。JVM 并不能保证阻塞方法检测到中断的速度，但在实际情况中响应速度还是非常快的。

当线程在非阻塞状态下中断时，它的中断状态将被设置，然后根据将被取消的操作来检查中断状态以判断发生了中断。通过这样的方法，中断操作将变得"有黏性"——如果不触发InterruptedException，那么中断状态将一直保持，直到明确地清除中断状态。

> 调用 interrupt 并不意味着立即停止目标线程正在进行的工作，而只是传递了请求中断的消息。

对中断操作的正确理解是：它并不会真正地中断一个正在运行的线程，而只是发出中断请求，然后由线程在下一个合适的时刻中断自己。（这些时刻也被称为取消点）。有些方法，例如 wait、sleep 和 join 等，将严格地处理这种请求，当它们收到中断请求或者在开始执行时发现某个已被设置好的中断状态时，将抛出一个异常。设计良好的方法可以完全忽略这种请求，只要它们能使调用代码对中断请求进行某种处理。设计糟糕的方法可能会屏蔽中断请求，从而导致调用栈中的其他代码无法对中断请求作出响应。

在使用静态的 interrupted 时应该小心，因为它会清除当前线程的中断状态。如果在调用 interrupted 时返回了 true，那么除非你想屏蔽这个中断，否则必须对它进行处理——可以抛出 InterruptedException，或者通过再次调用 interrupt 来恢复中断状态，如程序清单 5-10 所示。

BrokenPrimeProducer 说明了一些自定义的取消机制无法与可阻塞的库函数实现良好交互的原因。如果任务代码能够响应中断，那么可以使用中断作为取消机制，并且利用许多库类中提供的中断支持。

> 通常，中断是实现取消的最合理方式。

BrokenPrimeProducer 中的问题很容易解决（和简化）：使用中断而不是 boolean 标志来请求取消，如程序清单 7-5 所示。在每次迭代循环中，有两个位置可以检测出中断：在阻塞的 put 方法调用中，以及在循环开始处查询中断状态时。由于调用了阻塞的 put 方法，因此这里并不一定需要进行显式的检测，但执行检测却会使 PrimeProducer 对中断具有更高的响应性，因为它是在启动寻找素数任务之前检查中断的，而不是在任务完成之后。如果可中断的阻塞方法的调用频率并不高，不足以获得足够的响应性，那么显式地检测中断状态能起到一定的帮助作用。

程序清单 7-5　通过中断来取消

```
class PrimeProducer extends Thread {
    private final BlockingQueue<BigInteger> queue;

    PrimeProducer(BlockingQueue<BigInteger> queue) {
        this.queue = queue;
    }

    public void run() {
        try {
```

```
            BigInteger p = BigInteger.ONE;
            while (!Thread.currentThread().isInterrupted())
                queue.put(p = p.nextProbablePrime());
        } catch (InterruptedException consumed) {
            /*   允许线程退出   */
        }
    }
    public void cancel() { interrupt(); }
}
```

7.1.2 中断策略

正如任务中应该包含取消策略一样，线程同样应该包含中断策略。中断策略规定线程如何解释某个中断请求——当发现中断请求时，应该做哪些工作（如果需要的话），哪些工作单元对于中断来说是原子操作，以及以多快的速度来响应中断。

最合理的中断策略是某种形式的线程级 (Thread-Level) 取消操作或服务级 (Service-Level) 取消操作：尽快退出，在必要时进行清理，通知某个所有者该线程已经退出。此外还可以建立其他的中断策略，例如暂停服务或重新开始服务，但对于那些包含非标准中断策略的线程或线程池，只能用于能知道这些策略的任务中。

区分任务和线程对中断的反应是很重要的。一个中断请求可以有一个或多个接收者——中断线程池中的某个工作者线程，同时意味着"取消当前任务"和"关闭工作者线程"。

任务不会在其自己拥有的线程中执行，而是在某个服务（例如线程池）拥有的线程中执行。对于非线程所有者的代码来说（例如，对于线程池而言，任何在线程池实现以外的代码），应该小心地保存中断状态，这样拥有线程的代码才能对中断做出响应，即使"非所有者"代码也可以做出响应。（当你为一户人家打扫房屋时，即使主人不在，也不应该把在这段时间内收到的邮件扔掉，而应该把邮件收起来，等主人回来以后再交给他们处理，尽管你可以阅读他们的杂志。）

这就是为什么大多数可阻塞的库函数都只是抛出 InterruptedException 作为中断响应。它们永远不会在某个由自己拥有的线程中运行，因此它们为任务或库代码实现了最合理的取消策略：尽快退出执行流程，并把中断信息传递给调用者，从而使调用栈中的上层代码可以采取进一步的操作。

当检查到中断请求时，任务并不需要放弃所有的操作——它可以推迟处理中断请求，并直到某个更合适的时刻。因此需要记住中断请求，并在完成当前任务后抛出 InterruptedException 或者表示已收到中断请求。这项技术能够确保在更新过程中发生中断时，数据结构不会被破坏。

任务不应该对执行该任务的线程的中断策略做出任何假设，除非该任务被专门设计为在服务中运行，并且在这些服务中包含特定的中断策略。无论任务把中断视为取消，还是其他某个中断响应操作，都应该小心地保存执行线程的中断状态。如果除了将 InterruptedException 传递给调用者外还需要执行其他操作，那么应该在捕获 InterruptedException 之后恢复中断状态：

```
Thread.currentThread().interrupt();
```

正如任务代码不应该对其执行所在的线程的中断策略做出假设，执行取消操作的代码也不应该对线程的中断策略做出假设。线程应该只能由其所有者中断，所有者可以将线程的中断策略信息封装到某个合适的取消机制中，例如关闭（shutdown）方法。

> 由于每个线程拥有各自的中断策略，因此除非你知道中断对该线程的含义，否则就不应该中断这个线程。

批评者曾嘲笑 Java 的中断功能，因为它没有提供抢占式中断机制，而且还强迫开发人员必须处理 InterruptedException。然而，通过推迟中断请求的处理，开发人员能制定更灵活的中断策略，从而使应用程序在响应性和健壮性之间实现合理的平衡。

7.1.3 响应中断

在 5.4 节中，当调用可中断的阻塞函数时，例如 Thread.sleep 或 BlockingQueue.put 等，有两种实用策略可用于处理 InterruptedException：

- 传递异常（可能在执行某个特定于任务的清除操作之后），从而使你的方法也成为可中断的阻塞方法。
- 恢复中断状态，从而使调用栈中的上层代码能够对其进行处理。

传递 InterruptedException 与将 InterruptedException 添加到 throws 子句中一样容易，如程序清单 7-6 中的 getNextTask 所示。

程序清单 7-6　将 InterruptedException 传递给调用者

```
BlockingQueue<Task> queue;
...
public Task getNextTask() throws InterruptedException {
    return queue.take();
}
```

如果不想或无法传递 InterruptedException（或许通过 Runnable 来定义任务），那么需要寻找另一种方式来保存中断请求。一种标准的方法就是通过再次调用 interrupt 来恢复中断状态。你不能屏蔽 InterruptedException，例如在 catch 块中捕获到异常却不做任何处理，除非在你的代码中实现了线程的中断策略。虽然 PrimeProducer 屏蔽了中断，但这是因为它已经知道线程将要结束，因此在调用栈中已经没有上层代码需要知道中断信息。由于大多数代码并不知道它们将在哪个线程中运行，因此应该保存中断状态。

> 只有实现了线程中断策略的代码才可以屏蔽中断请求。在常规的任务和库代码中都不应该屏蔽中断请求。

对于一些不支持取消但仍可以调用可中断阻塞方法的操作，它们必须在循环中调用这些方法，并在发现中断后重新尝试。在这种情况下，它们应该在本地保存中断状态，并在返回前恢复状态而不是在捕获 InterruptedException 时恢复状态，如程序清单 7-7 所示。如果过早地设置中断状态，就可能引起无限循环，因为大多数可中断的阻塞方法都会在入口处检查中断状态，并且当发现该状态已被设置时会立即抛出 InterruptedException。（通常，可中断的方法会在阻塞或进行重要的工作前首先检查中断，从而尽快地响应中断）。

程序清单 7-7　不可取消的任务在退出前恢复中断

```
public Task getNextTask(BlockingQueue<Taskgt; queue) {
    boolean interrupted = false;
    try {
        while (true) {
            try {
                return queue.take();
            } catch (InterruptedException e) {
                interrupted = true;
                // 重新尝试
            }
        }
    } finally {
        if (interrupted)
            Thread.currentThread().interrupt();
    }
}
```

如果代码不会调用可中断的阻塞方法，那么仍然可以通过在任务代码中轮询当前线程的中断状态来响应中断。要选择合适的轮询频率，就需要在效率和响应性之间进行权衡。如果响应性要求较高，那么不应该调用那些执行时间较长并且不响应中断的方法，从而对可调用的库代码进行一些限制。

在取消过程中可能涉及除了中断状态之外的其他状态。中断可以用来获得线程的注意，并且由中断线程保存的信息，可以为中断的线程提供进一步的指示。（当访问这些信息时，要确保使用同步。）

例如，当一个由 ThreadPoolExecutor 拥有的工作者线程检测到中断时，它会检查线程池是否正在关闭。如果是，它会在结束之前执行一些线程池清理工作，否则它可能创建一个新线程将线程池恢复到合理的规模。

7.1.4　示例：计时运行

许多问题永远也无法解决（例如，枚举所有的素数），而某些问题，能很快得到答案，也可能永远得不到答案。在这些情况下，如果能够指定"最多花 10 分钟搜索答案"或者"枚举出在 10 分钟内能找到的答案"，那么将是非常有用的。

程序清单 7-2 中的 aSecondOfPrimes 方法将启动一个 PrimeGenerator，并在 1 秒钟后中断。尽管 PrimeGenerator 可能需要超过 1 秒的时间才能停止，但它最终会发现中断，然后停止，并使线程结束。在执行任务时的另一个方面是，你希望知道在任务执行过程中是否会抛出异常。

如果 PrimeGenerator 在指定时限内抛出了一个未检查的异常，那么这个异常可能会被忽略，因为素数生成器在另一个独立的线程中运行，而这个线程并不会显式地处理异常。

在程序清单 7-8 中给出了在指定时间内运行一个任意的 Runnable 的示例。它在调用线程中运行任务，并安排了一个取消任务，在运行指定的时间间隔后中断它。这解决了从任务中抛出未检查异常的问题，因为该异常会被 timedRun 的调用者捕获。

程序清单 7-8　在外部线程中安排中断（不要这么做）

```
private static final ScheduledExecutorService cancelExec = ...;
public static void timedRun(Runnable r,
                            long timeout, TimeUnit unit) {
    final Thread taskThread = Thread.currentThread();
    cancelExec.schedule(new Runnable() {
        public void run() { taskThread.interrupt(); }
    }, timeout, unit);
    r.run();
}
```

这是一种非常简单的方法，但却破坏了以下规则：在中断线程之前，应该了解它的中断策略。由于 timedRun 可以从任意一个线程中调用，因此它无法知道这个调用线程的中断策略。如果任务在超时之前完成，那么中断 timedRun 所在线程的取消任务将在 timedRun 返回到调用者之后启动。我们不知道在这种情况下将运行什么代码，但结果一定是不好的。（可以使用 schedule 返回的 ScheduledFuture 来取消这个取消任务以避免这种风险，这种做法虽然可行，但却非常复杂。）

而且，如果任务不响应中断，那么 timedRun 会在任务结束时才返回，此时可能已经超过了指定的时限（或者还没有超过时限）。如果某个限时运行的服务没有在指定的时间内返回，那么将对调用者带来负面影响。

在程序清单 7-9 中解决了 aSecondOfPrimes 的异常处理问题以及之前解决方案中的问题。执行任务的线程拥有自己的执行策略，即使任务不响应中断，限时运行的方法仍能返回到它的调用者。在启动任务线程之后，timedRun 将执行一个限时的 join 方法。在 join 返回后，它将检查任务中是否有异常抛出，如果有的话，则会在调用 timedRun 的线程中再次抛出该异常。由于 Throwable 将在两个线程之间共享，因此该变量被声明为 volatile 类型，从而确保安全地将其从任务线程发布到 timedRun 线程。

程序清单 7-9　在专门的线程中中断任务

```
public static void timedRun(final Runnable r,
                            long timeout, TimeUnit unit)
                            throws InterruptedException {
    class RethrowableTask implements Runnable {
        private volatile Throwable t;
        public void run() {
            try { r.run(); }
            catch (Throwable t) { this.t = t; }
```

```
            }
            void rethrow() {
                if (t != null)
                    throw launderThrowable(t);
            }
        }

        RethrowableTask task = new RethrowableTask();
        final Thread taskThread = new Thread(task);
        taskThread.start();
        cancelExec.schedule(new Runnable() {
            public void run() { taskThread.interrupt(); }
        }, timeout, unit);
        taskThread.join(unit.toMillis(timeout));
        task.rethrow();
    }
```

在这个示例的代码中解决了前面示例中的问题,但由于它依赖于一个限时的 join,因此存在着 join 的不足:无法知道执行控制是因为线程正常退出而返回还是因为 join 超时而返回。⊖

7.1.5 通过 Future 来实现取消

我们已经使用了一种抽象机制来管理任务的生命周期,处理异常,以及实现取消,即 Future。通常,使用现有库中的类比自行编写更好,因此我们将继续使用 Future 和任务执行框架来构建 timedRun。

ExecutorService.submit 将返回一个 Future 来描述任务。Future 拥有一个 cancel 方法,该方法带有一个 boolean 类型的参数 mayInterruptIfRunning,表示取消操作是否成功。(这只是表示任务是否能够接收中断,而不是表示任务是否能检测并处理中断。) 如果 mayInterruptIfRunning 为 true 并且任务当前正在某个线程中运行,那么这个线程能被中断。如果这个参数为 false,那么意味着"若任务还没有启动,就不要运行它",这种方式应该用于那些不处理中断的任务中。

除非你清楚线程的中断策略,否则不要中断线程,那么在什么情况下调用 cancel 可以将参数指定为 true?执行任务的线程是由标准的 Executor 创建的,它实现了一种中断策略使得任务可以通过中断被取消,所以如果任务在标准 Executor 中运行,并通过它们的 Future 来取消任务,那么可以设置 mayInterruptIfRunning。当尝试取消某个任务时,不宜直接中断线程池,因为你并不知道当中断请求到达时正在运行什么任务——只能通过任务的 Future 来实现取消。这也是在编写任务时要将中断视为一个取消请求的另一个理由:可以通过任务的 Future 来取消它们。

程序清单 7-10 给出了另一个版本的 timedRun:将任务提交给一个 ExecutorService,并通过一个定时的 Future.get 来获得结果。如果 get 在返回时抛出了一个 TimeoutException,那么任务将通过它的 Future 来取消。(为了简化代码,这个版本的 timedRun 在 finally 块中将直接调用 Future.cancel,因为取消一个已完成的任务不会带来任何影响。) 如果任务在被取消前就抛出一

⊖ 这是 Thread API 的一个缺陷,因为无论 join 是否成功地完成,在 Java 内存模型中都会有内存可见性结果,但 join 本身不会返回某个状态来表明它是否成功。

个异常，那么该异常将被重新抛出以便由调用者来处理异常。在程序清单 7-10 中还给出了另一种良好的编程习惯：取消那些不再需要结果的任务。（在程序清单 6-13 和程序清单 6-16 中使用了相同的技术。）

程序清单 7-10　通过 Future 来取消任务

```
public static void timedRun(Runnable r,
                            long timeout, TimeUnit unit)
                            throws InterruptedException {
    Future<?> task = taskExec.submit(r);
    try {
        task.get(timeout, unit);
    } catch (TimeoutException e) {
        // 接下来任务将被取消
    } catch (ExecutionException e) {
        //如果在任务中抛出了异常，那么重新抛出该异常
        throw launderThrowable(e.getCause());
    } finally {
        //如果任务已经结束，那么执行取消操作也不会带来任何影响
        task.cancel(true);   // 如果任务正在运行，那么将被中断
    }
}
```

当 Future.get 抛出 InterruptedException 或 TimeoutException 时，如果你知道不再需要结果，那么就可以调用 Future.cancel 来取消任务。

7.1.6　处理不可中断的阻塞

在 Java 库中，许多可阻塞的方法都是通过提前返回或者抛出 InterruptedException 来响应中断请求的，从而使开发人员更容易构建出能响应取消请求的任务。然而，并非所有的可阻塞方法或者阻塞机制都能响应中断；如果一个线程由于执行同步的 Socket I/O 或者等待获得内置锁而阻塞，那么中断请求只能设置线程的中断状态，除此之外没有其他任何作用。对于那些由于执行不可中断操作而被阻塞的线程，可以使用类似于中断的手段来停止这些线程，但这要求我们必须知道线程阻塞的原因。

Java.io 包中的同步 Socket I/O。 在服务器应用程序中，最常见的阻塞 I/O 形式就是对套接字进行读取和写入。虽然 InputStream 和 OutputStream 中的 read 和 write 等方法都不会响应中断，但通过关闭底层的套接字，可以使得由于执行 read 或 write 等方法而被阻塞的线程抛出一个 SocketException。

Java.io 包中的同步 I/O。 当中断一个正在 InterruptibleChannel 上等待的线程时，将抛出 ClosedByInterruptException 并关闭链路（这还会使得其他在这条链路上阻塞的线程同样抛出 ClosedByInterruptException）。当关闭一个 InterruptibleChannel 时，将导致所有在链路操作上阻塞的线程都抛出 AsynchronousCloseException。大多数标准的 Channel 都实现了 InterruptibleChannel。

Selector 的异步 I/O。如果一个线程在调用 Selector.select 方法（在 java.nio.channels 中）时阻塞了，那么调用 close 或 wakeup 方法会使线程抛出 ClosedSelectorException 并提前返回。

获取某个锁。如果一个线程由于等待某个内置锁而阻塞，那么将无法响应中断，因为线程认为它肯定会获得锁，所以将不会理会中断请求。但是，在 Lock 类中提供了 lockInterruptibly 方法，该方法允许在等待一个锁的同时仍能响应中断，请参见第 13 章。

程序清单 7-11 的 ReaderThread 给出了如何封装非标准的取消操作。ReaderThread 管理了一个套接字连接，它采用同步方式从该套接字中读取数据，并将接收到的数据传递给 processBuffer。为了结束某个用户的连接或者关闭服务器，ReaderThread 改写了 interrupt 方法，使其既能处理标准的中断，也能关闭底层的套接字。因此，无论 ReaderThread 线程是在 read 方法中阻塞还是在某个可中断的阻塞方法中阻塞，都可以被中断并停止执行当前的工作。

程序清单 7-11　通过改写 interrupt 方法将非标准的取消操作封装在 Thread 中

```java
public class ReaderThread extends Thread {
    private final Socket socket;
    private final InputStream in;

    public ReaderThread(Socket socket) throws IOException {
        this.socket = socket;
        this.in = socket.getInputStream();
    }

    public void interrupt() {
        try {
            socket.close();
        }
        catch (IOException ignored) { }
        finally {
            super.interrupt();
        }
    }

    public void run() {
        try {
            byte[] buf = new byte[BUFSZ];
            while (true) {
                int count = in.read(buf);
                if (count < 0)
                    break;
                else if (count > 0)
                    processBuffer(buf, count);
            }
        } catch (IOException e) { /* 允许线程退出 */ }
    }
}
```

7.1.7　采用 newTaskFor 来封装非标准的取消

我们可以通过 newTaskFor 方法来进一步优化 ReaderThread 中封装非标准取消的技术，这是 Java 6 在 ThreadPoolExecutor 中的新增功能。当把一个 Callable 提交给 ExecutorService 时，submit 方法会返回一个 Future，我们可以通过这个 Future 来取消任务。newTaskFor 是一个工厂方法，它将创建 Future 来代表任务。newTaskFor 还能返回一个 RunnableFuture 接口，该接口扩展了 Future 和 Runnable（并由 FutureTask 实现）。

通过定制表示任务的 Future 可以改变 Future.cancel 的行为。例如，定制的取消代码可以实现日志记录或者收集取消操作的统计信息，以及取消一些不响应中断的操作。通过改写 interrupt 方法，ReaderThread 可以取消基于套接字的线程。同样，通过改写任务的 Future.cancel 方法也可以实现类似的功能。

在程序清单 7-12 的 CancellableTask 中定义了一个 CancellableTask 接口，该接口扩展了 Callable，并增加了一个 cancel 方法和一个 newTask 工厂方法来构造 RunnableFuture。CancellingExecutor 扩展了 ThreadPoolExecutor，并通过改写 newTaskFor 使得 CancellableTask 可以创建自己的 Future。

程序清单 7-12   通过 newTaskFor 将非标准的取消操作封装在一个任务中

```java
public interface CancellableTask<T> extends Callable<T> {
    void cancel();
    RunnableFuture<T> newTask();
}

@ThreadSafe
public class CancellingExecutor extends ThreadPoolExecutor {
    ...
    protected<T> RunnableFuture<T> newTaskFor(Callable<T> callable) {
        if (callable instanceof CancellableTask)
            return ((CancellableTask<T>) callable).newTask();
        else
            return super.newTaskFor(callable);
    }
}

public abstract class SocketUsingTask<T>
        implements CancellableTask<T> {
    @GuardedBy("this") private Socket socket;

    protected synchronized void setSocket(Socket s) { socket = s; }

    public synchronized void cancel() {
        try {
            if (socket != null)
                socket.close();
        } catch (IOException ignored) { }
    }

    public RunnableFuture<T> newTask() {
        return new FutureTask<T>(this) {
            public boolean cancel(boolean mayInterruptIfRunning) {
                try {
                    SocketUsingTask.this.cancel();
                } finally {
```

```
            return super.cancel(mayInterruptIfRunning);
        }
    };
}
```

SocketUsingTask 实现了 CancellableTask，并定义了 Future.cancel 来关闭套接字和调用 super.cancel。如果 SocketUsingTask 通过其自己的 Future 来取消，那么底层的套接字将被关闭并且线程将被中断。因此它提高了任务对取消操作的响应性：不仅能够在调用可中断方法的同时确保响应取消操作，而且还能调用可阻调的套接字 I/O 方法。

7.2 停止基于线程的服务

应用程序通常会创建拥有多个线程的服务，例如线程池，并且这些服务的生命周期通常比创建它们的方法的生命周期更长。如果应用程序准备退出，那么这些服务所拥有的线程也需要结束。由于无法通过抢占式的方法来停止线程，因此它们需要自行结束。

正确的封装原则是：除非拥有某个线程，否则不能对该线程进行操控。例如，中断线程或者修改线程的优先级等。在线程 API 中，并没有对线程所有权给出正式的定义：线程由 Thread 对象表示，并且像其他对象一样可以被自由共享。然而，线程有一个相应的所有者，即创建该线程的类。因此线程池是其工作者线程的所有者，如果要中断这些线程，那么应该使用线程池。

与其他封装对象一样，线程的所有权是不可传递的：应用程序可以拥有服务，服务也可以拥有工作者线程，但应用程序并不能拥有工作者线程，因此应用程序不能直接停止工作者线程。相反，服务应该提供生命周期方法（Lifecycle Method）来关闭它自己以及它所拥有的线程。这样，当应用程序关闭该服务时，服务就可以关闭所有的线程了。在 ExecutorService 中提供了 shutdown 和 shutdownNow 等方法。同样，在其他拥有线程的服务中也应该提供类似的关闭机制。

> 对于持有线程的服务，只要服务的存在时间大于创建线程的方法的存在时间，那么就应该提供生命周期方法。

7.2.1 示例：日志服务

在大多数服务器应用程序中都会用到日志，例如，在代码中插入 println 语句就是一种简单的日志。像 PrintWriter 这样的字符流类是线程安全的，因此这种简单的方法不需要显式的同步⊖。然而，在 11.6 节中，我们将看到这种内联日志功能会给一些高容量的 (Highvolume) 应

⊖ 如果需要在单条日志消息中写入多行，那么要通过客户端加锁来避免多个线程不正确地交错输出。如果两个线程同时把多行栈追踪信息（Stack Trace）添加到同一个流中，并且每行信息对应一个 println 调用，那么这些信息在输出中将交错在一起，看上去就是一些虽然庞大但却毫无意义的栈追踪信息。

用程序带来一定的性能开销。另外一种替代方法是通过调用 log 方法将日志消息放入某个队列中，并由其他线程来处理。

在程序清单 7-13 的 LogWriter 中给出了一个简单的日志服务示例，其中日志操作在单独的日志线程中执行。产生日志消息的线程并不会将消息直接写入输出流，而是由 LogWriter 通过 BlockingQueue 将消息提交给日志线程，并由日志线程写入。这是一种多生产者单消费者（Multiple-Producer,Single-Consumer）的设计方式：每个调用 log 的操作都相当于一个生产者，而后台的日志线程则相当于消费者。如果消费者的处理速度低于生产者的生成速度，那么 BlockingQueue 将阻塞生产者，直到日志线程有能力处理新的日志消息。

程序清单 7-13　不支持关闭的生产者 – 消费者日志服务

```java
public class LogWriter {
    private final BlockingQueue<String> queue;
    private final LoggerThread logger;

    public LogWriter(Writer writer) {
        this.queue = new LinkedBlockingQueue<String>(CAPACITY);
        this.logger = new LoggerThread(writer);
    }

    public void start() { logger.start(); }

    public void log(String msg) throws InterruptedException {
        queue.put(msg);
    }

    private class LoggerThread extends Thread {
        private final PrintWriter writer;
        ...
        public void run() {
            try {
                while (true)
                    writer.println(queue.take());
            } catch(InterruptedException ignored) {
            } finally {
                writer.close();
            }
        }
    }
}
```

为了使像 LogWriter 这样的服务在软件产品中能发挥实际的作用，还需要实现一种终止日志线程的方法，从而避免使 JVM 无法正常关闭。要停止日志线程是很容易的，因为它会反复调用 take，而 take 能响应中断。如果将日志线程修改为当捕获到 InterruptedException 时退出，那么只需中断日志线程就能停止服务。

然而，如果只是使日志线程退出，那么还不是一种完备的关闭机制。这种直接关闭的做法会丢失那些正在等待被写入到日志的信息，不仅如此，其他线程将在调用 log 时被阻塞，因为日志消息队列是满的，因此这些线程将无法解除阻塞状态。当取消一个生产者 - 消费者操作时，需要同时取消生产者和消费者。在中断日志线程时会处理消费者,但在这个示例中,由于生产者并不是专门的线程,因此要取消它们将非常困难。

另一种关闭 LogWriter 的方法是:设置某个"已请求关闭"标志,以避免进一步提交日志消息,如程序清单 7-14 所示。在收到关闭请求后,消费者会把队列中的所有消息写入日志,并解除所有在调用 log 时阻塞的生产者。然而,在这个方法中存在着竞态条件问题,使得该方法并不可靠。log 的实现是一种"先判断再运行"的代码序列:生产者发现该服务还没有关闭,因此在关闭服务后仍然会将日志消息放入队列,这同样会使得生产者可能在调用 log 时阻塞并且无法解除阻塞状态。可以通过一些技巧来降低这种情况的发生概率(例如,在宣布队列被清空之前,让消费者等待数秒钟),但这些都没有解决问题的本质,即使很小的概率也可能导致程序发生故障。

程序清单 7-14 通过一种不可靠的方式为日志服务增加关闭支持

```
public void log(String msg) throws InterruptedException {
    if (!shutdownRequested)
        queue.put(msg);
    else
        throw new IllegalStateException("logger is shut down");
}
```

为 LogWriter 提供可靠关闭操作的方法是解决竞态条件问题,因而要使日志消息的提交操作成为原子操作。然而,我们不希望在消息加入队列时去持有一个锁,因为 put 方法本身就可以阻塞。我们采用的方法是:通过原子方式来检查关闭请求,并且有条件地递增一个计数器来"保持"提交消息的权利,如程序清单 7-15 中的 LogService 所示。

程序清单 7-15 向 LogWriter 添加可靠的取消操作

```
public class LogService {
    private final BlockingQueue<String> queue;
    private final LoggerThread loggerThread;
    private final PrintWriter writer;
    @GuardedBy("this") private boolean isShutdown;
    @GuardedBy("this") private int reservations;

    public void start() { loggerThread.start(); }

    public void stop() {
        synchronized (this) { isShutdown = true; }
        loggerThread.interrupt();
    }

    public void log(String msg) throws InterruptedException {
        synchronized (this) {
            if (isShutdown)
                throw new IllegalStateException(...);
            ++reservations;
        }
        queue.put(msg);
    }
```

```java
    private class LoggerThread extends Thread {
        public void run() {
            try {
                while (true) {
                    try {
                        synchronized (LogService.this) {
                            if (isShutdown && reservations == 0)
                                break;
                        }
                        String msg = queue.take();
                        synchronized (LogService.this) { --reservations; }
                        writer.println(msg);
                    } catch (InterruptedException e) { /* retry */ }
                }
            } finally {
                writer.close();
            }
        }
    }
```

7.2.2 关闭 ExecutorService

在 6.2.4 节中,我们看到 ExecutorService 提供了两种关闭方法:使用 shutdown 正常关闭,以及使用 shutdownNow 强行关闭。在进行强行关闭时,shutdownNow 首先关闭当前正在执行的任务,然后返回所有尚未启动的任务清单。

这两种关闭方式的差别在于各自的安全性和响应性:强行关闭的速度更快,但风险也更大,因为任务很可能在执行到一半时被结束;而正常关闭虽然速度慢,但却更安全,因为 ExecutorService 会一直等到队列中的所有任务都执行完成后才关闭。在其他拥有线程的服务中也应该考虑提供类似的关闭方式以供选择。

简单的程序可以直接在 main 函数中启动和关闭全局的 ExecutorService。而在复杂程序中,通常会将 ExecutorService 封装在某个更高级别的服务中,并且该服务能提供其自己的生命周期方法,例如程序清单 7-16 中 LogService 的一种变化形式,它将管理线程的工作委托给一个 ExecutorService,而不是由其自行管理。通过封装 ExecutorService,可以将所有权链(Ownership Chain)从应用程序扩展到服务以及线程,所有权链上的各个成员都将管理它所拥有的服务或线程的生命周期。

程序清单 7-16 使用 ExecutorService 的日志服务

```java
public class LogService {
    private final ExecutorService exec = newSingleThreadExecutor();
    ...
    public void start() { }

    public void stop() throws InterruptedException {
        try {
            exec.shutdown();
            exec.awaitTermination(TIMEOUT, UNIT);
        } finally {
```

```
            writer.close();
        }
    }
    public void log(String msg) {
        try {
            exec.execute(new WriteTask(msg));
        } catch (RejectedExecutionException ignored) { }
    }
}
```

7.2.3 "毒丸"对象

另一种关闭生产者 – 消费者服务的方式就是使用"毒丸 (Poison Pill)"对象:"毒丸"是指一个放在队列上的对象,其含义是:"当得到这个对象时,立即停止。"在 FIFO(先进先出)队列中,"毒丸"对象将确保消费者在关闭之前首先完成队列中的所有工作,在提交"毒丸"对象之前提交的所有工作都会被处理,而生产者在提交了"毒丸"对象后,将不会再提交任何工作。在程序清单 7-17、程序清单 7-18 和程序清单 7-19 中给出一个单生产者 – 单消费者的桌面搜索示例(来自程序清单 5-8),在这个示例中使用了"毒丸"对象来关闭服务。

程序清单 7-17 通过"毒丸"对象来关闭服务

```
public class IndexingService {
    private static final File POISON = new File("");
    private final IndexerThread consumer = new IndexerThread();
    private final CrawlerThread producer = new CrawlerThread();
    private final BlockingQueue<File> queue;
    private final FileFilter fileFilter;
    private final File root;

class CrawlerThread extends Thread { /* 程序清单 7-18*/ }
class IndexerThread extends Thread { /* 程序清单 7-19 */ }

    public void start() {
        producer.start();
        consumer.start();
    }

    public void stop() { producer.interrupt(); }

    public void awaitTermination() throws InterruptedException {
        consumer.join();
    }
}
```

程序清单 7-18 IndexingService 的生产者线程

```
public class CrawlerThread extends Thread {
    public void run() {
        try {
            crawl(root);
        } catch (InterruptedException e) { /* 发生异常 */ }
        finally {
```

```
            while (true) {
                try {
                    queue.put(POISON);
                    break;
                } catch (InterruptedException e1) { /*  重新尝试  */ }
            }
        }
    }

    private void crawl(File root) throws InterruptedException {
        ...
    }
}
```

程序清单 7-19　IndexingService 的消费者线程

```
public class IndexerThread extends Thread {
    public void run() {
        try {
            while (true) {
                File file = queue.take();
                if (file == POISON)
                    break;
                else
                    indexFile(file);
            }
        } catch (InterruptedException consumed) { }
    }
}
```

　　只有在生产者和消费者的数量都已知的情况下，才可以使用"毒丸"对象。在 Indexing-Service 中采用的解决方案可以扩展到多个生产者：只需每个生产者都向队列中放入一个"毒丸"对象，并且消费者仅当在接收到 $N_{producers}$ 个"毒丸"对象时才停止。这种方法也可以扩展到多个消费者的情况，只需生产者将 $N_{consumers}$ 个"毒丸"对象放入队列。然而，当生产者和消费者的数量较大时，这种方法将变得难以使用。只有在无界队列中，"毒丸"对象才能可靠地工作。

7.2.4　示例：只执行一次的服务

　　如果某个方法需要处理一批任务，并且当所有任务都处理完成后才返回，那么可以通过一个私有的 Executor 来简化服务的生命周期管理，其中该 Executor 的生命周期是由这个方法来控制的。（在这种情况下，invokeAll 和 invokeAny 等方法通常会起较大的作用。）

　　程序清单 7-20 中的 checkMail 方法能在多台主机上并行地检查新邮件。它创建一个私有的 Executor，并向每台主机提交一个任务。然后，当所有邮件检查任务都执行完成后，关闭 Executor 并等待结束。⊖

⊖ 之所以采用 AtomicBoolean 来代替 volatile 类型的 boolean，是因为能从内部的 Runnable 中访问 hasNewMail 标志，因此它必须是 final 类型以免被修改。

程序清单 7-20　使用私有的 Executor，并且该 Executor 的生命周期受限于方法调用

```
boolean checkMail(Set<String> hosts, long timeout, TimeUnit unit)
        throws InterruptedException {
    ExecutorService exec = Executors.newCachedThreadPool();
    final AtomicBoolean hasNewMail = new AtomicBoolean(false);
    try {
        for (final String host : hosts)
            exec.execute(new Runnable() {
                public void run() {
                    if (checkMail(host))
                        hasNewMail.set(true);
                }
            });
    } finally {
        exec.shutdown();
        exec.awaitTermination(timeout, unit);
    }
    return hasNewMail.get();
}
```

7.2.5　shutdownNow 的局限性

当通过 shutdownNow 来强行关闭 ExecutorService 时，它会尝试取消正在执行的任务，并返回所有已提交但尚未开始的任务，从而将这些任务写入日志或者保存起来以便之后进行处理。⊖

然而，我们无法通过常规方法来找出哪些任务已经开始但尚未结束。这意味着我们无法在关闭过程中知道正在执行的任务的状态，除非任务本身会执行某种检查。要知道哪些任务还没有完成，你不仅需要知道哪些任务还没有开始，而且还需要知道当 Executor 关闭时哪些任务正在执行。⊖

在程序清单 7-21 的 TrackingExecutor 中给出了如何在关闭过程中判断正在执行的任务。通过封装 ExecutorService 并使得 execute（类似地还有 submit，在这里没有给出）记录哪些任务是在关闭后取消的，TrackingExecutor 可以找出哪些任务已经开始但还没有正常完成。在 Executor 结束后，getCancelledTasks 返回被取消的任务清单。要使这项技术能发挥作用，任务在返回时必须维持线程的中断状态，在所有设计良好的任务中都会实现这个功能。

程序清单 7-21　在 ExecutorService 中跟踪在关闭之后被取消的任务

```
public class TrackingExecutor extends AbstractExecutorService {
    private final ExecutorService exec;
    private final Set<Runnable> tasksCancelledAtShutdown =
```

⊖ shutdownNow 返回的 Runnable 对象可能与提交给 ExecutorService 的 Runnable 对象并不相同：它们可能是被封装过的已提交任务。

⊖ 然而，在关闭过程中只会返回尚未开始的任务，而不会返回正在执行的任务。如果能返回所有这两种类型的任务，那么就不需要这种不确定的中间状态。

```
        Collections.synchronizedSet(new HashSet<Runnable>());
    ...
    public List<Runnable> getCancelledTasks() {
        if (!exec.isTerminated())
            throw new IllegalStateException(...);
        return new ArrayList<Runnable>(tasksCancelledAtShutdown);
    }

    public void execute(final Runnable runnable) {
        exec.execute(new Runnable() {
            public void run() {
                try {
                    runnable.run();
                } finally {
                    if (isShutdown()
                        && Thread.currentThread().isInterrupted())
                        tasksCancelledAtShutdown.add(runnable);
                }
            }
        });
    }

    // 将 ExecutorService 的其他方法委托给 exec
}
```

在程序清单 7-22 的 WebCrawler 中给出了 TrackingExecutor 的用法。网页爬虫程序的工作通常是无穷尽的，因此当爬虫程序必须关闭时，我们通常希望保存它的状态，以便稍后重新启动。CrawlTask 提供了一个 getPage 方法，该方法能找出正在处理的页面。当爬虫程序关闭时，无论是还没有开始的任务，还是那些被取消的任务，都将记录它们的 URL，因此当爬虫程序重新启动时，就可以将这些 URL 的页面抓取任务加入到任务队列中。

程序清单 7-22　使用 TrackingExecutorService 来保存未完成的任务以备后续执行

```
public abstract class WebCrawler {
    private volatile TrackingExecutor exec;
    @GuardedBy("this")
    private final Set<URL> urlsToCrawl = new HashSet<URL>();
    ...
    public synchronized void start() {
        exec = new TrackingExecutor(
                Executors.newCachedThreadPool());
        for (URL url : urlsToCrawl) submitCrawlTask(url);
        urlsToCrawl.clear();
    }

    public synchronized void stop() throws InterruptedException {
        try {
            saveUncrawled(exec.shutdownNow());
            if (exec.awaitTermination(TIMEOUT, UNIT))
                saveUncrawled(exec.getCancelledTasks());
        } finally {
```

```
            exec = null;
        }
    }

    protected abstract List<URL> processPage(URL url);

    private void saveUncrawled(List<Runnable> uncrawled) {
        for (Runnable task : uncrawled)
            urlsToCrawl.add(((CrawlTask) task).getPage());
    }

    private void submitCrawlTask(URL u) {
        exec.execute(new CrawlTask(u));
    }

    private class CrawlTask implements Runnable {
        private final URL url;
        ...
        public void run() {
            for (URL link : processPage(url)) {
                if (Thread.currentThread().isInterrupted())
                    return;
                submitCrawlTask(link);
            }
        }
        public URL getPage() { return url; }
    }
}
```

在 TrackingExecutor 中存在一个不可避免的竞态条件,从而产生"误报"问题:一些被认为已取消的任务实际上已经执行完成。这个问题的原因在于,在任务执行最后一条指令以及线程池将任务记录为"结束"的两个时刻之间,线程池可能被关闭。如果任务是幂等的(Idempotent,即将任务执行两次与执行一次会得到相同的结果),那么这不会存在问题,在网页爬虫程序中就是这种情况。否则,在应用程序中必须考虑这种风险,并对"误报"问题做好准备。

7.3 处理非正常的线程终止

当单线程的控制台程序由于发生了一个未捕获的异常而终止时,程序将停止运行,并产生与程序正常输出非常不同的栈追踪信息,这种情况是很容易理解的。然而,如果并发程序中的某个线程发生故障,那么通常并不会如此明显。在控制台中可能会输出栈追踪信息,但没有人会观察控制台。此外,当线程发生故障时,应用程序可能看起来仍然在工作,所以这个失败很可能会被忽略。幸运的是,我们有可以监测并防止在程序中"遗漏"线程的方法。

导致线程提前死亡的最主要原因就是 RuntimeException。由于这些异常表示出现了某种编程错误或者其他不可修复的错误,因此它们通常不会被捕获。它们不会在调用栈中逐层传递,而是默认地在控制台中输出栈追踪信息,并终止线程。

线程非正常退出的后果可能是良性的,也可能是恶性的,这要取决于线程在应用程序中的作用。虽然在线程池中丢失一个线程可能会对性能带来一定影响,但如果程序能在包含 50 个线程的线程池上运行良好，那么在包含49个线程的线程池上通常也能运行良好。然而，如果在GUI程序中丢失了事件分派线程，那么造成的影响将非常显著——应用程序将停止处理事件并且GUI会因此失去响应。在第6章的OutOfTime中给出了由于遗漏线程而造成的严重后果：Timer表示的服务将永远无法使用。

任何代码都可能抛出一个RuntimeException。每当调用另一个方法时，都要对它的行为保持怀疑，不要盲目地认为它一定会正常返回，或者一定会抛出在方法原型中声明的某个已检查异常。对调用的代码越不熟悉，就越应该对其代码行为保持怀疑。

在任务处理线程（例如线程池中的工作者线程或者Swing的事件派发线程等）的生命周期中，将通过某种抽象机制（例如Runnable）来调用许多未知的代码，我们应该对在这些线程中执行的代码能否表现出正确的行为保持怀疑。像Swing事件线程这样的服务可能只是因为某个编写不当的事件处理器抛出NullPointerException而失败，这种情况是非常糟糕的。因此，这些线程应该在try-catch代码块中调用这些任务，这样就能捕获那些未检查的异常了，或者也可以使用try-finally代码块来确保框架能够知道线程非正常退出的情况，并做出正确的响应。在这种情况下，你或许会考虑捕获RuntimeException，即当通过Runnable这样的抽象机制来调用未知的和不可信的代码时。⊖

在程序清单7-23中给出了如何在线程池内部构建一个工作者线程。如果任务抛出了一个未检查异常，那么它将使线程终结，但会首先通知框架该线程已经终结。然后，框架可能会用新的线程来代替这个工作线程，也可能不会，因为线程池正在关闭，或者当前已有足够多的线程能满足需要。ThreadPoolExecutor和Swing都通过这项技术来确保行为糟糕的任务不会影响到后续任务的执行。当编写一个向线程池提交任务的工作者线程类时，或者调用不可信的外部代码时（例如动态加载的插件），使用这些方法中的某一种可以避免某个编写得糟糕的任务或插件不会影响调用它的整个线程。

程序清单7-23　典型的线程池工作者线程结构

```
public void run() {
    Throwable thrown = null;
    try {
        while (!isInterrupted())
            runTask(getTaskFromWorkQueue());
    } catch (Throwable e) {
        thrown = e;
    } finally {
        threadExited(this, thrown);
    }
}
```

⊖ 这项技术的安全性存在着一些争议。当线程抛出一个未检查异常时，整个应用程序都可能受到影响。但其替代方法——关闭整个应用程序，通常是更不切实际的。

未捕获异常的处理

上节介绍了一种主动方法来解决未检查异常。在 Thread API 中同样提供了 UncaughtExceptionHandler，它能检测出某个线程由于未捕获的异常而终结的情况。这两种方法是互补的，通过将二者结合在一起，就能有效地防止线程泄漏问题。

当一个线程由于未捕获异常而退出时，JVM 会把这个事件报告给应用程序提供的 UncaughtExceptionHandler 异常处理器（见程序清单 7-24）。如果没有提供任何异常处理器，那么默认的行为是将栈追踪信息输出到 System.err。⊖

程序清单 7-24　UncaughtExceptionHandler 接口

```
public interface UncaughtExceptionHandler {
    void uncaughtException(Thread t, Throwable e);
}
```

异常处理器如何处理未捕获异常，取决于对服务质量的需求。最常见的响应方式是将一个错误信息以及相应的栈追踪信息写入应用程序日志中，如程序清单 7-25 所示。异常处理器还可以采取更直接的响应，例如尝试重新启动线程，关闭应用程序，或者执行其他修复或诊断等操作。

程序清单 7-25　将异常写入日志的 UncaughtExceptionHandler

```
public class UEHLogger implements Thread.UncaughtExceptionHandler {
    public void uncaughtException(Thread t, Throwable e) {
        Logger logger = Logger.getAnonymousLogger();
        logger.log(Level.SEVERE,
            "Thread terminated with exception: " + t.getName(),
            e);
    }
}
```

> 在运行时间较长的应用程序中，通常会为所有线程的未捕获异常指定同一个异常处理器，并且该处理器至少会将异常信息记录到日志中。

要为线程池中的所有线程设置一个 UncaughtExceptionHandler，需要为 ThreadPoolExecutor 的构造函数提供一个 ThreadFactory。（与所有的线程操控一样，只有线程的所有者

⊖ 在 Java 5.0 之前，控制 UncaughtExceptionHandler 的唯一方法就是对 ThreadGroup 进行子类化。在 Java 5.0 及之后的版本中，可以通过 Thread.setUncaughtExceptionHandler 为每个线程设置一个 UncaughtExceptionHandler，还可以使用 setDefaultUncaughtExceptionHandler 来设置默认的 UncaughtExceptionHandler。然而，在这些处理器中，只有其中一个将被调用——JVM 首先搜索每个线程的异常处理器，然后再搜索一个 ThreadGroup 的异常处理器。ThreadGroup 中的默认异常处理器实现将异常处理工作逐层委托给它的上层 ThreadGroup，直至其中某个 ThreadGroup 的异常处理器能够处理该未捕获异常，否则将一直传递到顶层的 ThreadGroup。顶层 ThreadGroup 的异常处理器委托给默认的系统处理器（如果存在，在默认情况下为空），否则将把栈追踪信息输出到控制台。

能够改变线程的 UncaughtExceptionHandler。）标准线程池允许当发生未捕获异常时结束线程，但由于使用了一个 try-finally 代码块来接收通知，因此当线程结束时，将有新的线程来代替它。如果没有提供捕获异常处理器或者其他的故障通知机制，那么任务会悄悄失败，从而导致极大的混乱。如果你希望在任务由于发生异常而失败时获得通知，并且执行一些特定于任务的恢复操作，那么可以将任务封装在能捕获异常的 Runnable 或 Callable 中，或者改写 ThreadPoolExecutor 的 afterExecute 方法。

令人困惑的是，只有通过 execute 提交的任务，才能将它抛出的异常交给未捕获异常处理器，而通过 submit 提交的任务，无论是抛出的未检查异常还是已检查异常，都将被认为是任务返回状态的一部分。如果一个由 submit 提交的任务由于抛出了异常而结束，那么这个异常将被 Future.get 封装在 ExecutionException 中重新抛出。

7.4 JVM 关闭

JVM 既可以正常关闭，也可以强行关闭。正常关闭的触发方式有多种，包括：当最后一个"正常（非守护）"线程结束时，或者当调用了 System.exit 时，或者通过其他特定于平台的方法关闭时 (例如发送了 SIGINT 信号或键入 Ctrl-C)。虽然可以通过这些标准方法来正常关闭 JVM，但也可以通过调用 Runtime.halt 或者在操作系统中"杀死" JVM 进程 (例如发送 SIGKILL) 来强行关闭 JVM。

7.4.1 关闭钩子

在正常关闭中，JVM 首先调用所有已注册的关闭钩子（Shutdown Hook）。关闭钩子是指通过 Runtime.addShutdownHook 注册的但尚未开始的线程。JVM 并不能保证关闭钩子的调用顺序。在关闭应用程序线程时，如果有（守护或非守护）线程仍然在运行，那么这些线程接下来将与关闭进程并发执行。当所有的关闭钩子都执行结束时，如果 runFinalizersOnExit 为 true，那么 JVM 将运行终结器，然后再停止。JVM 并不会停止或中断任何在关闭时仍然运行的应用程序线程。当 JVM 最终结束时，这些线程将被强行结束。如果关闭钩子或终结器没有执行完成，那么正常关闭进程"挂起"并且 JVM 必须被强行关闭。当被强行关闭时，只是关闭 JVM，而不会运行关闭钩子。

关闭钩子应该是线程安全的：它们在访问共享数据时必须使用同步机制，并且小心地避免发生死锁，这与其他并发代码的要求相同。而且，关闭钩子不应该对应用程序的状态（例如，其他服务是否已经关闭，或者所有的正常线程是否已经执行完成）或者 JVM 的关闭原因做出任何假设，因此在编写关闭钩子的代码时必须考虑周全。最后，关闭钩子必须尽快退出，因为它们会延迟 JVM 的结束时间，而用户可能希望 JVM 能尽快终止。

关闭钩子可以用于实现服务或应用程序的清理工作，例如删除临时文件，或者清除无法由操作系统自动清除的资源。在程序清单 7-26 中给出了如何使程序清单 7-16 中的 LogService 在其 start 方法中注册一个关闭钩子，从而确保在退出时关闭日志文件。

由于关闭钩子将并发执行，因此在关闭日志文件时可能导致其他需要日志服务的关闭钩子产生问题。为了避免这种情况，关闭钩子不应该依赖那些可能被应用程序或其他关闭钩子关闭的服务。实现这种功能的一种方式是对所有服务使用同一个关闭钩子（而不是每个服务使用一个不同的关闭钩子），并且在该关闭钩子中执行一系列的关闭操作。这确保了关闭操作在单个线程中串行执行，从而避免了在关闭操作之间出现竞态条件或死锁等问题。无论是否使用关闭钩子，都可以使用这项技术，通过将各个关闭操作串行执行而不是并行执行，可以消除许多潜在的故障。当应用程序需要维护多个服务之间的显式依赖信息时，这项技术可以确保关闭操作按照正确的顺序执行。

程序清单7-26　通过注册一个关闭钩子来停止日志服务

```
public void start() {
    Runtime.getRuntime().addShutdownHook(new Thread() {
        public void run() {
            try { LogService.this.stop(); }
            catch (InterruptedException ignored) {}
        }
    });
}
```

7.4.2 守护线程

有时候，你希望创建一个线程来执行一些辅助工作，但又不希望这个线程阻碍JVM的关闭。在这种情况下就需要使用守护线程（Daemon Thread）。

线程可分为两种：普通线程和守护线程。在JVM启动时创建的所有线程中，除了主线程以外，其他的线程都是守护线程（例如垃圾回收器以及其他执行辅助工作的线程）。当创建一个新线程时，新线程将继承创建它的线程的守护状态，因此在默认情况下，主线程创建的所有线程都是普通线程。

普通线程与守护线程之间的差异仅在于当线程退出时发生的操作。当一个线程退出时，JVM会检查其他正在运行的线程，如果这些线程都是守护线程，那么JVM会正常退出操作。当JVM停止时，所有仍然存在的守护线程都将被抛弃——既不会执行finally代码块，也不会执行回卷栈，而JVM只是直接退出。

我们应尽可能少地使用守护线程——很少有操作能够在不进行清理的情况下被安全地抛弃。特别是，如果在守护线程中执行可能包含I/O操作的任务，那么将是一种危险的行为。守护线程最好用于执行"内部"任务，例如周期性地从内存的缓存中移除逾期的数据。

此外，守护线程通常不能用来替代应用程序管理程序中各个服务的生命周期。

7.4.3 终结器

当不再需要内存资源时，可以通过垃圾回收器来回收它们，但对于其他一些资源，例如文件句柄或套接字句柄，当不再需要它们时，必须显式地交还给操作系统。为了实现这个功能，垃圾回收器对那些定义了 finalize 方法的对象会进行特殊处理：在回收器释放它们后，调用它们的 finalize 方法，从而保证一些持久化的资源被释放。

由于终结器可以在某个由 JVM 管理的线程中运行，因此终结器访问的任何状态都可能被多个线程访问，这样就必须对其访问操作进行同步。终结器并不能保证它们将在何时运行甚至是否会运行，并且复杂的终结器通常还会在对象上产生巨大的性能开销。要编写正确的终结器是非常困难的[⊖]。在大多数情况下，通过使用 finally 代码块和显式的 close 方法，能够比使用终结器更好地管理资源。唯一的例外情况在于：当需要管理对象，并且该对象持有的资源是通过本地方法获得的。基于这些原因以及其他一些原因，我们要尽量避免编写或使用包含终结器的类（除非是平台库中的类）[EJ Item 6]。

> 避免使用终结器。

小结

在任务、线程、服务以及应用程序等模块中的生命周期结束问题，可能会增加它们在设计和实现时的复杂性。Java 并没有提供某种抢占式的机制来取消操作或者终结线程。相反，它提供了一种协作式的中断机制来实现取消操作，但这要依赖于如何构建取消操作的协议，以及能否始终遵循这些协议。通过使用 FutureTask 和 Executor 框架，可以帮助我们构建可取消的任务和服务。

⊖ 请参阅（Boehm，2005）并了解在编写终结器时存在的各种困难。

第 8 章
线程池的使用

第 6 章介绍了任务执行框架，它不仅能简化任务与线程的生命周期管理，而且还提供一种简单灵活的方式将任务的提交与任务的执行策略解耦开来。第 7 章介绍了在实际应用程序中使用任务执行框架时出现的一些与服务生命周期相关的细节问题。本章将介绍对线程池进行配置与调优的一些高级选项，并分析在使用任务执行框架时需要注意的各种危险，以及一些使用 Executor 的高级示例。

8.1 在任务与执行策略之间的隐性耦合

我们已经知道，Executor 框架可以将任务的提交与任务的执行策略解耦开来。就像许多对复杂过程的解耦操作那样，这种论断多少有些言过其实了。虽然 Executor 框架为制定和修改执行策略都提供了相当大的灵活性，但并非所有的任务都能适用所有的执行策略。有些类型的任务需要明确地指定执行策略，包括：

依赖性任务。大多数行为正确的任务都是独立的：它们不依赖于其他任务的执行时序、执行结果或其他效果。当在线程池中执行独立的任务时，可以随意地改变线程池的大小和配置，这些修改只会对执行性能产生影响。然而，如果提交给线程池的任务需要依赖其他的任务，那么就隐含地给执行策略带来了约束，此时必须小心地维持这些执行策略以避免产生活跃性问题（请参见 8.1.1 节）。

使用线程封闭机制的任务。与线程池相比，单线程的 Executor 能够对并发性做出更强的承诺。它们能确保任务不会并发地执行，使你能够放宽代码对线程安全的要求。对象可以封闭在任务线程中，使得在该线程中执行的任务在访问该对象时不需要同步，即使这些资源不是线程安全的也没有问题。这种情形将在任务与执行策略之间形成隐式的耦合——任务要求其执行所在的 Executor 是单线程的 ⊖。如果将 Executor 从单线程环境改为线程池环境，那么将会失去线程安全性。

对响应时间敏感的任务。GUI 应用程序对于响应时间是敏感的：如果用户在点击按钮后需要很长延迟才能得到可见的反馈，那么他们会感到不满。如果将一个运行时间较长的任务提交到单线程的 Executor 中，或者将多个运行时间较长的任务提交到一个只包含少量线程的线程池中，那么将降低由该 Executor 管理的服务的响应性。

⊖ 这个要求并不需要这么严格，只要确保任务不会并发执行，并提供足够的同步机制，使得一个任务对内存的作用对于下一个任务一定是可见的——这正是 newSingleThreadExecutor 提供的保证。

使用 ThreadLocal 的任务。 ThreadLocal 使每个线程都可以拥有某个变量的一个私有"版本"。然而，只要条件允许，Executor 可以自由地重用这些线程。在标准的 Executor 实现中，当执行需求较低时将回收空闲线程，而当需求增加时将添加新的线程，并且如果从任务中抛出了一个未检查异常，那么将用一个新的工作者线程来替代抛出异常的线程。只有当线程本地值的生命周期受限于任务的生命周期时，在线程池的线程中使用 ThreadLocal 才有意义，而在线程池的线程中不应该使用 ThreadLocal 在任务之间传递值。

只有当任务都是同类型的并且相互独立时，线程池的性能才能达到最佳。如果将运行时间较长的与运行时间较短的任务混合在一起，那么除非线程池很大，否则将可能造成"拥塞"。如果提交的任务依赖于其他任务，那么除非线程池无限大，否则将可能造成死锁。幸运的是，在基于网络的典型服务器应用程序中——网页服务器、邮件服务器以及文件服务器等，它们的请求通常都是同类型的并且相互独立的。

> 在一些任务中，需要拥有或排除某种特定的执行策略。如果某些任务依赖于其他的任务，那么会要求线程池足够大，从而确保它们依赖任务不会被放入等待队列中或被拒绝，而采用线程封闭机制的任务需要串行执行。通过将这些需求写入文档，将来的代码维护人员就不会由于使用了某种不合适的执行策略而破坏安全性或活跃性。

8.1.1 线程饥饿死锁

在线程池中，如果任务依赖于其他任务，那么可能产生死锁。在单线程的 Executor 中，如果一个任务将另一个任务提交到同一个 Executor，并且等待这个被提交任务的结果，那么通常会引发死锁。第二个任务停留在工作队列中，并等待第一个任务完成，而第一个任务又无法完成，因为它在等待第二个任务的完成。在更大的线程池中，如果所有正在执行任务的线程都由于等待其他仍处于工作队列中的任务而阻塞，那么会发生同样的问题。这种现象被称为线程饥饿死锁 (Thread Starvation Deadlock)，只要线程池中的任务需要无限期地等待一些必须由池中其他任务才能提供的资源或条件，例如某个任务等待另一个任务的返回值或执行结果，那么除非线程池足够大，否则将发生线程饥饿死锁。

在程序清单 8-1 的 ThreadDeadlock 中给出了线程饥饿死锁的示例。RenderPageTask 向 Executor 提交了两个任务来获取网页的页眉和页脚，绘制页面，等待获取页眉和页脚任务的结果，然后将页眉、页面主体和页脚组合起来并形成最终的页面。如果使用单线程的 Executor，那么 ThreadDeadlock 会经常发生死锁。同样，如果线程池不够大，那么当多个任务通过栅栏 (Barrier) 机制来彼此协调时，将导致线程饥饿死锁。

程序清单 8-1　在单线程 Executor 中任务发生死锁（不要这么做）

```
public class ThreadDeadlock {
    ExecutorService exec = Executors.newSingleThreadExecutor();

    public class RenderPageTask implements Callable<String> {
        public String call() throws Exception {
```

```
            Future<String> header, footer;
            header = exec.submit(new LoadFileTask("header.html"));
            footer = exec.submit(new LoadFileTask("footer.html"));
            String page = renderBody();
            // 将发生死锁 —— 由于任务在等待子任务的结果
            return header.get() + page + footer.get();
        }
    }
}
```

> 每当提交了一个有依赖性的 Executor 任务时，要清楚地知道可能会出现线程"饥饿"死锁，因此需要在代码或配置 Executor 的配置文件中记录线程池的大小限制或配置限制。

除了在线程池大小上的显式限制外，还可能由于其他资源上的约束而存在一些隐式限制。如果应用程序使用一个包含 10 个连接的 JDBC 连接池，并且每个任务需要一个数据库连接，那么线程池就好像只有 10 个线程，因为当超过 10 个任务时，新的任务需要等待其他任务释放连接。

8.1.2 运行时间较长的任务

如果任务阻塞的时间过长，那么即使不出现死锁，线程池的响应性也会变得糟糕。执行时间较长的任务不仅会造成线程池堵塞，甚至还会增加执行时间较短任务的服务时间。如果线程池中线程的数量远小于在稳定状态下执行时间较长任务的数量，那么到最后可能所有的线程都会运行这些执行时间较长的任务，从而影响整体的响应性。

有一项技术可以缓解执行时间较长任务造成的影响，即限定任务等待资源的时间，而不要无限制地等待。在平台类库的大多数可阻塞方法中，都同时定义了限时版本和无限时版本，例如 Thread.join、BlockingQueue.put、CountDownLatch.await 以及 Selector.select 等。如果等待超时，那么可以把任务标识为失败，然后中止任务或者将任务重新放回队列以便随后执行。这样，无论任务的最终结果是否成功，这种办法都能确保任务总能继续执行下去，并将线程释放出来以执行一些能更快完成的任务。如果在线程池中总是充满了被阻塞的任务，那么也可能表明线程池的规模过小。

8.2 设置线程池的大小

线程池的理想大小取决于被提交任务的类型以及所部署系统的特性。在代码中通常不会固定线程池的大小，而应该通过某种配置机制来提供，或者根据 Runtime.availableProcessors 来动态计算。

幸运的是，要设置线程池的大小也并不困难，只需要避免"过大"和"过小"这两种极端情况。如果线程池过大，那么大量的线程将在相对很少的 CPU 和内存资源上发生竞争，这不仅会导致更高的内存使用量，而且还可能耗尽资源。如果线程池过小，那么将导致许多空闲的处理器无法执行工作,从而降低吞吐率。

要想正确地设置线程池的大小,必须分析计算环境、资源预算和任务的特性。在部署的系统中有多少个 CPU?多大的内存?任务是计算密集型、I/O 密集型还是二者皆可?它们是否需要像 JDBC 连接这样的稀缺资源?如果需要执行不同类别的任务,并且它们之间的行为相差很大,那么应该考虑使用多个线程池,从而使每个线程池可以根据各自的工作负载来调整。

对于计算密集型的任务,在拥有 N_{cpu} 个处理器的系统上,当线程池的大小为 $N_{cpu}+1$ 时,通常能实现最优的利用率。(即使当计算密集型的线程偶尔由于页缺失故障或者其他原因而暂停时,这个"额外"的线程也能确保 CPU 的时钟周期不会被浪费。)对于包含 I/O 操作或者其他阻塞操作的任务,由于线程并不会一直执行,因此线程池的规模应该更大。要正确地设置线程池的大小,你必须估算出任务的等待时间与计算时间的比值。这种估算不需要很精确,并且可以通过一些分析或监控工具来获得。你还可以通过另一种方法来调节线程池的大小:在某个基准负载下,分别设置不同大小的线程池来运行应用程序,并观察 CPU 利用率的水平。

给定下列定义:

$$N_{cpu}=number\ of\ CPUs$$
$$U_{cpu}=target\ CPU\ utilization,\ 0 \leq U_{cpu} \leq 1$$
$$\frac{W}{C}=ratio\ of\ wait\ time\ to\ compute\ time$$

要使处理器达到期望的使用率,线程池的最优大小等于:

$$N_{threads}=N_{cpu}*U_{cpu}*\left(1+\frac{W}{C}\right)$$

可以通过 Runtime 来获得 CPU 的数目:

```
int N_CPUS = Runtime.getRuntime().availableProcessors();
```

当然,CPU 周期并不是唯一影响线程池大小的资源,还包括内存、文件句柄、套接字句柄和数据库连接等。计算这些资源对线程池的约束条件是更容易的:计算每个任务对该资源的需求量,然后用该资源的可用总量除以每个任务的需求量,所得结果就是线程池大小的上限。

当任务需要某种通过资源池来管理的资源时,例如数据库连接,那么线程池和资源池的大小将会相互影响。如果每个任务都需要一个数据库连接,那么连接池的大小就限制了线程池的大小。同样,当线程池中的任务是数据库连接的唯一使用者时,那么线程池的大小又将限制连接池的大小。

8.3 配置 ThreadPoolExecutor

ThreadPoolExecutor 为一些 Executor 提供了基本的实现,这些 Executor 是由 Executors 中的 newCachedThreadPool、newFixedThreadPool 和 newScheduledThreadExecutor 等工厂方法返回的。ThreadPoolExecutor 是一个灵活的、稳定的线程池,允许进行各种定制。

如果默认的执行策略不能满足需求,那么可以通过 ThreadPoolExecutor 的构造函数来实例化一个对象,并根据自己的需求来定制,并且可以参考 Executors 的源代码来了解默认配置下的执行策略，然后再以这些执行策略为基础进行修改。ThreadPoolExecutor 定义了很多构造函数，在程序清单 8-2 中给出了最常见的形式。

程序清单 8-2　ThreadPoolExecutor 的通用构造函数

```
public ThreadPoolExecutor(int corePoolSize,
                          int maximumPoolSize,
                          long keepAliveTime,
                          TimeUnit unit,
                          BlockingQueue<Runnable> workQueue,
                          ThreadFactory threadFactory,
                          RejectedExecutionHandler handler) { ... }
```

8.3.1　线程的创建与销毁

线程池的基本大小（Core Pool Size）、最大大小（Maximum Pool Size）以及存活时间等因素共同负责线程的创建与销毁。基本大小也就是线程池的目标大小，即在没有任务执行时⊖线程池的大小，并且只有在工作队列满了的情况下才会创建超出这个数量的线程⊖。线程池的最大大小表示可同时活动的线程数量的上限。如果某个线程的空闲时间超过了存活时间，那么将被标记为可回收的，并且当线程池的当前大小超过了基本大小时，这个线程将被终止。

通过调节线程池的基本大小和存活时间，可以帮助线程池回收空闲线程占有的资源，从而使得这些资源可以用于执行其他工作。（显然，这是一种折衷：回收空闲线程会产生额外的延迟，因为当需求增加时，必须创建新的线程来满足需求。）

newFixedThreadPool 工厂方法将线程池的基本大小和最大大小设置为参数中指定的值，而且创建的线程池不会超时。newCachedThreadPool 工厂方法将线程池的最大大小设置为 Integer.MAX_VALUE，而将基本大小设置为零，并将超时设置为 1 分钟，这种方法创建出来的线程池可以被无限扩展，并且当需求降低时会自动收缩。其他形式的线程池可以通过显式的 ThreadPoolExecutor 构造函数来构造。

8.3.2　管理队列任务

在有限的线程池中会限制可并发执行的任务数量。（单线程的 Executor 是一种值得注意的

⊖　在创建 ThreadPoolExecutor 初期，线程并不会立即启动，而是等到有任务提交时才会启动，除非调用 prestartAllCoreThreads。

⊖　开发人员以免有时会将线程池的基本大小设置为零，从而最终销毁工作者线程以免阻碍 JVM 的退出。然而，如果在线程池中没有使用 SynchronousQueue 作为其工作队列（例如在 newCachedThreadPool 中就是如此），那么这种方式将产生一些奇怪的行为。如果线程池中的线程数量等于线程池的基本大小，那么仅当在工作队列已满的情况下 ThreadPoolExecutor 才会创建新的线程。因此，如果线程池的基本大小为零并且其工作队列有一定的容量，那么当把任务提交给该线程池时，只有当线程池的工作队列被填满后，才会开始执行任务，而这种行为通常并不是我们所希望的。在 Java 6 中，可以通过 allowCoreThreadTimeOut 来使线程池中的所有线程超时。对于一个大小有限的线程池并且在该线程池中包含一个工作队列，如果希望这个线程池在没有任务的情况下能销毁所有线程，那么可以启用这个特性并将基本大小设置为零。

特例：它们能确保不会有任务并发执行，因为它们通过线程封闭来实现线程安全性。）

在 6.1.2 节中曾介绍，如果无限制地创建线程，那么将导致不稳定性，并通过采用固定大小的线程池（而不是每收到一个请求就创建一个新线程）来解决这个问题。然而，这个方案并不完整。在高负载情况下，应用程序仍可能耗尽资源，只是出现问题的概率较小。如果新请求的到达速率超过了线程池的处理速率，那么新到来的请求将累积起来。在线程池中，这些请求会在一个由 Executor 管理的 Runnable 队列中等待，而不会像线程那样去竞争 CPU 资源。通过一个 Runnable 和一个链表节点来表现一个等待中的任务，当然比使用线程来表示的开销低很多，但如果客户提交给服务器请求的速率超过了服务器的处理速率，那么仍可能会耗尽资源。

即使请求的平均到达速率很稳定，也仍然会出现请求突增的情况。尽管队列有助于缓解任务的突增问题，但如果任务持续高速地到来，那么最终还是会抑制请求的到达率以避免耗尽内存。⊖甚至在耗尽内存之前，响应性能也将随着任务队列的增长而变得越来越糟。

ThreadPoolExecutor 允许提供一个 BlockingQueue 来保存等待执行的任务。基本的任务排队方法有 3 种：无界队列、有界队列和同步移交 (Synchronous Handoff)。队列的选择与其他的配置参数有关，例如线程池的大小等。

newFixedThreadPool 和 newSingleThreadExecutor 在默认情况下将使用一个无界的 LinkedBlockingQueue。如果所有工作者线程都处于忙碌状态，那么任务将在队列中等候。如果任务持续快速地到达，并且超过了线程池处理它们的速度，那么队列将无限制地增加。

一种更稳妥的资源管理策略是使用有界队列，例如 ArrayBlockingQueue、有界的 LinkedBlockingQueue、PriorityBlockingQueue。有界队列有助于避免资源耗尽的情况发生，但它又带来了新的问题：当队列填满后，新的任务该怎么办？（有许多饱和策略 [Saturation Policy] 可以解决这个问题。请参见 8.3.3 节。）在使用有界的工作队列时，队列的大小与线程池的大小必须一起调节。如果线程池较小而队列较大，那么有助于减少内存使用量，降低 CPU 的使用率，同时还可以减少上下文切换，但付出的代价是可能会限制吞吐量。

对于非常大的或者无界的线程池，可以通过使用 SynchronousQueue 来避免任务排队，以及直接将任务从生产者移交给工作者线程。SynchronousQueue 不是一个真正的队列，而是一种在线程之间进行移交的机制。要将一个元素放入 SynchronousQueue 中，必须有另一个线程正在等待接受这个元素。如果没有线程正在等待，并且线程池的当前大小小于最大值，那么 ThreadPoolExecutor 将创建一个新的线程，否则根据饱和策略，这个任务将被拒绝。使用直接移交将更高效，因为任务会直接移交给执行它的线程，而不是被首先放在队列中，然后由工作者线程从队列中提取该任务。只有当线程池是无界的或者可以拒绝任务时，SynchronousQueue 才有实际价值。在 newCachedThreadPool 工厂方法中就使用了 SynchronousQueue。

当使用像 LinkedBlockingQueue 或 ArrayBlockingQueue 这样的 FIFO(先进先出)队列时，任务的执行顺序与它们的到达顺序相同。如果想进一步控制任务执行顺序，还可以使用 PriorityBlockingQueue，这个队列将根据优先级来安排任务。任务的优先级是通过自然顺序或

⊖ 这类似于通信网络中的流量控制：可以缓存一定数量的数据，但最终需要通过某种方式来告诉发送端停止发送数据，或者丢弃过多的数据并希望发送端在空闲时重传被丢弃的数据。

Comparator（如果任务实现了 Comparable）来定义的。

> 对于 Executor，newCachedThreadPool 工厂方法是一种很好的默认选择，它能提供比固定大小的线程池更好的排队性能⊖。当需要限制当前任务的数量以满足资源管理需求时，那么可以选择固定大小的线程池，就像在接受网络客户请求的服务器应用程序中，如果不进行限制，那么很容易发生过载问题。

只有当任务相互独立时，为线程池或工作队列设置界限才是合理的。如果任务之间存在依赖性，那么有界的线程池或队列就可能导致线程"饥饿"死锁问题。此时应该使用无界的线程池，例如 newCachedThreadPool ⊖。

8.3.3 饱和策略

当有界队列被填满后，饱和策略开始发挥作用。ThreadPoolExecutor 的饱和策略可以通过调用 setRejectedExecutionHandler 来修改。（如果某个任务被提交到一个已被关闭的 Executor 时，也会用到饱和策略。）JDK 提供了几种不同的 RejectedExecutionHandler 实现，每种实现都包含有不同的饱和策略：AbortPolicy、CallerRunsPolicy、DiscardPolicy 和 DiscardOldestPolicy。

"中止（Abort）"策略是默认的饱和策略，该策略将抛出未检查的 RejectedExecution-Exception。调用者可以捕获这个异常，然后根据需求编写自己的处理代码。当新提交的任务无法保存到队列中等待执行时，"抛弃（Discard）"策略会悄悄抛弃该任务。"抛弃最旧的（Discard-Oldest）"策略则会抛弃下一个将被执行的任务，然后尝试重新提交新的任务。（如果工作队列是一个优先队列，那么"抛弃最旧的"策略将导致抛弃优先级最高的任务，因此最好不要将"抛弃最旧的"饱和策略和优先级队列放在一起使用。）

"调用者运行（Caller-Runs）"策略实现了一种调节机制，该策略既不会抛弃任务，也不会抛出异常，而是将某些任务回退到调用者，从而降低新任务的流量。它不会在线程池的某个线程中执行新提交的任务，而是在一个调用了 execute 的线程中执行该任务。我们可以将 WebServer 示例修改为使用有界队列和"调用者运行"饱和策略，当线程池中的所有线程都被占用，并且工作队列被填满后，下一个任务会在调用 execute 时在主线程中执行。由于执行任务需要一定的时间，因此主线程至少在一段时间内不能提交任何任务，从而使得工作者线程有时间来处理完正在执行的任务。在这期间，主线程不会调用 accept，因此到达的请求将被保存在 TCP 层的队列中而不是在应用程序的队列中。如果持续过载，那么 TCP 层将最终发现它的请求队列被填满，因此同样会开始抛弃请求。当服务器过载时，这种过载情况会逐渐向外蔓延开来——从线程池到工作队列到应用程序再到 TCP 层，最终达到客户端，导致服务器在高负载

⊖ 这种性能差异是由于使用了 SynchronousQueue 而不是 LinkedBlockingQueue。在 Java 6 中提供了一个新的非阻塞算法来替代 SynchronousQueue，与 Java 5.0 中的 SynchronousQueue 相比，该算法把 Executor 基准的吞吐量提高了 3 倍（Scherer et al., 2006）。

⊖ 对于提交其他任务并等待其结果的任务来说，还有另一种配置方法，就是使用有界的线程池，并使用 SynchronousQueue 作为工作队列，以及"调用者运行（Caller-Runs）"饱和策略。

下实现一种平缓的性能降低。

当创建 Executor 时,可以选择饱和策略或者对执行策略进行修改。程序清单 8-3 给出了如何创建一个固定大小的线程池,同时使用"调用者运行"饱和策略。

程序清单 8-3　创建一个固定大小的线程池,并采用有界队列以及"调用者运行"饱和策略

```
ThreadPoolExecutor executor
    = new ThreadPoolExecutor(N_THREADS, N_THREADS,
        0L, TimeUnit.MILLISECONDS,
        new LinkedBlockingQueue<Runnable>(CAPACITY));
executor.setRejectedExecutionHandler(
    new ThreadPoolExecutor.CallerRunsPolicy());
```

当工作队列被填满后,没有预定义的饱和策略来阻塞 execute。然而,通过使用 Semaphore (信号量)来限制任务的到达率,就可以实现这个功能。在程序清单 8-4 的 BoundedExecutor 中给出了这种方法。该方法使用了一个无界队列(因为不能限制队列的大小和任务的到达率),并设置信号量的上界设置为线程池的大小加上可排队任务的数量,这是因为信号量需要控制正在执行的和等待执行的任务数量。

程序清单 8-4　使用 Semaphore 来控制任务的提交速率

```
@ThreadSafe
public class BoundedExecutor {
    private final Executor exec;
    private final Semaphore semaphore;

    public BoundedExecutor(Executor exec, int bound) {
        this.exec = exec;
        this.semaphore = new Semaphore(bound);
    }

    public void submitTask(final Runnable command)
            throws InterruptedException {
        semaphore.acquire();
        try {
            exec.execute(new Runnable() {
                public void run() {
                    try {
                        command.run();
                    } finally {
                        semaphore.release();
                    }
                }
            });
        } catch (RejectedExecutionException e) {
            semaphore.release();
        }
    }
}
```

8.3.4 线程工厂

每当线程池需要创建一个线程时,都是通过线程工厂方法(请参见程序清单 8-5)来完成的。默认的线程工厂方法将创建一个新的、非守护的线程,并且不包含特殊的配置信息。通过指定一个线程工厂方法,可以定制线程池的配置信息。在 ThreadFactory 中只定义了一个方法 newThread,每当线程池需要创建一个新线程时都会调用这个方法。

然而,在许多情况下都需要使用定制的线程工厂方法。例如,你希望为线程池中的线程指定一个 UncaughtExceptionHandler,或者实例化一个定制的 Thread 类用于执行调试信息的记录。你还可能希望修改线程的优先级(这通常并不是一个好主意。请参见 10.3.1 节)或者守护状态(同样,这也不是一个好主意。请参见 7.4.2 节)。或许你只是希望给线程取一个更有意义的名称,用来解释线程的转储信息和错误日志。

程序清单 8-5　ThreadFactory 接口

```
public interface ThreadFactory {
    Thread newThread(Runnable r);
}
```

在程序清单 8-6 的 MyThreadFactory 中给出了一个自定义的线程工厂。它创建了一个新的 MyAppThread 实例,并将一个特定于线程池的名字传递给 MyAppThread 的构造函数,从而可以在线程转储和错误日志信息中区分来自不同线程池的线程。在应用程序的其他地方也可以使用 MyAppThread,以便所有线程都能使用它的调试功能。

程序清单 8-6　自定义的线程工厂

```
public class MyThreadFactory implements ThreadFactory {
    private final String poolName;

    public MyThreadFactory(String poolName) {
        this.poolName = poolName;
    }

    public Thread newThread(Runnable runnable) {
        return new MyAppThread(runnable, poolName);
    }
}
```

在 MyAppThread 中还可以定制其他行为,如程序清单 8-7 所示,包括:为线程指定名字,设置自定义 UncaughtExceptionHandler 向 Logger 中写入信息,维护一些统计信息(包括有多少个线程被创建和销毁),以及在线程被创建或者终止时把调试消息写入日志。

程序清单 8-7　定制 Thread 基类

```
public class MyAppThread extends Thread {
    public static final String DEFAULT_NAME = "MyAppThread";
    private static volatile boolean debugLifecycle = false;
    private static final AtomicInteger created = new AtomicInteger();
```

```java
    private static final AtomicInteger alive = new AtomicInteger();
    private static final Logger log = Logger.getAnonymousLogger();

    public MyAppThread(Runnable r) { this(r, DEFAULT_NAME); }

    public MyAppThread(Runnable runnable, String name) {
        super(runnable, name + "-" + created.incrementAndGet());
        setUncaughtExceptionHandler(
            new Thread.UncaughtExceptionHandler() {
                public void uncaughtException(Thread t,
                                              Throwable e) {
                    log.log(Level.SEVERE,
                        "UNCAUGHT in thread " + t.getName(), e);
                }
            });
    }

    public void run() {
        // 复制 debug 标志以确保一致的值
        boolean debug = debugLifecycle;
        if (debug) log.log(Level.FINE, "Created "+getName());
        try {
            alive.incrementAndGet();
            super.run();
        } finally {
            alive.decrementAndGet();
            if (debug) log.log(Level.FINE, "Exiting "+getName());
        }
    }

    public static int getThreadsCreated() { return created.get(); }
    public static int getThreadsAlive() { return alive.get(); }
    public static boolean getDebug() { return debugLifecycle; }
    public static void setDebug(boolean b) { debugLifecycle = b; }
}
```

如果在应用程序中需要利用安全策略来控制对某些特殊代码库的访问权限，那么可以通过 Executors 中的 privilegedThreadFactory 工厂来定制自己的线程工厂。通过这种方式创建出来的线程，将与创建 privilegedThreadFactory 的线程拥有相同的访问权限、AccessControlContext 和 contextClassLoader。如果不使用 privilegedThreadFactory，线程池创建的线程将从在需要新线程时调用 execute 或 submit 的客户程序中继承访问权限，从而导致令人困惑的安全性异常。

8.3.5 在调用构造函数后再定制 ThreadPoolExecutor

在调用完 ThreadPoolExecutor 的构造函数后，仍然可以通过设置函数（Setter）来修改大多数传递给它的构造函数的参数（例如线程池的基本大小、最大大小、存活时间、线程工厂以及拒绝执行处理器（Rejected Execution Handler））。如果 Executor 是通过 Executors 中的某个（newSingleThreadExecutor 除外）工厂方法创建的，那么可以将结果的类型转换为 ThreadPoolExecutor 以访问设置器，如程序清单 8-8 所示。

程序清单 8-8　对通过标准工厂方法创建的 Executor 进行修改

```
ExecutorService exec = Executors.newCachedThreadPool();
if (exec instanceof ThreadPoolExecutor)
    ((ThreadPoolExecutor) exec).setCorePoolSize(10);
else
    throw new AssertionError("Oops, bad assumption");
```

在 Executors 中包含一个 unconfigurableExecutorService 工厂方法，该方法对一个现有的 ExecutorService 进行包装，使其只暴露出 ExecutorService 的方法，因此不能对它进行配置。newSingleThreadExecutor 返回按这种方式封装的 ExecutorService，而不是最初的 ThreadPoolExecutor。虽然单线程的 Executor 实际上被实现为一个只包含唯一线程的线程池，但它同样确保了不会并发地执行任务。如果在代码中增加单线程 Executor 的线程池大小，那么将破坏它的执行语义。

你可以在自己的 Executor 中使用这项技术以防止执行策略被修改。如果将 ExecutorService 暴露给不信任的代码，又不希望对其进行修改，就可以通过 unconfigurableExecutorService 来包装它。

8.4　扩展 ThreadPoolExecutor

ThreadPoolExecutor 是可扩展的，它提供了几个可以在子类化中改写的方法：beforeExecute、afterExecute 和 terminated，这些方法可以用于扩展 ThreadPoolExecutor 的行为。

在执行任务的线程中将调用 beforeExecute 和 afterExecute 等方法，在这些方法中还可以添加日志、计时、监视或统计信息收集的功能。无论任务是从 run 中正常返回，还是抛出一个异常而返回，afterExecute 都会被调用。（如果任务在完成后带有一个 Error，那么就不会调用 afterExecute。）如果 beforeExecute 抛出一个 RuntimeException，那么任务将不被执行，并且 afterExecute 也不会被调用。

在线程池完成关闭操作时调用 terminated，也就是在所有任务都已经完成并且所有工作者线程也已经关闭后。terminated 可以用来释放 Executor 在其生命周期里分配的各种资源，此外还可以执行发送通知、记录日志或者收集 finalize 统计信息等操作。

示例：给线程池添加统计信息

在程序清单 8-9 的 TimingThreadPool 中给出了一个自定义的线程池，它通过 beforeExecute、afterExecute 和 terminated 等方法来添加日志记录和统计信息收集。为了测量任务的运行时间，beforeExecute 必须记录开始时间并把它保存到一个 afterExecute 可以访问的地方。因为这些方法将在执行任务的线程中调用，因此 beforeExecute 可以把值保存到一个 ThreadLocal 变量中，然后由 afterExecute 来读取。在 TimingThreadPool 中使用了两个 AtomicLong 变量，分别用于记录已处理的任务数和总的处理时间，并通过 terminated 来输出包含平均任务时间的日志消息。

程序清单 8-9　增加了日志和计时等功能的线程池

```java
public class TimingThreadPool extends ThreadPoolExecutor {
    private final ThreadLocal<Long> startTime
        = new ThreadLocal<Long>();
    private final Logger log = Logger.getLogger("TimingThreadPool");
    private final AtomicLong numTasks = new AtomicLong();
    private final AtomicLong totalTime = new AtomicLong();

    protected void beforeExecute(Thread t, Runnable r) {
        super.beforeExecute(t, r);
        log.fine(String.format("Thread %s: start %s", t, r));
        startTime.set(System.nanoTime());
    }

    protected void afterExecute(Runnable r, Throwable t) {
        try {
            long endTime = System.nanoTime();
            long taskTime = endTime - startTime.get();
            numTasks.incrementAndGet();
            totalTime.addAndGet(taskTime);
            log.fine(String.format("Thread %s: end %s, time=%dns",
                t, r, taskTime));
        } finally {
            super.afterExecute(r, t);
        }
    }

    protected void terminated() {
        try {
            log.info(String.format("Terminated: avg time=%dns",
                totalTime.get() / numTasks.get()));
        } finally {
            super.terminated();
        }
    }
}
```

8.5　递归算法的并行化

我们对 6.3 节的页面绘制程序进行了一系列的改进以便不断发掘可利用的并行性。第一次是使程序完全串行执行，第二次虽然使用了两个线程，但仍然是串行地下载所有图像；在最后一次实现中将每个图像的下载操作视为一个独立任务，从而实现了更高的并行性。如果在循环体中包含了一些密集计算，或者需要执行可能阻塞的 I/O 操作，那么只要每次迭代是独立的，都可以对其进行并行化。

如果循环中的迭代操作都是独立的，并且不需要等待所有的迭代操作都完成再继续执行，那么就可以使用 Executor 将串行循环转化为并行循环，在程序清单 8-10 的 processSequentially 和 processInParallel 中给出了这种方法。

程序清单 8-10　将串行执行转换为并行执行

```java
void processSequentially(List<Element> elements) {
    for (Element e : elements)
```

```
        process(e);
}

void processInParallel(Executor exec, List<Element> elements) {
    for (final Element e : elements)
        exec.execute(new Runnable() {
            public void run() { process(e); }
        });
}
```

调用 processInParallel 比调用 processSequentially 能更快地返回，因为 processInParallel 会在所有下载任务都进入了 Executor 的队列后就立即返回，而不会等待这些任务全部完成。如果需要提交一个任务集并等待它们完成，那么可以使用 ExecutorService.invokeAll，并且在所有任务都执行完成后调用 CompletionService 来获取结果，如第 6 章的 Renderer 所示。

当串行循环中的各个迭代操作之间彼此独立，并且每个迭代操作执行的工作量比管理一个新任务时带来的开销更多，那么这个串行循环就适合并行化。

在一些递归设计中同样可以采用循环并行化的方法。在递归算法中通常都会存在串行循环，而且这些循环可以按照程序清单 8-10 的方式进行并行化。一种简单的情况是：在每个迭代操作中都不需要来自于后续递归迭代的结果。例如，程序清单 8-11 的 sequentialRecursive 用深度优先算法遍历一棵树，在每个节点上执行计算并将结果放入一个集合。修改后的 parallelRecursive 同样执行深度优先遍历，但它并不是在访问节点时进行计算，而是为每个节点提交一个任务来完成计算。

程序清单 8-11　将串行递归转换为并行递归

```
public<T> void sequentialRecursive(List<Node<T>> nodes,
                                   Collection<T> results) {
    for (Node<T> n : nodes) {
        results.add(n.compute());
        sequentialRecursive(n.getChildren(), results);
    }
}

public<T> void parallelRecursive(final Executor exec,
                                 List<Node<T>> nodes,
                                 final Collection<T> results) {
    for (final Node<T> n : nodes) {
        exec.execute(new Runnable() {
            public void run() {
                results.add(n.compute());
            }
        });
        parallelRecursive(exec, n.getChildren(), results);
    }
}
```

当 parallelRecursive 返回时，树中的各个节点都已经访问过了（但是遍历过程仍然是串行的，只有 compute 调用才是并行执行的），并且每个节点的计算任务也已经放入 Executor 的工作队列。parallelRecursive 的调用者可以通过以下方式等待所有的结果：创建一个特定于遍历过程的 Executor，并使用 shutdown 和 awaitTermination 等方法，如程序清单 8-12 所示。

程序清单 8-12　等待通过并行方式计算的结果

```
public<T> Collection<T> getParallelResults(List<Node<T>> nodes)
        throws InterruptedException {
    ExecutorService exec = Executors.newCachedThreadPool();
    Queue<T> resultQueue = new ConcurrentLinkedQueue<T>();
    parallelRecursive(exec, nodes, resultQueue);
    exec.shutdown();
    exec.awaitTermination(Long.MAX_VALUE, TimeUnit.SECONDS);
    return resultQueue;
}
```

示例：谜题框架

这项技术的一种强大应用就是解决一些谜题，这些谜题都需要找出一系列的操作从初始状态转换到目标状态，例如类似于"搬箱子"⊖、"Hi-Q"、"四色方柱（Instant Insanity）"和其他的棋牌谜题。

我们将"谜题"定义为：包含了一个初始位置，一个目标位置，以及用于判断是否是有效移动的规则集。规则集包含两部分：计算从指定位置开始的所有合法移动，以及每次移动的结果位置。在程序清单 8-13 给出了表示谜题的抽象类，其中的类型参数 P 和 M 表示位置类和移动类。根据这个接口，我们可以写一个简单的串行求解程序，该程序将在谜题空间（Puzzle Space）中查找，直到找到一个解答或者找遍了整个空间都没有发现答案。

程序清单 8-13　表示"搬箱子"之类谜题的抽象类

```
public interface Puzzle<P, M> {
    P initialPosition();
    boolean isGoal(P position);
    Set<M> legalMoves(P position);
    P move(P position, M move);
}
```

程序清单 8-14 中的 Node 代表通过一系列的移动到达的一个位置，其中保存了到达该位置的移动以及前一个 Node。只要沿着 Node 链接逐步回溯，就可以重新构建出到达当前位置的移动序列。

程序清单 8-14　用于谜题解决框架的链表节点

```
@Immutable
static class Node<P, M> {
    final P pos;
    final M move;
    final Node<P, M> prev;
```

⊖ 请参见 http://www.puzzleworld.org/SlidingBlockPuzzles。

```
    Node(P pos, M move, Node<P, M> prev) {...}

    List<M> asMoveList() {
        List<M> solution = new LinkedList<M>();
        for (Node<P, M> n = this; n.move != null; n = n.prev)
            solution.add(0, n.move);
        return solution;
    }
}
```

在程序清单 8-15 的 SequentialPuzzleSolver 中给出了谜题框架的串行解决方案，它在谜题空间中执行一个深度优先搜索，当找到解答方案（不一定是最短的解决方案）后结束搜索。

程序清单 8-15   串行的谜题解答器

```
public class SequentialPuzzleSolver<P, M> {
    private final Puzzle<P, M> puzzle;
    private final Set<P> seen = new HashSet<P>();

    public SequentialPuzzleSolver(Puzzle<P, M> puzzle) {
        this.puzzle = puzzle;
    }

    public List<M> solve() {
        P pos = puzzle.initialPosition();
        return search(new Node<P, M>(pos, null, null));
    }

    private List<M> search(Node<P, M> node) {
        if (!seen.contains(node.pos)) {
            seen.add(node.pos);
            if (puzzle.isGoal(node.pos))
                return node.asMoveList();
            for (M move : puzzle.legalMoves(node.pos)) {
                P pos = puzzle.move(node.pos, move);
                Node<P, M> child = new Node<P, M>(pos, move, node);
                List<M> result = search(child);
                if (result != null)
                    return result;
            }
        }
        return null;
    }

    static class Node<P, M> { /* 程序清单 8-14 */ }
}
```

通过修改解决方案以利用并发性，可以以并行方式来计算下一步移动以及目标条件，因为计算某次移动的过程在很大程度上与计算其他移动的过程是相互独立的。（之所以说"在很大程度上"，是因为在各个任务之间会共享一些可变状态，例如已遍历位置的集合。）如果有多个处理器可用，那么这将减少寻找解决方案所花费的时间。

在程序清单 8-16 的 ConcurrentPuzzleSolver 中使用了一个内部类 SolverTask，这个类扩展了 Node 并实现了 Runnable。大多数工作都是在 run 方法中完成的：首先计算出下一步可能到达的所有位置，并去掉已经到达的位置，然后判断（这个任务或者其他某个任务）是否已经成功地完成，最后将尚未搜索过的位置提交给 Executor。

程序清单 8-16　并发的谜题解答器

```
public class ConcurrentPuzzleSolver<P, M> {
    private final Puzzle<P, M> puzzle;
    private final ExecutorService exec;
    private final ConcurrentMap<P, Boolean> seen;
    final ValueLatch<Node<P, M>> solution
            = new ValueLatch<Node<P, M>>();
    ...
    public List<M> solve() throws InterruptedException {
        try {
            P p = puzzle.initialPosition();
            exec.execute(newTask(p, null, null));
            // 阻塞直到找到解答
            Node<P, M> solnNode = solution.getValue();
            return (solnNode == null) ? null : solnNode.asMoveList();
        } finally {
            exec.shutdown();
        }
    }

    protected Runnable newTask(P p, M m, Node<P,M> n) {
        return new SolverTask(p, m, n);
    }

    class SolverTask extends Node<P, M> implements Runnable {
        ...
        public void run() {
            if (solution.isSet()
                    || seen.putIfAbsent(pos, true) != null)
                return; // 已经找到了解答或者已经遍历了这个位置
            if (puzzle.isGoal(pos))
                solution.setValue(this);
            else
                for (M m : puzzle.legalMoves(pos))
                    exec.execute(
                        newTask(puzzle.move(pos, m), m, this));
        }
    }
}
```

为了避免无限循环，在串行版本中引入了一个 Set 对象，其中保存了之前已经搜索过的所有位置。在 ConcurrentPuzzleSolver 中使用 ConcurrentHashMap 来实现相同的功能。这种做法不仅提供了线程安全性，还避免了在更新共享集合时存在的竞态条件，因为 putIfAbsent 只有在之前没有遍历过的某个位置才会通过原子方式添加到集合中。ConcurrentPuzzleSolver 使用线程池的内部工作队列而不是调用栈来保存搜索的状态。

这种并发方法引入了一种新形式的限制并去掉了一种原有的限制，新的限制在这个问题域中更合适。串行版本的程序执行深度优先搜索，因此搜索过程将受限于栈的大小。并发版本的程序执行广度优先搜索，因此不会受到栈大小的限制（但如果待搜索的或者已搜索的位置集合大小超过了可用的内存总量，那么仍可能耗尽内存）。

为了在找到某个解答后停止搜索，需要通过某种方式来检查是否有线程已经找到了一个解答。如果需要第一个找到的解答，那么还需要在其他任务都没有找到解答时更新解答。这些需求描述的是一种闭锁 (Latch) 机制（请参见 5.5.1 节），具体地说，是一种包含结果的闭锁。通过使用第 14 章中的技术，可以很容易地构造出一个阻塞的并且可携带结果的闭锁，但更简单且更不容易出错的方式是使用现有库中的类，而不是使用底层的语言机制。在程序清单 8-17 的 ValueLatch 中使用 CountDownLatch 来实现所需的闭锁行为，并且使用锁定机制来确保解答只会被设置一次。

程序清单 8-17　由 ConcurrentPuzzleSolver 使用的携带结果的闭锁

```
@ThreadSafe
public class ValueLatch<T> {
    @GuardedBy("this") private T value = null;
    private final CountDownLatch done = new CountDownLatch(1);

    public boolean isSet() {
        return (done.getCount() == 0);
    }

    public synchronized void setValue(T newValue) {
        if (!isSet()) {
            value = newValue;
            done.countDown();
        }
    }

    public T getValue() throws InterruptedException {
        done.await();
        synchronized (this) {
            return value;
        }
    }
}
```

每个任务首先查询 solution 闭锁，找到一个解答就停止。而在此之前，主线程需要等待，ValueLatch 中的 getValue 将一直阻塞，直到有线程设置了这个值。ValueLatch 提供了一种方式来保存这个值，只有第一次调用才会设置它。调用者能够判断这个值是否已经被设置，以及阻塞并等候它被设置。在第一次调用 setValue 时，将更新解答方案，并且 CountDownLatch 会递减，从 getValue 中释放主线程。

第一个找到解答的线程还会关闭 Executor，从而阻止接受新的任务。要避免处理 RejectedExecutionException，需要将拒绝执行处理器设置为"抛弃已提交的任务"。然后，所有未完成的任务最终将执行完成，并且在执行任何新任务时都会失败，从而使 Executor 结束。

（如果任务运行的时间过长，那么可以中断它们而不是等它们完成。）

如果不存在解答，那么ConcurrentPuzzleSolver就不能很好地处理这种情况：如果已经遍历了所有的移动和位置都没有找到解答，那么在getSolution调用中将永远等待下去。当遍历了整个搜索空间时，串行版本的程序将结束，但要结束并发程序会更困难。其中一种方法是：记录活动任务的数量，当该值为零时将解答设置为null，如程序清单8-18所示。

找到解答的时间可能比等待的时间要长，因此在解决器中需要包含几个结束条件。其中一个结束条件是时间限制，这很容易实现：在ValueLatch中实现一个限时的getValue（其中将使用限时版本的await），如果getValue超时，那么关闭Executor并声明出现了一个失败。另一个结束条件是某种特定于谜题的标准，例如只搜索特定数量的位置。此外，还可以提供一种取消机制，由用户自己决定何时停止搜索。

程序清单8-18　在解决器中找不到解答

```
public class PuzzleSolver<P,M> extends ConcurrentPuzzleSolver<P,M> {
    ...
    private final AtomicInteger taskCount = new AtomicInteger(0);

    protected Runnable newTask(P p, M m, Node<P,M> n) {
        return new CountingSolverTask(p, m, n);
    }

    class CountingSolverTask extends SolverTask {
        CountingSolverTask(P pos, M move, Node<P, M> prev) {
            super(pos, move, prev);
            taskCount.incrementAndGet();
        }
        public void run() {
            try {
                super.run();
            } finally {
                if (taskCount.decrementAndGet() == 0)
                    solution.setValue(null);
            }
        }
    }
}
```

小结

对于并发执行的任务，Executor框架是一种强大且灵活的框架。它提供了大量可调节的选项，例如创建线程和关闭线程的策略，处理队列任务的策略，处理过多任务的策略，并且提供了几个钩子方法来扩展它的行为。然而，与大多数功能强大的框架一样，其中有些设置参数并不能很好地工作，某些类型的任务需要特定的执行策略，而一些参数组合则可能产生奇怪的结果。

第 9 章

图形用户界面应用程序

如果用 Swing 编写过简单的图形用户界面（GUI）应用程序，那么就应该知道 GUI 应用程序有其特定的线程问题。为了维持安全性，一些特定的任务必须运行在 Swing 的事件线程中。然而，在事件线程中不应该执行时间较长的操作，以免用户界面失去响应。而且，由于 Swing 的数据结构不是线程安全的，因此必须将它们限制在事件线程中。

几乎所有的 GUI 工具包（包括 Swing 和 SWT）都被实现为单线程子系统，这意味着所有的 GUI 操作都被限制在单个线程中。如果你不打算编写一个单线程程序，那么就会有部分操作在一个应用程序线程中执行，而其他操作则在事件线程中执行。与其他线程错误一样，即使在这种操作分解中出现了错误，也会导致应用程序立即崩溃，而且程序将在一些难以确定的条件下表现出奇怪的行为。虽然 GUI 框架本身是单线程子系统，但应用程序可能不是单线程的，因此在编写 GUI 代码时仍然需要谨慎地考虑线程问题。

9.1 为什么 GUI 是单线程的

早期的 GUI 应用程序都是单线程的，并且 GUI 事件在"主事件循环"进行处理。当前的 GUI 框架则使用了一种略有不同的模型：在该模型中创建一个专门事件分发线程（Event Dispatch Thread，EDT）来处理 GUI 事件。

单线程的 GUI 框架并不仅限于在 Java 中，在 Qt、NexiStep、MacOS Cocoa、X Windows 以及其他环境中的 GUI 框架都是单线程的。许多人曾经尝试过编写多线程的 GUI 框架，但最终都由于竞态条件和死锁导致的稳定性问题而又重新回到单线程的事件队列模型：采用一个专门的线程从队列中抽取事件，并将它们转发到应用程序定义的事件处理器。（AWT 最初尝试在更大程度上支持多线程访问，而正是基于在 AWT 中得到的经验和教训，Swing 在实现时决定采用单线程模型。）

在多线程的 GUI 框架中更容易发生死锁问题，其部分原因在于，在输入事件的处理过程与 GUI 组件的面向对象模型之间会存在错误的交互。用户引发的动作将通过一种类似于"气泡上升"的方式从操作系统传递给应用程序——操作系统首先检测到一次鼠标点击，然后通过工具包将其转化为"鼠标点击"事件，该事件最终被转换为一个更高层事件（例如"鼠标键被按下"事件）转发给应用程序的监听器。另一方面，应用程序引发的动作又会以"气泡下沉"的方式从应用程序返回到操作系统。例如，在应用程序中引发修改某个组件背景色的请求，该请求将被转发给某个特定的组件类，并最终转发给操作系统进行绘制。因此，一方面这组操作将以完全相反的顺序来访问相同的 GUI 对象；另一方面又要确保每个对象都是线程安全的，从而导致不一致的锁定顺序,并引发死锁(请参见第 10 章)。这种问题几乎在每次开发 GUI 工具包时都会重现。

另一个在多线程 GUI 框架中导致死锁的原因就是"模型-视图-控制(MVC)"这种设计模式的广泛使用。通过将用户的交互分解到模型、视图和控制等模块中,能极大地简化 GUI 应用程序的实现,但这却进一步增加了出现不一致锁定顺序的风险。"控制"模块将调用"模型"模块,而"模型"模块将发生的变化通知给"视图"模块。"控制"模块同样可以调用"视图"模块,并调用"模型"模块来查询模型的状态。这将再次导致不一致的锁定顺序并出现死锁。

Sun 公司的前副总裁 Graham Hamilton 在其博客中⊖总结了这些问题,详细阐述了为什么多线程的 GUI 工具包会成为计算机科学史上的又一个"失败的梦想"。

不过,我相信你还是可以成功地编写出多线程的 GUI 工具包,只要做到:非常谨慎地设计多线程 GUI 工具包,详尽无遗地公开工具包的锁定方法,以及你非常聪明,非常仔细,并且对工具包的整体结构有着全局理解。然而,如果在上述某个方面稍有偏差,那么即使程序在大多数时候都能正确运行,但在偶尔情况下仍会出现(死锁引起的)挂起或者(竞争引起的)运行故障。只有那些深入参与工具包设计的人们才能够正确地使用这种多线程的 GUI 框架。

然而,我并不认为这些特性能够在商业产品中得到广泛使用。可能出现的情况是:大多数普通的程序员发现应用程序无法可靠地运行,而又找不出其中的原因。于是,这些程序员将感到非常不满,并诅咒这些无辜的工具包。

单线程的 GUI 框架通过线程封闭机制来实现线程安全性。所有 GUI 对象,包括可视化组件和数据模型等,都只能在事件线程中访问。当然,这只是将确保线程安全性的一部分工作交给应用程序的开发人员来负责,他们必须确保这些对象被正确地封闭在事件线程中。

9.1.1 串行事件处理

GUI 应用程序需要处理一些细粒度的事件,例如点击鼠标、按下键盘或定时器超时等。事件是另一种类型的任务,而 AWT 和 Swing 提供的事件处理机制在结构上也类似于 Executor。

因为只有单个线程来处理所有的 GUI 任务,因此会采用依次处理的方式——处理完一个任务后再开始处理下一个任务,在两个任务的处理过程之间不会重叠。清楚了这一点,就可以更容易地编写任务代码,而无须担心其他任务会产生干扰。

串行任务处理不利之处在于,如果某个任务的执行时间很长,那么其他任务必须等到该任务执行结束。如果这些任务的工作是响应用户输入或者提供可视化的界面反馈,那么应用程序看似会失去响应。如果在事件线程中执行时间较长的任务,那么用户甚至无法点击"取消"按钮,因为在该这个任务完成之前,将无法调用"取消"按钮的监听器。因此,在事件线程中执行的任务必须尽快地把控制权交还给事件线程。要启动一些执行时间较长的任务,例如对某个大型文档执行拼写检查,在文件系统中执行搜索,或者通过网络获取资源等,必须在另一个线

⊖ http://weblogs.java.net/blog/kgh/archive/2004/10。

程中执行这些任务，从而尽快地将控制权交还给事件线程。如果要在执行某个时间较长的任务时更新进度标识，或者在任务完成后提供一个可视化的反馈，那么需要再次执行事件线程中的代码。这也很快会使程序变得更复杂。

9.1.2 Swing 中的线程封闭机制

所有Swing组件（例如JButton和JTable）和数据模型对象（例如TableModel和TreeModel）都被封闭在事件线程中，因此任何访问它们的代码都必须在事件线程中运行。GUI对象并非通过同步来确保一致性，而是通过线程封闭机制。这种方法的好处在于，当访问表现对象（Presentation Object）时在事件线程中运行的任务无须担心同步问题，而坏处在于，无法从事件线程之外的线程中访问表现对象。

> Swing 的单线程规则是：Swing 中的组件以及模型只能在这个事件分发线程中进行创建、修改以及查询。

与所有的规则相同，这个规则也存在一些例外情况。Swing中只有少数方法可以安全地从其他线程中调用，而在 Javadoc 中已经很清楚地说明了这些方法的线程安全性。单线程规则的其他一些例外情况包括：

- SwingUtilities.isEventDispatchThread，用于判断当前线程是否是事件线程。
- SwingUtilities.invokeLater，该方法可以将一个 Runnable 任务调度到事件线程中执行（可以从任意线程中调用）。
- SwingUtilities.invokeAndWait，该方法可以将一个 Runnable 任务调度到事件线程中执行，并阻塞当前线程直到任务完成（只能从非 GUI 线程中调用）。
- 所有将重绘（Repaint）请求或重生效（Revalidation）请求插入队列的方法（可从任意线程中调用）。
- 所有添加或移除监听器的方法（这些方法可以从任意线程中调用，但监听器本身一定要在事件线程中调用）。

invokeLater 和 invokeAndWait 两个方法的作用酷似 Executor。事实上，用单线程的 Executor 来实现 SwingUtilities 中与线程相关的方法是很容易的，如程序清单9-1所示。这并非 SwingUtilities 的真实实现，因为 Swing 的出现时间要早于 Executor 框架，但如果现在来实现 Swing，或许应该采用这种实现方式。

程序清单 9-1　使用 Executor 来实现 SwingUtilities

```
public class SwingUtilities {
    private static final ExecutorService exec =
        Executors.newSingleThreadExecutor(new SwingThreadFactory());
    private static volatile Thread swingThread;

    private static class SwingThreadFactory implements ThreadFactory {
        public Thread newThread(Runnable r) {
```

```
            swingThread = new Thread(r);
            return swingThread;
        }
    }

    public static boolean isEventDispatchThread() {
        return Thread.currentThread() == swingThread;
    }

    public static void invokeLater(Runnable task) {
        exec.execute(task);
    }

    public static void invokeAndWait(Runnable task)
            throws InterruptedException, InvocationTargetException {
        Future f = exec.submit(task);
        try {
            f.get();
        } catch (ExecutionException e) {
            throw new InvocationTargetException(e);
        }
    }
}
```

可以将 Swing 的事件线程视为一个单线程的 Executor,它处理来自事件队列的任务。与线程池一样,有时候工作者线程会死亡并由另一个新线程来替代,但这一切要对任务透明。如果所有任务的执行时间都很短,或者任务调度的可预见性并不重要,又或者任务不能被并发执行,那么应该采用串行的和单线程的执行策略。

程序清单 9-2 中的 GuiExecutor 是一个 Executor,它将任务委托给 SwingUtilities 来执行。也可以采用其他的 GUI 框架来实现它,例如 SWT 提供的 Display.asyncExec 方法,它类似于 Swing 中的 invokeLater。

程序清单 9-2　基于 SwingUtilities 构建的 Executor

```
public class GuiExecutor extends AbstractExecutorService {
    // 采用"单件(Singleton)"模式,有一个私有构造函数和一个公有的工厂方法
    private static final GuiExecutor instance = new GuiExecutor();

    private GuiExecutor() { }

    public static GuiExecutor instance() { return instance; }

    public void execute(Runnable r) {
        if (SwingUtilities.isEventDispatchThread())
            r.run();
        else
            SwingUtilities.invokeLater(r);
    }

    // 其他生命周期方法的实现
}
```

9.2 短时间的 GUI 任务

在 GUI 应用程序中,事件在事件线程中产生,并通过"气泡上升"的方式传递给应用程序提供的监听器,而监听器则根据收到的时间执行一些计算来修改表现对象。为了简便,短时间的任务可以把整个操作都放在事件线程中执行,而对于长时间的任务,则应该将某些操作放到另一个线程中执行。

在这种情况下,表现对象封闭在事件线程中。程序清单 9-3 创建了一个按钮,它的颜色在被按下时会随机地变化。当用户点击按钮时,工具包将事件线程中的一个 ActionEvent 投递给所有已注册的 ActionListener。作为响应,ActionListener 将选择一个新的颜色,并将按钮的背景色设置为这个新颜色。这样,在 GUI 工具包中产生事件,然后发送到应用程序,而应用程序则通过修改 GUI 来响应用户的动作。在这期间,执行控制始终不会离开事件线程,如图 9-1 所示。

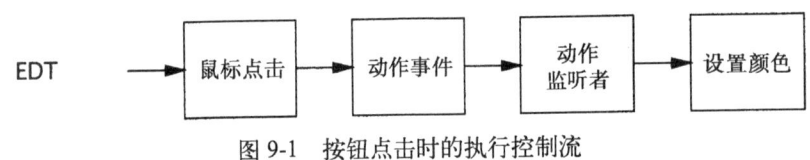

图 9-1 按钮点击时的执行控制流

程序清单 9-3 简单的事件监听器

```
final Random random = new Random();
final JButton button = new JButton("Change Color");
...
button.addActionListener(new ActionListener() {
    public void actionPerformed(ActionEvent e) {
        button.setBackground(new Color(random.nextInt()));
    }
});
```

这个示例揭示了 GUI 应用程序和 GUI 工具包之间的主要交互。只要任务是短期的,并且只访问 GUI 对象(或者其他线程封闭或线程安全的应用程序对象),那么就可以基本忽略与线程相关的问题,而在事件线程中可以执行任何操作都不会出问题。

图 9-2 给出了一个略微复杂的版本,其中使用了正式的数据模型,例如 TableModel 或 TreeModel。Swing 将大多数可视化组件都分为两个对象,即模型对象与视图对象。在模型对象中保存的是将被显示的数据,而在视图对象中则保存了控制显示方式的规则。模型对象可以通过引发事件来表示模型数据发生了变化,而视图对象则通过"订阅"来接收这些事件。当视图对象收到表示模型数据已发生变化的事件时,将向模型对象查询新的数据,并更新界面显示。因此,在一个修改表格内容的按钮监听器中,事件监听器将更新模型并调用其中一个 fireXxx 方法,这个方法会依次调用视图对象中表格模型监听器,从而更新视图的显示。同样,执行控制权仍然不会离开事件线程。(Swing 数据模型的 fireXxx 方法通常会直接调用模型监听器,而不会向线程队列中提交新的事件,因此 fireXxx 方法只能从事件线程中调用。)

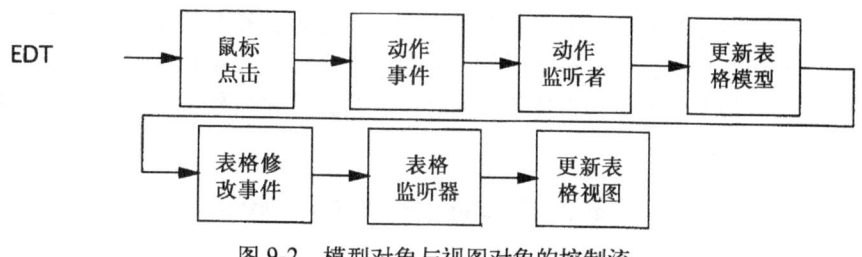

图 9-2 模型对象与视图对象的控制流

9.3 长时间的 GUI 任务

如果所有任务的执行时间都较短（并且应用程序中不包含执行时间较长的非 GUI 部分），那么整个应用程序都可以在事件线程内部运行，并且完全不用关心线程。然而，在复杂的 GUI 应用程序中可能包含一些执行时间较长的任务，并且可能超过了用户可以等待的时间，例如拼写检查、后台编辑或者获取远程资源等。这些任务必须在另一个线程中运行，才能使得 GUI 在运行时保持高响应性。

Swing 使得在事件线程中运行任务更容易，但（在 Java 6 之前）并没有提供任何机制来帮助 GUI 任务执行其他线程中的代码。然而在这里不需要借助于 Swing：可以创建自己的 Executor 来执行长时间的任务。对于长时间的任务，可以使用缓存线程池。只有 GUI 应用程序很少会发起大量的长时间任务，因此即使线程池可以无限制地增长也不会有太大的风险。

首先来看一个简单的任务，该任务不支持取消操作和进度指示，也不会在完成后更新 GUI，我们之后再将这些功能依次添加进来。在程序清单 9-4 中给出了一个与某个可视化组件绑定的监听器，它将一个长时间的任务提交给一个 Executor。尽管有两个层次的内部类，但通过这种方式使某个 GUI 任务启动另一个任务还是很简单的：在事件线程中调用 UI 动作监听器，然后将一个 Runnable 提交到线程池中执行。

这个示例通过 "Fire and Forget" ⊖方式将长时间任务从事件线程中分离出来，这种方式可能并不是非常有用。在执行完一个长时间的任务后，通常会产生某种可视化的反馈。但你并不能从后台线程中访问这些表现对象，因此任务在完成时必须向事件线程提交另一个任务来更新用户界面。

程序清单 9-4　将一个长时间任务绑定到一个可视化组件

```
ExecutorService backgroundExec = Executors.newCachedThreadPool();
...
button.addActionListener(new ActionListener() {
    public void actionPerformed(ActionEvent e) {
        backgroundExec.execute(new Runnable() {
            public void run() { doBigComputation(); }
        });
}});
```

⊖ 这是一个军事术语，表示导弹在发射后不用进一步制导就可以命中目标。

程序清单 9-5 给出了如何实现这个功能的方式，但此时已经开始变得复杂了，即已经有了三层的内部类。动作监听器首先使按钮无效，并设置一个标签表示正在进行某个计算，然后将一个任务提交给后台的 Executor。当任务完成时，它会在事件线程中增加另一个任务，该任务将重新激活按钮并恢复标签文本。

程序清单 9-5　支持用户反馈的长时间任务

```
button.addActionListener(new ActionListener() {
    public void actionPerformed(ActionEvent e) {
        button.setEnabled(false);
        label.setText("busy");
        backgroundExec.execute(new Runnable() {
            public void run() {
                try {
                    doBigComputation();
                } finally {
                    GuiExecutor.instance().execute(new Runnable() {
                        public void run() {
                            button.setEnabled(true);
                            label.setText("idle");
                        }
                    });
                }
            }
        });
    }
});
```

在按下按钮时触发的任务中包含 3 个连续的子任务，它们将在事件线程与后台线程之间交替运行。第一个子任务更新用户界面，表示一个长时间的操作已经开始，然后在后台线程中启动第二个子任务。当第二个子任务完成时，它把第三个子任务再次提交到事件线程中运行，第三个子任务也会更新用户界面来表示操作已经完成。在 GUI 应用程序中，这种"线程接力"是处理长时间任务的典型方法。

9.3.1　取消

当某个任务在线程中运行了过长时间还没有结束时，用户可能希望取消它。你可以直接通过线程中断来实现取消操作，但是一种更简单的办法是使用 Future，专门用来管理可取消的任务。

如果调用 Future 的 cancel 方法，并将参数 mayInterruptIfRunning 设置为 true，那么这个 Future 可以中断正在执行任务的线程。如果你编写的任务能够响应中断，那么当它被取消时就可以提前返回。在程序清单 9-6 给出的任务中，将轮询线程的中断状态，并且在发现中断时提前返回。

程序清单 9-6　取消一个长时间任务

```
Future<?>   runningTask = null;      // 线程封闭
```

```
...
startButton.addActionListener(new ActionListener() {
    public void actionPerformed(ActionEvent e) {
        if (runningTask != null) {
            runningTask = backgroundExec.submit(new Runnable() {
                public void run() {
                    while (moreWork()) {
                        if (Thread.currentThread().isInterrupted()) {
                            cleanUpPartialWork();
                            break;
                        }
                        doSomeWork();
                    }
                }
            });
        };
}});

cancelButton.addActionListener(new ActionListener() {
    public void actionPerformed(ActionEvent event) {
        if (runningTask != null)
            runningTask.cancel(true);
}});
```

由于 runningTask 被封闭在事件线程中,因此在对它进行设置或检查时不需要同步,并且"开始"按钮的监听器可以确保每次只有一个后台任务在运行。然而,当任务完成时最好能通知按钮监听器,例如说可以禁用"取消"按钮。我们将在下一节解决这个问题。

9.3.2 进度标识和完成标识

通过 Future 来表示一个长时间的任务,可以极大地简化取消操作的实现。在 FutureTask 中也有一个 done 方法同样有助于实现完成通知。当后台的 Callable 完成后,将调用 done。通过 done 方法在事件线程中触发一个完成任务,我们能够构造一个 BackgroundTask 类,这个类将提供一个在事件线程中调用的 onCompletion 方法,如程序清单 9-7 所示。

程序清单 9-7 支持取消,完成通知以及进度通知的后台任务类

```
abstract class BackgroundTask<V> implements Runnable, Future<V> {
    private final FutureTask<V> computation = new Computation();

    private class Computation extends FutureTask<V> {
        public Computation() {
            super(new Callable<V>() {
                public V call() throws Exception {
                    return BackgroundTask.this.compute() ;
                }
            });
        }
        protected final void done() {
            GuiExecutor.instance().execute(new Runnable() {
                public void run() {
                    V value = null;
```

```
                    Throwable thrown = null;
                    boolean cancelled = false;
                    try {
                        value = get();
                    } catch (ExecutionException e) {
                        thrown = e.getCause();
                    } catch (CancellationException e) {
                        cancelled = true;
                    } catch (InterruptedException consumed) {
                    } finally {
                        onCompletion(value, thrown, cancelled);
                    }
                }
            });
        }
    }
    protected void setProgress(final int current, final int max) {
        GuiExecutor.instance().execute(new Runnable() {
            public void run() { onProgress(current, max); }
        });
    }
// 在后台线程中被取消
    protected abstract V compute() throws Exception;
// 在事件线程中被取消
    protected void onCompletion(V result, Throwable exception,
                                boolean cancelled) { }
    protected void  onProgress(int current, int max)   { }
// Future 的其他方法
}
```

BackgroundTask 还支持进度标识。compute 方法可以调用 setProgress 方法以数字形式来指示进度。因而在事件线程中调用 onProgress, 从而更新用户界面以显示可视化的进度信息。

要想实现 BackgroundTask, 你只需要实现 compute, 该方法将在后台线程中调用。也可以改写 onCompletion 和 onProgress, 这两个方法也会在事件线程中调用。

基于 FutureTask 构造的 BackgroundTask 还能简化取消操作。Compute 不会检查线程的中断状态, 而是调用 Future.isCancelled。程序清单 9-8 通过 BackgroundTask 重新实现了程序清单 9-6 中的示例程序。

程序清单 9-8 通过 BackgroundTask 来执行长时间的并且可取消的任务

```
startButton.addActionListener(new ActionListener() {
    public void actionPerformed(ActionEvent e) {
        class CancelListener implements ActionListener {
            BackgroundTask<?> task;
            public void actionPerformed(ActionEvent event) {
                if (task != null)
                    task.cancel(true);
            }
        }
        final CancelListener listener = new CancelListener();
        listener.task = new BackgroundTask<Void>() {
```

```java
            public Void compute() {
                while (moreWork() && !isCancelled())
                    doSomeWork();
                return null;
            }
            public void onCompletion(boolean cancelled, String s,
                                    Throwable exception) {
                cancelButton.removeActionListener(listener);
                label.setText("done");
            }
        };
        cancelButton.addActionListener(listener);
        backgroundExec.execute(listener.task);
    }
});
```

9.3.3 SwingWorker

我们已经通过 FutureTask 和 Executor 构建了一个简单的框架,它会在后台线程中执行长时间的任务,因此不会影响 GUI 的响应性。在任何单线程的 GUI 框架都可以使用这些技术,而不仅限于 Swing。在 Swing 中,这里给出的许多特性是由 SwingWorker 类提供的,包括取消、完成通知、进度指示等。在《The Swing Connection》和《The Java Tutorial》等资料中介绍了不同版本的 SwingWorker,并在 Java 6 中包含了一个更新后的版本。

9.4 共享数据模型

Swing 的表现对象(包括 TableModel 和 TreeModel 等数据模型)都被封闭在事件线程中。在简单的 GUI 程序中,所有的可变状态都被保存在表现对象中,并且除了事件线程之外,唯一的线程就是主线程。要在这些程序中强制实施单线程规则是很容易的:不要从主线程中访问数据模型或表现组件。在一些更复杂的程序中,可能会使用其他线程对持久化的存储(例如文件系统、数据库等)进行读写操作以免降低系统的响应性。

最简单的情况是,数据模型中的数据由用户来输入或者由应用程序在启动时静态地从文件或其他数据源加载。在这种情况下,除了事件线程之外的任何线程都不可能访问到数据。但在某些情况下,表现模型对象只是一个数据源(例如数据库、文件系统或远程服务等)的视图对象。这时,当数据在应用程序中进出时,有多个线程都可以访问这些数据。

例如,你可以使用一个树形控件来显示远程文件系统的内容。在显示树形控件之前,并不需要枚举整个文件系统——那样做会消耗大量的时间和内存。正确的做法是,当树节点被展开时才读取相应的内容。即使只枚举远程卷上的单个目录也可能花费很长的时间,因此你可以考虑在后台任务中执行枚举操作。当后台任务完成后,必须通过某种方式将数据填充到树形模型中。可以使用线程安全的树形模型来实现这个功能:通过 invokeLater 提交一个任务,将数据从后台任务中"推入"事件线程,或者让事件线程池通过轮询来查看是否有数据可用。

9.4.1 线程安全的数据模型

只要阻塞操作不会过度地影响响应性，那么多个线程操作同一份数据的问题都可以通过线程安全的数据模型来解决。如果数据模型支持细粒度的并发，那么事件线程和后台线程就能共享该数据模型，而不会发生响应性问题。例如，第 5 章的 DelegatingVehicleTracker 在底层使用了一个 ConcurrentHashMap 来提供高度并发的读写操作。这种方法的缺点在于，ConcurrentHashMap 无法提供一致的数据快照，而这可能是需求的一部分。线程安全的数据模型必须在更新模板时产生事件，这样视图才能在数据发生变化后进行更新。

有时候，在使用版本化数据模型时，例如 CopyOnWriteArrayList [CPJ 2.2.3.3]，可能要同时获得线程安全性、一致性以及良好的响应性。当获取一个"写时拷贝（Copy-On-Write）"容器的迭代器时，这个迭代器将遍历整个容器。然而，只有在遍历操作远远多于修改操作时，"写时拷贝"容器才能提供更好的性能，例如在车辆追踪应用程序中就不适合采用这种方法。一些特定的数据结构或许可以避免这种限制，但要构建一个既能提供高效的并发访问又能在旧数据无效后不再维护它们的数据结构却并不容易，因此只有其他方法都行不通后才应该考虑使用它。

9.4.2 分解数据模型

从 GUI 的角度看，Swing 的表格模型类，例如 TableModel 和 TreeModel，都是保存将要显示的数据的正式方法。然而，这些模型对象本身通常都是应用程序中其他对象的"视图"。如果在程序中既包含用于表示的数据模型，又包含应用程序特定的数据模型，那么这种应用程序就被称为拥有一种分解模型设计 (Fowler, 2005)。

在分解模型设计中，表现模型被封闭在事件线程中，而其他模型，即共享模型，是线程安全的，因此既可以由事件线程方法，也可以由应用程序线程访问。表现模型会注册共享模型的监听器，从而在更新时得到通知。然后，表示模型可以在共享模型中得到更新：通过将相关状态的快照嵌入到更新消息中，或者由表现模型在收到更新事件时直接从共享模型中获取数据。

快照这种方法虽然简单，但却存在着一些局限。当数据模型很小，更新频率不高，并且这两个模型的结构相似时，它可以工作得良好。如果数据模型很大，或者更新频率极高，在分解模型包含的信息中有一方或双方对另一方不可见，那么更高效的方式是发送增量更新信息而不是发送一个完整的快照。这种方法将共享模型上的更新操作序列化，并在事件线程中重现。增量更新的另一个好处是，细粒度的变化信息可以提高显示的视觉效果——如果只有一辆车移动，那么只需更新发生变化的区域，而不用重绘整个显示图形。

> 如果一个数据模型必须被多个线程共享，而且由于阻塞、一致性或复杂度等原因而无法实现一个线程安全的模型时，可以考虑使用分解模型设计。

9.5 其他形式的单线程子系统

线程封闭不仅仅可以在 GUI 中使用，每当某个工具需要被实现为单线程子系统时，都可以使用这项技术。有时候，当程序员无法避免同步或死锁等问题时，也将不得不使用线程封闭。例如，一些原生库（Native Library）要求：所有对库的访问，甚至当通过 System.loadLibrary 来加载库时，都必须放在同一个线程中执行。

借鉴在 GUI 框架中采用的方法，可以很容易创建一个专门的线程或一个单线程的 Executor 来访问这些库，并提供一个代理对象来拦截所有对线程封闭对象的调用，并将这些调用作为一个任务来提交这个专门的线程。将 Future 和 newSingleThreadExecutor 一起使用，可以简化这项工作。在代理方法中可以调用 submit 提交任务，然后立即调用 Future.get 来等待结果。（如果在线程封闭的类中实现了一个接口，那么每次可以自动地让方法将一个 Callable 提交给后台线程并通过动态的代理来等待结果。）

小结

所有 GUI 框架基本上都实现为单线程的子系统，其中所有与表现相关的代码都作为任务在事件线程中运行。由于只有一个事件线程，因此运行时间较长的任务会降低 GUI 程序的响应性，所以应该放在后台线程中运行。在一些辅助类（例如 SwingWorker 以及在本章中构建的 BackgroundTask）中提供了对取消、进度指示以及完成指示的支持，因此对于执行时间较长的任务来说，无论在任务中包含了 GUI 组件还是非 GUI 组件，在开发时都可以得到简化。

第三部分
活跃性、性能与测试

第 ⑩ 章
避免活跃性危险

在安全性与活跃性之间通常存在着某种制衡。我们使用加锁机制来确保线程安全,但如果过度地使用加锁,则可能导致锁顺序死锁(Lock-Ordering Deadlock)。同样,我们使用线程池和信号量来限制对资源的使用,但这些被限制的行为可能会导致资源死锁(Resource Deadlock)。Java 应用程序无法从死锁中恢复过来,因此在设计时一定要排除那些可能导致死锁出现的条件。本章将介绍一些导致活跃性故障的原因,以及如何避免它们。

10.1 死锁

经典的"哲学家进餐"问题很好地描述了死锁状况。5 个哲学家去吃中餐,坐在一张圆桌旁。他们有 5 根筷子(而不是 5 双),并且每两个人中间放一根筷子。哲学家们时而思考,时而进餐。每个人都需要一双筷子才能吃到东西,并在吃完后将筷子放回原处继续思考。有些筷子管理算法能够使每个人都能相对及时地吃到东西(例如一个饥饿的哲学家会尝试获得两根邻近的筷子,但如果其中一根正在被另一个哲学家使用,那么他将放弃已经得到的那根筷子,并等待几分钟之后再次尝试),但有些算法却可能导致一些或者所有哲学家都"饿死"(每个人都立即抓住自己左边的筷子,然后等待自己右边的筷子空出来,但同时又不放下已经拿到的筷子)。后一种情况将产生死锁:每个人都拥有其他人需要的资源,同时又等待其他人已经拥有的资源,并且每个人在获得所有需要的资源之前都不会放弃已经拥有的资源。

当一个线程永远地持有一个锁,并且其他线程都尝试获得这个锁时,那么它们将永远被阻塞。在线程 A 持有锁 L 并想获得锁 M 的同时,线程 B 持有锁 M 并尝试获得锁 L,那么这两个线程将永远地等待下去。这种情况就是最简单的死锁形式（或者称为"抱死 [Deadly Embrace]"），其中多个线程由于存在环路的锁依赖关系而永远地等待下去。（把每个线程假想为有向图中的一个节点，图中每条边表示的关系是："线程 A 等待线程 B 所占有的资源"。如果在图中形成了一条环路，那么就存在一个死锁。）

在数据库系统的设计中考虑了监测死锁以及从死锁中恢复。在执行一个事务（Transaction）时可能需要获取多个锁，并一直持有这些锁直到事务提交。因此在两个事务之间很可能发生死锁，但事实上这种情况并不多见。如果没有外部干涉，那么这些事务将永远等待下去（在某个事务中持有的锁可能在其他事务中也需要）。但数据库服务器不会让这种情况发生。当它检测到一组事务发生了死锁时(通过在表示等待关系的有向图中搜索循环)，将选择一个牺牲者并放弃这个事务。作为牺牲者的事务会释放它所持有的资源，从而使其他事务继续进行。应用程序可以重新执行被强行中止的事务，而这个事务现在可以成功完成，因为所有跟它竞争资源的事务都已经完成了。

JVM 在解决死锁问题方面并没有数据库服务那样强大。当一组 Java 线程发生死锁时，"游戏"将到此结束——这些线程永远不能再使用了。根据线程完成工作的不同，可能造成应用程序完全停止，或者某个特定的子系统停止，或者是性能降低。恢复应用程序的唯一方式就是中止并重启它，并希望不要再发生同样的事情。

与许多其他的并发危险一样，死锁造成的影响很少会立即显现出来。如果一个类可能发生死锁，那么并不意味着每次都会发生死锁，而只是表示有可能。当死锁出现时，往往是在最糟糕的时候——在高负载情况下。

10.1.1 锁顺序死锁

程序清单 10-1 中的 LeftRightDeadlock 存在死锁风险。leftRight 和 rightLeft 这两个方法分别获得 left 锁和 right 锁。如果一个线程调用了 leftRight，而另一个线程调用了 rightLeft，并且这两个线程的操作是交错执行，如图 10-1 所示，那么它们会发生死锁。

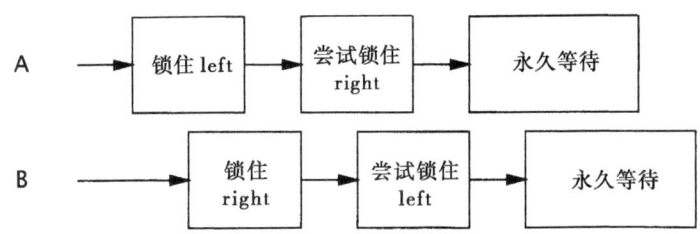

图 10-1　LeftRightDeadlock 中的不当执行时机

在 LeftRightDeadlock 中发生死锁的原因是：两个线程试图以不同的顺序来获得相同的锁。如果按照相同的顺序来请求锁，那么就不会出现循环的加锁依赖性，因此也就不会产生死锁。如果每个需要锁 L 和锁 M 的线程都以相同的顺序来获取 L 和 M，那么就不会发生死锁了。

> 如果所有线程以固定的顺序来获得锁，那么在程序中就不会出现锁顺序死锁问题。

要想验证锁顺序的一致性,需要对程序中的加锁行为进行全局分析。如果只是单独地分析每条获取多个锁的代码路径,那是不够的:leftRight 和 rightLeft 都采用了"合理的"方式来获得锁,它们只是不能相互兼容。当需要加锁时,它们需要知道彼此正在执行什么操作。

程序清单 10-1　简单的锁顺序死锁(不要这么做)

```java
// 注意:容易发生死锁!
public class LeftRightDeadlock {
    private final Object left = new Object();
    private final Object right = new Object();

    public void leftRight() {
        synchronized (left) {
            synchronized (right) {
                doSomething();
            }
        }
    }

    public void rightLeft() {
        synchronized (right) {
            synchronized (left) {
                doSomethingElse();
            }
        }
    }
}
```

10.1.2　动态的锁顺序死锁

有时候,并不能清楚地知道是否在锁顺序上有足够的控制权来避免死锁的发生。考虑程序清单 10-2 中看似无害的代码,它将资金从一个账户转入另一个账户。在开始转账之前,首先要获得这两个 Account 对象的锁,以确保通过原子方式来更新两个账户中的余额,同时又不破坏一些不变性条件,例如"账户的余额不能为负数"。

程序清单 10-2　动态的锁顺序死锁(不要这么做)

```java
// 注意:容易发生死锁!
public void transferMoney(Account fromAccount,
                          Account toAccount,
                          DollarAmount amount)
        throws InsufficientFundsException {
    synchronized (fromAccount) {
        synchronized (toAccount) {
            if (fromAccount.getBalance().compareTo(amount) < 0)
                throw new InsufficientFundsException();
            else {
                fromAccount.debit(amount);
                toAccount.credit(amount);
            }
        }
    }
}
```

在 transferMoney 中如何发生死锁？所有的线程似乎都是按照相同的顺序来获得锁，但事实上锁的顺序取决于传递给 transferMoney 的参数顺序，而这些参数顺序又取决于外部输入。如果两个线程同时调用 transferMoney，其中一个线程从 X 向 Y 转账，另一个线程从 Y 向 X 转账，那么就会发生死锁：

```
A: transferMoney(myAccount, yourAccount, 10);
B: transferMoney(yourAccount, myAccount, 20);
```

如果执行时序不当，那么 A 可能获得 myAccount 的锁并等待 yourAccount 的锁，然而 B 此时持有 yourAccount 的锁，并正在等待 myAccount 的锁。

这种死锁可以采用程序清单 10-1 中的方法来检查——查看是否存在嵌套的锁获取操作。由于我们无法控制参数的顺序，因此要解决这个问题，必须定义锁的顺序，并在整个应用程序中都按照这个顺序来获取锁。

在制定锁的顺序时，可以使用 System.identityHashCode 方法，该方法将返回由 Object.hashCode 返回的值。程序清单 10-3 给出了另一个版本的 transferMoney，在该版本中使用了 System.identityHashCode 来定义锁的顺序。虽然增加了一些新的代码，但却消除了发生死锁的可能性。

程序清单 10-3 通过锁顺序来避免死锁

```
private static final Object tieLock = new Object();

public void transferMoney(final Account fromAcct,
                          final Account toAcct,
                          final DollarAmount amount)
        throws InsufficientFundsException {
    class Helper {
        public void transfer() throws InsufficientFundsException {
            if (fromAcct.getBalance().compareTo(amount) < 0)
                throw new InsufficientFundsException();
            else {
                fromAcct.debit(amount);
                toAcct.credit(amount);
            }
        }
    }
    int fromHash = System.identityHashCode(fromAcct);
    int toHash = System.identityHashCode(toAcct);

    if (fromHash < toHash) {
        synchronized (fromAcct) {
            synchronized (toAcct) {
                new Helper().transfer();
            }
        }
    } else if (fromHash > toHash) {
        synchronized (toAcct) {
            synchronized (fromAcct) {
                new Helper().transfer();
            }
```

```
        }
    } else {
        synchronized (tieLock) {
            synchronized (fromAcct) {
                synchronized (toAcct) {
                    new Helper().transfer();
                }
            }
        }
    }
}
```

在极少数情况下,两个对象可能拥有相同的散列值,此时必须通过某种任意的方法来决定锁的顺序,而这可能又会重新引入死锁。为了避免这种情况,可以使用"加时赛(Tie-Breaking)"锁。在获得两个 Account 锁之前,首先获得这个"加时赛"锁,从而保证每次只有一个线程以未知的顺序获得这两个锁,从而消除了死锁发生的可能性(只要一致地使用这种机制)。如果经常会出现散列冲突的情况,那么这种技术可能会成为并发性的一个瓶颈(这类似于在整个程序中只有一个锁的情况),但由于 System.identityHashCode 中出现散列冲突的频率非常低,因此这项技术以最小的代价,换来了最大的安全性。

如果在 Account 中包含一个唯一的、不可变的,并且具备可比性的键值,例如账号,那么要制定锁的顺序就更加容易了:通过键值对对象进行排序,因而不需要使用"加时赛"锁。

你或许认为我有些夸大了死锁的风险,因为锁被持有的时间通常很短暂,然而在真实系统中,死锁往往都是很严重的问题。作为商业产品的应用程序每天可能要执行数十亿次获取锁 - 释放锁的操作。只要在这数十亿次操作中有一次发生了错误,就可能导致程序发生死锁,并且即使应用程序通过了压力测试也不可能找出所有潜在的死锁⊖。在程序清单 10-4 ⊖中的 DemonstrateDeadlock 在大多数系统下都会很快发生死锁。

程序清单 10-4 在典型条件下会发生死锁的循环

```
public class DemonstrateDeadlock {
    private static final int NUM_THREADS = 20;
    private static final int NUM_ACCOUNTS = 5;
    private static final int NUM_ITERATIONS = 1000000;

    public static void main(String[] args) {
        final Random rnd = new Random();
        final Account[] accounts = new Account[NUM_ACCOUNTS];

        for (int i = 0; i < accounts.length; i++)
            accounts[i] = new Account();

        class TransferThread extends Thread {
            public void run() {
```

⊖ 具有讽刺意味的是,之所以短时间地持有锁,是为了降低锁的竞争程度,但却增加了在测试中找出潜在死锁风险的难度。

⊖ 为了简便,在 DemonstrateDeadlock 没有考虑账户余额为负数的问题。

```
            for (int i=0; i<NUM_ITERATIONS; i++) {
                int fromAcct = rnd.nextInt(NUM_ACCOUNTS);
                int toAcct = rnd.nextInt(NUM_ACCOUNTS);
                DollarAmount amount =
                    new DollarAmount(rnd.nextInt(1000));
                transferMoney(accounts[fromAcct],
                              accounts[toAcct], amount);
            }
        }
    }
    for (int i = 0; i < NUM_THREADS; i++)
        new TransferThread().start();
}
```

10.1.3 在协作对象之间发生的死锁

某些获取多个锁的操作并不像在 LeftRightDeadlock 或 transferMoney 中那么明显,这两个锁并不一定必须在同一个方法中被获取。考虑程序清单 10-5 中两个相互协作的类,在出租车调度系统中可能会用到它们。Taxi 代表一个出租车对象,包含位置和目的地两个属性,Dispatcher 代表一个出租车车队。

程序清单 10-5　在相互协作对象之间的锁顺序死锁(不要这么做)

```
// 注意:容易发生死锁!
class Taxi {
    @GuardedBy("this") private Point location, destination;
    private final Dispatcher dispatcher;

    public Taxi(Dispatcher dispatcher) {
        this.dispatcher = dispatcher;
    }

    public synchronized Point getLocation() {
        return location;
    }

    public synchronized void setLocation(Point location) {
        this.location = location;
        if (location.equals(destination))
            dispatcher.notifyAvailable(this);
    }
}

class Dispatcher {
    @GuardedBy("this") private final Set<Taxi> taxis;
    @GuardedBy("this") private final Set<Taxi> availableTaxis;

    public Dispatcher() {
        taxis = new HashSet<Taxi>();
        availableTaxis = new HashSet<Taxi>();
    }
```

```java
public synchronized void notifyAvailable(Taxi taxi) {
    availableTaxis.add(taxi);
}
public synchronized Image getImage() {
    Image image = new Image();
    for (Taxi t : taxis)
        image.drawMarker(t.getLocation());
    return image;
}
```

尽管没有任何方法会显式地获取两个锁，但 setLocation 和 getImage 等方法的调用者都会获得两个锁。如果一个线程在收到 GPS 接收器的更新事件时调用 setLocation，那么它将首先更新出租车的位置，然后判断它是否到达了目的地。如果已经到达，它会通知 Dispatcher：它需要一个新的目的地。因为 setLocation 和 notifyAvailable 都是同步方法，因此调用 setLocation 的线程将首先获取 Taxi 的锁，然后获取 Dispatcher 的锁。同样，调用 getImage 的线程将首先获取 Dispatcher 锁，然后再获取每一个 Taxi 的锁（每次获取一个）。这与 LeftRightDeadlock 中的情况相同，两个线程按照不同的顺序来获取两个锁，因此就可能产生死锁。

在 LeftRightDeadlock 或 transferMoney 中，要查找死锁是比较简单的，只需要找出那些需要获取两个锁的方法。然而要在 Taxi 和 Dispatcher 中查找死锁则比较困难：如果在持有锁的情况下调用某个外部方法，那么就需要警惕死锁。

> 如果在持有锁时调用某个外部方法，那么将出现活跃性问题。在这个外部方法中可能会获取其他锁（这可能会产生死锁），或者阻塞时间过长，导致其他线程无法及时获得当前被持有的锁。

10.1.4 开放调用

当然，Taxi 和 Dispatcher 并不知道它们将要陷入死锁，况且它们本来就不应该知道。方法调用相当于一种抽象屏障，因而你无须了解在被调用方法中所执行的操作。但也正是由于不知道在被调用方法中执行的操作，因此在持有锁的时候对调用某个外部方法将难以进行分析，从而可能出现死锁。

如果在调用某个方法时不需要持有锁，那么这种调用被称为开放调用（Open Call）[CPJ 2.4.1.3]。依赖于开放调用的类通常能表现出更好的行为，并且与那些在调用方法时需要持有锁的类相比，也更易于编写。这种通过开放调用来避免死锁的方法，类似于采用封装机制来提供线程安全的方法：虽然在没有封装的情况下也能确保构建线程安全的程序，但对一个使用了封装的程序进行线程安全分析，要比分析没有使用封装的程序容易得多。同理，分析一个完全依赖于开放调用的程序的活跃性，要比分析那些不依赖开放调用的程序的活跃性简单。通过尽可能地使用开放调用，将更易于找出那些需要获取多个锁的代码路径，因此也就更容易确保采用

一致的顺序来获得锁。○

可以很容易地将程序清单 10-5 中的 Taxi 和 Dispatcher 修改为使用开放调用，从而消除发生死锁的风险。这需要使同步代码块仅被用于保护那些涉及共享状态的操作，如程序清单 10-6 所示。通常，如果只是为了语法紧凑或简单性（而不是因为整个方法必须通过一个锁来保护）而使用同步方法（而不是同步代码块），那么就会导致程序清单 10-5 中的问题。（此外，收缩同步代码块的保护范围还可以提高可伸缩性，在 11.4.1 节中给出了如何确定同步代码块大小的方法。）

程序清单 10-6　通过公开调用来避免在相互协作的对象之间产生死锁

```
@ThreadSafe
class Taxi {
    @GuardedBy("this") private Point location, destination;
    private final Dispatcher dispatcher;
    ...
    public synchronized Point getLocation() {
        return location;
    }

    public void setLocation(Point location) {
        boolean reachedDestination;
        synchronized (this) {
            this.location = location;
            reachedDestination = location.equals(destination);
        }
        if (reachedDestination)
            dispatcher.notifyAvailable(this);
    }
}

@ThreadSafe
class Dispatcher {
    @GuardedBy("this") private final Set<Taxi> taxis;
    @GuardedBy("this") private final Set<Taxi> availableTaxis;
    ...
    public synchronized void notifyAvailable(Taxi taxi) {
        availableTaxis.add(taxi);
    }

    public Image getImage() {
        Set<Taxi> copy;
        synchronized (this) {
            copy = new HashSet<Taxi>(taxis);
        }
        Image image = new Image();
        for (Taxi t : copy)
            image.drawMarker(t.getLocation());
        return image;
    }
}
```

○ 这些对开放调用以及锁顺序的依赖，反映了在构造同步对象（而不是对已构造好的对象进行同步）过程中存在的复杂性。

> 在程序中应尽量使用开放调用。与那些在持有锁时调用外部方法的程序相比，更易于对依赖于开放调用的程序进行死锁分析。

有时候，在重新编写同步代码块以使用开放调用时会产生意想不到的结果，因为这会使得某个原子操作变为非原子操作。在许多情况下，使某个操作失去原子性是可以接受的。例如，对于两个操作：更新出租车位置以及通知调度程序这辆出租车已准备好出发去一个新的目的地，这两个操作并不需要实现为一个原子操作。在其他情况中，虽然去掉原子性可能会出现一些值得注意的结果，但这种语义变化仍然是可以接受的。在容易产生死锁的版本中，getImage 会生成某个时刻下的整个车队位置的完整快照，而在重新改写的版本中，getImage 将获得每辆出租车不同时刻的位置。

然而，在某些情况下，丢失原子性会引发错误，此时需要通过另一种技术来实现原子性。例如，在构造一个并发对象时，使得每次只有单个线程执行使用了开放调用的代码路径。例如，在关闭某个服务时，你可能希望所有正在运行的操作执行完成以后，再释放这些服务占用的资源。如果在等待操作完成的同时持有该服务的锁，那么将很容易导致死锁，但如果在服务关闭之前就释放服务的锁，则可能导致其他线程开始新的操作。这个问题的解决方法是，在将服务的状态更新为"关闭"之前一直持有锁，这样其他想要开始新操作的线程，包括想关闭该服务的其他线程，会发现服务已经不可用，因此也就不会试图开始新的操作。然后，你可以等待关闭操作结束，并且知道当开放调用完成后，只有执行关闭操作的线程才能访问服务的状态。因此，这项技术依赖于构造一些协议（而不是通过加锁）来防止其他线程进入代码的临界区。

10.1.5 资源死锁

正如当多个线程相互持有彼此正在等待的锁而又不释放自己已持有的锁时会发生死锁，当它们在相同的资源集合上等待时，也会发生死锁。

假设有两个资源池，例如两个不同数据库的连接池。资源池通常采用信号量来实现（请参见 5.5.3 节）当资源池为空时的阻塞行为。如果一个任务需要连接两个数据库，并且在请求这两个资源时不会始终遵循相同的顺序，那么线程 A 可能持有与数据库 D_1 的连接，并等待与数据库 D_2 的连接，而线程 B 则持有与 D_2 的连接并等待与 D_1 的连接。（资源池越大，出现这种情况的可能性就越小。如果每个资源池都有 N 个连接，那么在发生死锁时不仅需要 N 个循环等待的线程，而且还需要大量不恰当的执行时序。）

另一种基于资源的死锁形式就是线程饥饿死锁（Thread-Starvation Deadlock）。8.1.1 节给出了这种危害的一个示例：一个任务提交另一个任务，并等待被提交任务在单线程的 Executor 中执行完成。这种情况下，第一个任务将永远等待下去，并使得另一个任务以及在这个 Executor 中执行的所有其他任务都停止执行。如果某些任务需要等待其他任务的结果，那么这些任务往往是产生线程饥饿死锁的主要来源，有界线程池 / 资源池与相互依赖的任务不能一起使用。

10.2 死锁的避免与诊断

如果一个程序每次至多只能获得一个锁，那么就不会产生锁顺序死锁。当然，这种情况通常并不现实，但如果能够避免这种情况，那么就能省去很多工作。如果必须获取多个锁，那么在设计时必须考虑锁的顺序：尽量减少潜在的加锁交互数量，将获取锁时需要遵循的协议写入正式文档并始终遵循这些协议。

在使用细粒度锁的程序中，可以通过使用一种两阶段策略（Two-Part Strategy）来检查代码中的死锁：首先，找出在什么地方将获取多个锁（使这个集合尽量小），然后对所有这些实例进行全局分析，从而确保它们在整个程序中获取锁的顺序都保持一致。尽可能地使用开放调用，这能极大地简化分析过程。如果所有的调用都是开放调用，那么要发现获取多个锁的实例是非常简单的，可以通过代码审查，或者借助自动化的源代码分析工具。

10.2.1 支持定时的锁

还有一项技术可以检测死锁和从死锁中恢复过来，即显式使用 Lock 类中的定时 tryLock 功能（参见第 13 章）来代替内置锁机制。当使用内置锁时，只要没有获得锁，就会永远等待下去，而显式锁则可以指定一个超时时限 (Timeout)，在等待超过该时间后 tryLock 会返回一个失败信息。如果超时时限比获取锁的时间要长很多，那么就可以在发生某个意外情况后重新获得控制权。（在程序清单 13-3 中给出了 transferMoney 的另一种实现，其中使用了一种轮询的 tryLock 消除了死锁发生的可能性。）

当定时锁失败时，你并不需要知道失败的原因。或许是因为发生了死锁，或许某个线程在持有锁时错误地进入了无限循环，还可能是某个操作的执行时间远远超过了你的预期。然而，至少你能记录所发生的失败，以及关于这次操作的其他有用信息，并通过一种更平缓的方式来重新启动计算，而不是关闭整个进程。

即使在整个系统中没有始终使用定时锁，使用定时锁来获取多个锁也能有效地应对死锁问题。如果在获取锁时超时，那么可以释放这个锁，然后后退并在一段时间后再次尝试，从而消除了死锁发生的条件，使程序恢复过来。（这项技术只有在同时获取两个锁时才有效，如果在嵌套的方法调用中请求多个锁，那么即使你知道已经持有了外层的锁，也无法释放它。）

10.2.2 通过线程转储信息来分析死锁

虽然防止死锁的主要责任在于你自己，但 JVM 仍然通过线程转储 (Thread Dump) 来帮助识别死锁的发生。线程转储包括各个运行中的线程的栈追踪信息，这类似于发生异常时的栈追踪信息。线程转储还包含加锁信息，例如每个线程持有了哪些锁，在哪些栈帧中获得这些锁，以及被阻塞的线程正在等待获取哪一个锁。⊖在生成线程转储之前，JVM 将在等待关系图中通过

⊖ 即使没有死锁，这些信息对于调试来说也是有用的。通过定期触发线程转储，可以观察程序的加锁行为。

搜索循环来找出死锁。如果发现了一个死锁，则获取相应的死锁信息，例如在死锁中涉及哪些锁和线程，以及这个锁的获取操作位于程序的哪些位置。

要在 UNIX 平台上触发线程转储操作，可以通过向 JVM 的进程发送 SIGQUIT 信号（kill -3），或者在 UNIX 平台中按下 Ctrl-\ 键，在 Windows 平台中按下 Ctrl-Break 键。在许多 IDE（集成开发环境）中都可以请求线程转储。

如果使用显式的 Lock 类而不是内部锁，那么 Java 5.0 并不支持与 Lock 相关的转储信息，在线程转储中不会出现显式的 Lock。虽然 Java 6 中包含对显式 Lock 的线程转储和死锁检测等的支持，但在这些锁上获得的信息比在内置锁上获得的信息精确度低。内置锁与获得它们所在的线程栈帧是相关联的，而显式的 Lock 只与获得它的线程相关联。

程序清单 10-7 给出了一个 J2EE 应用程序中获取的部分线程转储信息。在导致死锁的故障中包括 3 个组件：一个 J2EE 应用程序，一个 J2EE 容器，以及一个 JDBC 驱动程序，分别由不同的生产商提供。这 3 个组件都是商业产品，并经过了大量的测试，但每一个组件中都存在一个错误，并且这个错误只有当它们进行交互时才会显现出来，并导致服务器出现一个严重的故障。

程序清单 10-7　在发生死锁后的部分线程转储信息

```
Found one Java-level deadlock:
=============================
"ApplicationServerThread":
  waiting to lock monitor 0x080f0cdc (a MumbleDBConnection),
  which is held by "ApplicationServerThread"
"ApplicationServerThread":
  waiting to lock monitor 0x080f0ed4 (a MumbleDBCallableStatement),
  which is held by "ApplicationServerThread"

Java stack information for the threads listed above:
"ApplicationServerThread":
      at MumbleDBConnection.remove_statement
      - waiting to lock <0x650f7f30> (a MumbleDBConnection)
      at MumbleDBStatement.close
      - locked <0x6024ffb0> (a MumbleDBCallableStatement)
   ...

"ApplicationServerThread":
      at MumbleDBCallableStatement.sendBatch
      - waiting to lock <0x6024ffb0> (a MumbleDBCallableStatement)
      at MumbleDBConnection.commit
      - locked <0x650f7f30> (a MumbleDBConnection)
   ...
```

我们只给出了与查找死锁相关的部分线程转储信息。当诊断死锁时，JVM 可以帮我们做许多工作——哪些锁导致了这个问题，涉及哪些线程，它们持有哪些其他的锁，以及是否间接地给其他线程带来了不利影响。其中一个线程持有 MumbleDBConnection 上的锁，并等待获得 MumbleDBCallableStatement 上的锁，而另一个线程则持有 MumbleDBCallableStatement 上的锁，并等待 MumbleDBConnection 上的锁。

在这里使用的 JDBC 驱动程序中明显存在一个锁顺序问题：不同的调用链通过 JDBC 驱动程序以不同的顺序获取多个锁。如果不是由于另一个错误，这个问题永远不会显现出来：多个线程试图同时使用同一个 JDBC 连接。这并不是应用程序的设计初衷——开发人员惊讶地发现同一个 Connection 被两个线程并发使用。在 JDBC 规范中并没有要求 Connection 必须是线程安全的，以及 Connection 通常被封闭在单个线程中使用，而在这里就采用了这种假设。这个生产商试图提供一个线程安全的 JDBC 驱动，因此在驱动程序代码内部对多个 JDBC 对象施加了同步机制。然而，生产商却没有考虑锁的顺序，因而驱动程序很容易发生死锁，而正是由于这个存在死锁风险的驱动程序与错误共享 Connection 的应用程序发生了交互，才使得这个问题暴露出来。因为单个错误并不会产生死锁，只有这两个错误同时发生时才会产生，即使它们分别进行了大量测试。

10.3 其他活跃性危险

尽管死锁是最常见的活跃性危险，但在并发程序中还存在一些其他的活跃性危险，包括：饥饿、丢失信号和活锁等。（"丢失信号"这种活跃性危险将在 14.2.3 节中介绍。）

10.3.1 饥饿

当线程由于无法访问它所需要的资源而不能继续执行时，就发生了"饥饿（Starvation）"。引发饥饿的最常见资源就是 CPU 时钟周期。如果在 Java 应用程序中对线程的优先级使用不当，或者在持有锁时执行一些无法结束的结构（例如无限循环，或者无限制地等待某个资源），那么也可能导致饥饿，因为其他需要这个锁的线程将无法得到它。

在 Thread API 中定义的线程优先级只是作为线程调度的参考。在 Thread API 中定义了 10 个优先级，JVM 根据需要将它们映射到操作系统的调度优先级。这种映射是与特定平台相关的，因此在某个操作系统中两个不同的 Java 优先级可能被映射到同一个优先级，而在另一个操作系统中则可能被映射到另一个不同的优先级。在某些操作系统中，如果优先级的数量少于 10 个，那么有多个 Java 优先级会被映射到同一个优先级。

操作系统的线程调度器会尽力提供公平的、活跃性良好的调度，甚至超出 Java 语言规范的需求范围。在大多数 Java 应用程序中，所有线程都具有相同的优先级 Thread.NORM_PRIORITY。线程优先级并不是一种直观的机制，而通过修改线程优先级所带来的效果通常也不明显。当提高某个线程的优先级时，可能不会起到任何作用，或者也可能使得某个线程的调度优先级高于其他线程，从而导致饥饿。

通常，我们尽量不要改变线程的优先级。只要改变了线程的优先级，程序的行为就将与平台相关，并且会导致发生饥饿问题的风险。你经常能发现某个程序会在一些奇怪的地方调用 Thread.sleep 或 Thread.yield，这是因为该程序试图克服优先级调整问题或响应性问题，并试图让低优先级的线程执行更多的时间。⊖

⊖ Thread.yield（以及 Thread.sleep(O)）的语义都是未定义的 [JLS 17.9]。JVM 既可以将它们实现为空操作，也可以将它们视为线程调度的参考。尤其是，在 UNIX 系统中并不要求它们拥有 sleep(O) 的语义——将当前线程放在与该优先级对应的运行队列末尾，并将执行权交给拥有相同优先级的其他线程，尽管有些 JVM 是按照这种方式来实现 yield 方法的。

> 要避免使用线程优先级,因为这会增加平台依赖性,并可能导致活跃性问题。在大多数并发应用程序中,都可以使用默认的线程优先级。

10.3.2 糟糕的响应性

除饥饿以外的另一个问题是糟糕的响应性,如果在 GUI 应用程序中使用了后台线程,那么这种问题是很常见的。在第 9 章中开发了一个框架,并把运行时间较长的任务放到后台线程中运行,从而不会使用户界面失去响应。但 CPU 密集型的后台任务仍然可能对响应性造成影响,因为它们会与事件线程共同竞争 CPU 的时钟周期。在这种情况下就可以发挥线程优先级的作用,此时计算密集型的后台任务将对响应性造成影响。如果由其他线程完成的工作都是后台任务,那么应该降低它们的优先级,从而提高前台程序的响应性。

不良的锁管理也可能导致糟糕的响应性。如果某个线程长时间占有一个锁(或许正在对一个大容器进行迭代,并且对每个元素进行计算密集的处理),而其他想要访问这个容器的线程就必须等待很长时间。

10.3.3 活锁

活锁(Livelock)是另一种形式的活跃性问题,该问题尽管不会阻塞线程,但也不能继续执行,因为线程将不断重复执行相同的操作,而且总会失败。活锁通常发生在处理事务消息的应用程序中:如果不能成功地处理某个消息,那么消息处理机制将回滚整个事务,并将它重新放到队列的开头。如果消息处理器在处理某种特定类型的消息时存在错误并导致它失败,那么每当这个消息从队列中取出并传递到存在错误的处理器时,都会发生事务回滚。由于这条消息又被放回到队列开头,因此处理器将被反复调用,并返回相同的结果。(有时候也被称为毒药消息,Poison Message。)虽然处理消息的线程并没有阻塞,但也无法继续执行下去。这种形式的活锁通常是由过度的错误恢复代码造成的,因为它错误地将不可修复的错误作为可修复的错误。

当多个相互协作的线程都对彼此进行响应从而修改各自的状态,并使得任何一个线程都无法继续执行时,就发生了活锁。这就像两个过于礼貌的人在半路上面对面地相遇:他们彼此都让出对方的路,然而又在另一条路上相遇了。因此他们就这样反复地避让下去。

要解决这种活锁问题,需要在重试机制中引入随机性。例如,在网络上,如果两台机器尝试使用相同的载波来发送数据包,那么这些数据包就会发生冲突。这两台机器都检查到了冲突,并都在稍后再次重发。如果二者都选择了在 1 秒钟后重试,那么它们又会发生冲突,并且不断地冲突下去,因而即使有大量闲置的带宽,也无法使数据包发送出去。为了避免这种情况发生,需要让它们分别等待一段随机的时间。(以太协议定义了在重复发生冲突时采用指数方式回退机制,从而降低在多台存在冲突的机器之间发生拥塞和反复失败的风险。)在并发应用程序中,通过等待随机长度的时间和回退可以有效地避免活锁的发生。

小结

活跃性故障是一个非常严重的问题,因为当出现活跃性故障时,除了中止应用程序之外没有其他任何机制可以帮助从这种故障时恢复过来。最常见的活跃性故障就是锁顺序死锁。在设计时应该避免产生锁顺序死锁:确保线程在获取多个锁时采用一致的顺序。最好的解决方法是在程序中始终使用开放调用。这将大大减少需要同时持有多个锁的地方,也更容易发现这些地方。

第 11 章

性能与可伸缩性

线程的最主要目的是提高程序的运行性能[一]。线程可以使程序更加充分地发挥系统的可用处理能力,从而提高系统的资源利用率。此外,线程还可以使程序在运行现有任务的情况下立即开始处理新的任务,从而提高系统的响应性。

本章将介绍各种分析、监测以及提升并发程序性能的技术。然而,许多提升性能的技术同样会增加复杂性,因此也就增加了在安全性和活跃性上发生失败的风险。更糟糕的是,虽然某些技术的初衷是提升性能,但事实上却与最初的目标背道而驰,或者又带来了其他新的性能问题。虽然我们希望获得更好的性能——提升性能总会令人满意,但始终要把安全性放在第一位。首先要保证程序能正确运行,然后仅当程序的性能需求和测试结果要求程序执行得更快时,才应该设法提高它的运行速度。在设计并发的应用程序时,最重要的考虑因素通常并不是将程序的性能提升至极限。

11.1 对性能的思考

提升性能意味着用更少的资源做更多的事情。"资源"的含义很广。对于一个给定的操作,通常会缺乏某种特定的资源,例如 CPU 时钟周期、内存、网络带宽、I/O 带宽、数据库请求、磁盘空间以及其他资源。当操作性能由于某种特定的资源而受到限制时,我们通常将该操作称为资源密集型的操作,例如,CPU 密集型、数据库密集型等。

尽管使用多个线程的目标是提升整体性能,但与单线程的方法相比,使用多个线程总会引入一些额外的性能开销。造成这些开销的操作包括:线程之间的协调(例如加锁、触发信号以及内存同步等),增加的上下文切换,线程的创建和销毁,以及线程的调度等。如果过度地使用线程,那么这些开销甚至会超过由于提高吞吐量、响应性或者计算能力所带来的性能提升。另一方面,一个并发设计很糟糕的应用程序,其性能甚至比实现相同功能的串行程序的性能还要差。[二]

要想通过并发来获得更好的性能,需要努力做好两件事情:更有效地利用现有处理资源,以及在出现新的处理资源时使程序尽可能地利用这些新资源。从性能监视的视角来看,CPU 需

[一] 有人可能会认为:这也是我们不得不忍受线程带来的复杂性的唯一原因。
[二] 我的一个同事曾告诉我一件有趣的事情:他曾经测试过一个耗资巨大并且复杂的应用程序,该程序通过一个可调节的线程池来管理需要执行的工作。在系统运行结束后,测试结果表明:线程池的最优线程数量为 1。其实,从一开始就应该看到这个问题,目标系统是一个单 CPU 系统,而该应用程序基本上是一个 CPU 密集型程序。

要尽可能保持忙碌状态。（当然，这并不意味着将 CPU 时钟周期浪费在一些无用的计算上，而是执行一些有用的工作。）如果程序是计算密集型的，那么可以通过增加处理器来提高性能。因为如果程序无法使现有的处理器保持忙碌状态，那么增加再多的处理器也无济于事。通过将应用程序分解到多个线程上执行，使得每个处理器都执行一些工作，从而使所有 CPU 都保持忙碌状态。

11.1.1 性能与可伸缩性

应用程序的性能可以采用多个指标来衡量，例如服务时间、延迟时间、吞吐率、效率、可伸缩性以及容量等。其中一些指标（服务时间、等待时间）用于衡量程序的"运行速度"，即某个指定的任务单元需要"多快"才能处理完成。另一些指标（生产量、吞吐量）用于程序的"处理能力"，即在计算资源一定的情况下，能完成"多少"工作。

> 可伸缩性指的是：当增加计算资源时（例如 CPU、内存、存储容量或 I/O 带宽），程序的吞吐量或者处理能力能相应地增加。

在并发应用程序中针对可伸缩性进行设计和调整时所采用的方法与传统的性能调优方法截然不同。当进行性能调优时，其目的通常是用更小的代价完成相同的工作，例如通过缓存来重用之前计算的结果，或者采用时间复杂度为 $O(n^2)$ 算法来代替复杂度为 $O(n \log n)$ 的算法。在进行可伸缩性调优时，其目的是设法将问题的计算并行化，从而能利用更多的计算资源来完成更多的工作。

性能的这两个方面——"多快"和"多少"，是完全独立的，有时候甚至是相互矛盾的。要实现更高的可伸缩性或硬件利用率，通常会增加各个任务所要处理的工作量，例如把任务分解为多个"流水线"子任务时。具有讽刺意味的是，大多数提高单线程程序性能的技术，往往都会破坏可伸缩性（请参见 11.4.4 节中的实例）。

我们熟悉的三层程序模型，即在模型中的表现层、业务逻辑层和持久化层是彼此独立的，并且可能由不同的系统来处理，这很好地说明了提高可伸缩性通常会造成性能损失的原因。如果把表现层、业务逻辑层和持久化层都融合到单个应用程序中，那么在处理第一个工作单元时，其性能肯定要高于将应用程序分为多层并将不同层次分布到多个系统时的性能。这种单一的应用程序避免了在不同层次之间传递任务时存在的网络延迟，同时也不需要将计算过程分解到不同的抽象层次，因此能减少许多开销（例如在任务排队、线程协调以及数据复制时存在的开销）。

然而，当这种单一的系统到达自身处理能力的极限时，会遇到一个严重的问题：要进一步提升它的处理能力将非常困难。因此，我们通常会接受每个工作单元执行更长的时间或消耗更多的计算资源，以换取应用程序在增加更多资源的情况下处理更高的负载。

对于服务器应用程序来说，"多少"这个方面——可伸缩性、吞吐量和生产量，往往比"多快"这个方面更受重视。（在交互式应用程序中，延迟或许更加重要，这样用户就不用等待进度条的指定,并奇怪程序究竟在执行哪些操作。)本章将重点介绍可伸缩性而不是单线程程序的性能。

11.1.2 评估各种性能权衡因素

在几乎所有的工程决策中都会涉及某些形式的权衡。在建设桥梁时,使用更粗的钢筋可以提高桥的负载能力和安全性,但同时也会提高建造成本。尽管在软件工程的决策中通常不会涉及资金以及人身安全,但在做出正确的权衡时通常会缺少相应的信息。例如,"快速排序"算法在大规模数据集上的执行效率非常高,但对于小规模的数据集来说,"冒泡排序"实际上更高效。如果要实现一个高效的排序算法,那么需要知道被处理数据集的大小,还有衡量优化的指标,包括:平均计算时间、最差时间、可预知性。然而,编写某个库中排序算法的开发人员通常无法知道这些需求信息。这就是为什么大多数优化措施都不成熟的原因之一:它们通常无法获得一组明确的需求。

> 避免不成熟的优化。首先使程序正确,然后再提高运行速度——如果它还运行得不够快。

当进行决策时,有时候会通过增加某种形式的成本来降低另一种形式的开销(例如,增加内存使用量以降低服务时间),也会通过增加开销来换取安全性。安全性并不一定就是指对人身安全的威胁,例如桥梁设计的示例。很多性能优化措施通常都是以牺牲可读性或可维护性为代价——代码越"聪明"或越"晦涩",就越难以理解和维护。有时候,优化措施会破坏面向对象的设计原则,例如需要打破封装,有时候,它们又会带来更高的错误风险,因为通常越快的算法就越复杂。(如果你无法找出其中的代价或风险,那么或许还没有对这些优化措施进行彻底的思考和分析。)

在大多数性能决策中都包含有多个变量,并且非常依赖于运行环境。在使某个方案比其他方案"更快"之前,首先问自己一些问题:
- "更快"的含义是什么?
- 该方法在什么条件下运行得更快?在低负载还是高负载的情况下?大数据集还是小数据集?能否通过测试结果来验证你的答案?
- 这些条件在运行环境中的发生频率?能否通过测试结果来验证你的答案?
- 在其他不同条件的环境中能否使用这里的代码?
- 在实现这种性能提升时需要付出哪些隐含的代价,例如增加开发风险或维护开销?这种权衡是否合适?

在进行任何与性能相关的决策时,都应该考虑这些问题,本书只介绍并发性方面的内容。我们为什么要推荐这种保守的优化方法?对性能的提升可能是并发错误的最大来源。有人认为同步机制"太慢",因而采用一些看似聪明实则危险的方法来减少同步的使用(例如 16.2.4 节中讨论的双重检查锁),这也通常作为不遵守同步规则的一个常见借口。然而,由于并发错误是最难追踪和消除的错误,因此对于任何可能会引入这类错误的措施,都需要谨慎实施。

更糟的是，虽然你的初衷可能是用安全性来换取性能，但最终可能什么都得不到。特别是，当提到并发时，许多开发人员对于哪些地方存在性能问题，哪种方法的运行速度更快，以及哪种方法的可伸缩性更高，往往会存在错误的直觉。因此，在对性能的调优时，一定要有明确的性能需求（这样才能知道什么时候需要调优，以及什么时候应该停止），此外还需要一个测试程序以及真实的配置和负载等环境。在对性能调优后，你需要再次测量以验证是否到达了预期的性能提升目标。在许多优化措施中带来的安全性和可维护性等风险非常高。如果不是必须的话，你通常不想付出这样的代价，如果无法从这些措施中获得性能提升，那么你肯定不希望付出这种代价。

> 以测试为基准，不要猜测。

在市场上有一些成熟的分析工具可以用于评估性能以及找出性能瓶颈，但你不需要花太多的资金来找出程序的功能。例如，免费的 perfbar 应用程序可以给出 CPU 的忙碌程度信息，而我们通常的目标就是使 CPU 保持忙碌状态，因此这个功能可以有效地评估是否需要进行性能调优或者已实现的调优效果如何。

11.2 Amdahl 定律

在有些问题中，如果可用资源越多，那么问题的解决速度就越快。例如，如果参与收割庄稼的工人越多，那么就能越快地完成收割工作。而有些任务本质上是串行的，例如，即使增加再多的工人也不可能增加作物的生长速度。如果使用线程主要是为了发挥多个处理器的处理能力，那么就必须对问题进行合理的并行分解，并使得程序能有效地使用这种潜在的并行能力。

大多数并发程序都与农业耕作有着许多相似之处，它们都是由一系列的并行工作和串行工作组成的。Amdahl 定律描述的是：在增加计算资源的情况下，程序在理论上能够实现最高加速比，这个值取决于程序中可并行组件与串行组件所占的比重。假定 F 是必须被串行执行的部分，那么根据 Amdahl 定律，在包含 N 个处理器的机器中，最高的加速比为：

$$Speedup \leqslant \frac{1}{F + \frac{(1-F)}{N}}$$

当 N 趋近无穷大时，最大的加速比趋近于 $1/F$。因此，如果程序有 50% 的计算需要串行执行，那么最高的加速比只能是 2（而不管有多少个线程可用）；如果在程序中有 10% 的计算需要串行执行，那么最高的加速比将接近 10。Amdahl 定律还量化了串行化的效率开销。在拥有 10 个处理器的系统中，如果程序中有 10% 的部分需要串行执行，那么最高的加速比为 5.3（53% 的使用率），在拥有 100 个处理器的系统中，加速比可以达到 9.2（9% 的使用率）。即使拥有无限多的 CPU，加速比也不可能为 10。

图 11-1 给出了处理器利用率在不同串行比例以及处理器数量情况下的变化曲线。（利用率的定义为：加速比除以处理器的数量。）随着处理器数量的增加，可以很明显地看到，即使串行部分所占的百分比很小，也会极大地限制当增加计算资源时能够提升的吞吐率。

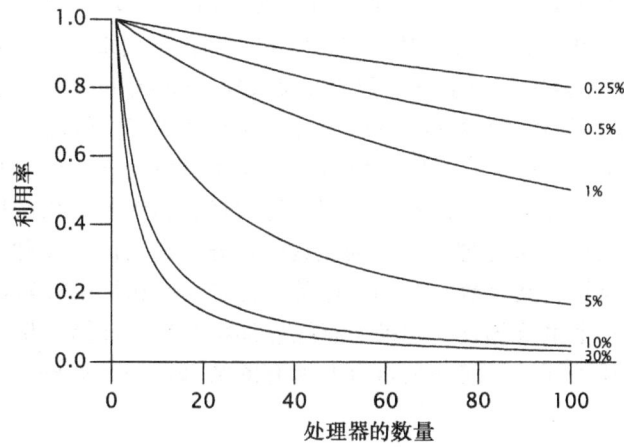

图 11-1　在串行部分所占不同比例下的最高利用率

第6章介绍了如何识别任务的逻辑边界并将应用程序分解为多个子任务。然而，要预测应用程序在某个多处理器系统中将实现多大的加速比，还需要找出任务中的串行部分。

假设应用程序中 N 个线程正在执行程序清单 11-1 中的 doWork，这些线程从一个共享的工作队列中取出任务进行处理，而且这里的任务都不依赖于其他任务的执行结果或影响。暂时先不考虑任务是如何进入这个队列的，如果增加处理器，那么应用程序的性能是否会相应地发生变化？初看上去，这个程序似乎能完全并行化：各个任务之间不会相互等待，因此处理器越多，能够并发处理的任务也就越多。然而，在这个过程中包含了一个串行部分——从队列中获取任务。所有工作者线程都共享同一个工作队列，因此在对该队列进行并发访问时需要采用某种同步机制来维持队列的完整性。如果通过加锁来保护队列的状态，那么当一个线程从队列中取出任务时，其他需要获取下一个任务的线程就必须等待，这就是任务处理过程中的串行部分。

程序清单 11-1　对任务队列的串行访问

```java
public class WorkerThread extends Thread {
    private final BlockingQueue<Runnable> queue;

    public WorkerThread(BlockingQueue<Runnable> queue) {
        this.queue = queue;
    }

    public void run() {
        while (true) {
            try {
                Runnable task = queue.take();
                task.run();
            } catch (InterruptedException e) {
                break; /* 允许线程退出 */
            }
        }
    }
}
```

单个任务的处理时间不仅包括执行任务 Runnable 的时间，也包括从共享队列中取出任务的时间。如果使用 LinkedBlockingQueue 作为工作队列，那么出列操作被阻塞的可能性将小于使用同步 LinkedList 时发生阻塞的可能性，因为 LinkedBlockingQueue 使用了一种可伸缩性更高的算法。然而，无论访问何种共享数据结构，基本上都会在程序中引入一个串行部分。

这个示例还忽略了另一种常见的串行操作：对结果进行处理。所有有用的计算都会生成某种结果或者产生某种效应——如果不会，那么可以将它们作为"死亡代码"删除掉。由于 Runnable 没有提供明确的结果处理过程，因此这些任务一定会产生某种效果，例如将它们的结果写入到日志或者保存到某个数据结构。通常，日志文件和结果容器都会由多个工作者线程共享，并且这也是一个串行部分。如果所有线程都将各自的计算结果保存到自行维护数据结构中，并且在所有任务都执行完成后再合并所有的结果，那么这种合并操作也是一个串行部分。

> 在所有并发程序中都包含一些串行部分。如果你认为在你的程序中不存在串行部分，那么可以再仔细检查一遍。

11.2.1 示例：在各种框架中隐藏的串行部分

要想知道串行部分是如何隐藏在应用程序的架构中，可以比较当增加线程时吞吐量的变化，并根据观察到的可伸缩性变化来推断串行部分中的差异。图 11-2 给出了一个简单的应用程序，其中多个线程反复地从一个共享 Queue 中取出元素进行处理，这与程序清单 11-1 很相似。处理步骤只需执行线程本地的计算。如果某个线程发现队列为空，那么它将把一组新元素放入队列，因而其他线程在下一次访问时不会没有元素可供处理。在访问共享队列的过程中显然存在着一定程度的串行操作，但处理步骤完全可以并行执行，因为它不会访问共享数据。

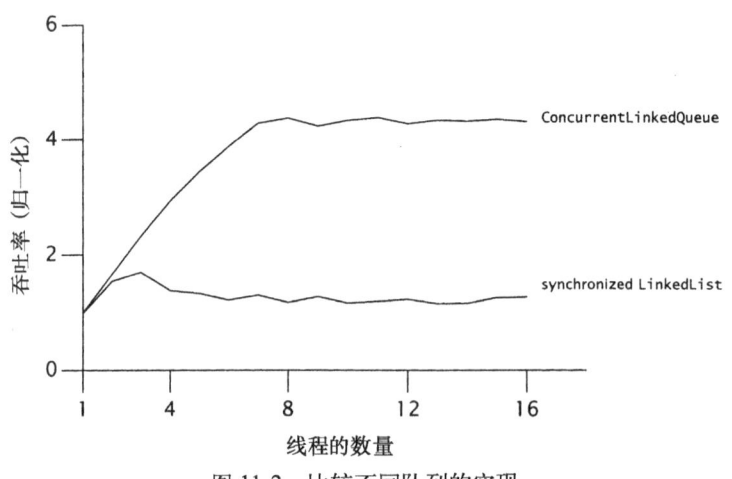

图 11-2 比较不同队列的实现

图 11-2 的曲线对两个线程安全的 Queue 的吞吐率进行了比较：其中一个是采用 synchronizedList 封装的 LinkedList；另一个是 ConcurrentLinkedQueue。这些测试在 8 路 Sparc V880 系

统上运行，操作系统为 Solaris。尽管每次运行都表示相同的"工作量"，但我们可以看到，只需改变队列的实现方式，就能对可伸缩性产生明显的影响。

ConcurrentLinkedQueue 的吞吐量不断提升，直到到达了处理器数量上限，之后将基本保持不变。另一方面，当线程数量小于 3 时，同步 LinkedList 的吞吐量也会有某种程度的提升，但是之后会由于同步开销的增加而下跌。当线程数量达到 4 个或 5 个时，竞争将非常激烈，甚至每次访问队列都会在锁上发生竞争，此时的吞吐量主要受到上下文切换的限制。

吞吐量的差异来源于两个队列中不同比例的串行部分。同步的 LinkedList 采用单个锁来保护整个队列的状态，并且在 offer 和 remove 等方法的调用期间都将持有这个锁。ConcurrentLinkedQueue 使用了一种更复杂的非阻塞队列算法（请参见 15.4.2 节），该算法使用原子引用来更新各个链接指针。在第一个队列中，整个的插入或删除操作都将串行执行，而在第二个队列中，只有对指针的更新操作需要串行执行。

11.2.2 Amdahl 定律的应用

如果能准确估计出执行过程中串行部分所占的比例，那么 Amdahl 定律就能量化当有更多计算资源可用时的加速比。虽然要直接测量串行部分的比例非常困难，但即使在不进行测试的情况下 Amdahl 定律仍然是有用的。

因为我们的思维通常会受到周围环境的影响，因此很多人都会习惯性地认为在多处理器系统中会包含 2 个或 4 个处理器，甚至更多（如果得到足够大的预算批准），因为这种技术在近年来被广泛使用。但随着多核 CPU 逐渐成为主流，系统可能拥有数百个甚至数千个处理器。⊖ 一些在 4 路系统中看似具有可伸缩性的算法，却可能含有一些隐藏的可伸缩性瓶颈，只是还没有遇到而已。

在评估一个算法时，要考虑算法在数百个或数千个处理器的情况下的性能表现，从而对可能出现的可伸缩性局限有一定程度的认识。例如，在 11.4.2 节和 11.4.3 节中介绍了两种降低锁粒度的技术：锁分解（将一个锁分解为两个锁）和锁分段（把一个锁分解为多个锁）。当通过 Amdahl 定律来分析这两项技术时，我们会发现，如果将一个锁分解为两个锁，似乎并不能充分利用多处理器的能力。锁分段技术似乎更有前途，因为分段的数量可随着处理器数量的增加而增加。（当然，性能优化应该考虑实际的性能需求，在某些情况下，将一个锁分解为两个就够了。）

11.3 线程引入的开销

单线程程序既不存在线程调度，也不存在同步开销，而且不需要使用锁来保证数据结构的一致性。在多个线程的调度和协调过程中都需要一定的性能开销：对于为了提升性能而引入的线程来说，并行带来的性能提升必须超过并发导致的开销。

⊖ 市场信息：在写作本书时，Sun 正在发布基于 8 核 Niagara 处理器的低端服务器系统，此外 Azul 也正在发布基于 24 核 Vega 处理器的高端服务器系统（包括 96 路、192 路和 384 路）。

11.3.1 上下文切换

如果主线程是唯一的线程，那么它基本上不会被调度出去。另一方面，如果可运行的线程数大于 CPU 的数量，那么操作系统最终会将某个正在运行的线程调度出来，从而使其他线程能够使用 CPU。这将导致一次上下文切换，在这个过程中将保存当前运行线程的执行上下文，并将新调度进来的线程的执行上下文设置为当前上下文。

切换上下文需要一定的开销，而在线程调度过程中需要访问由操作系统和 JVM 共享的数据结构。应用程序、操作系统以及 JVM 都使用一组相同的 CPU。在 JVM 和操作系统的代码中消耗越多的 CPU 时钟周期，应用程序的可用 CPU 时钟周期就越少。但上下文切换的开销并不只是包含 JVM 和操作系统的开销。当一个新的线程被切换进来时，它所需要的数据可能不在当前处理器的本地缓存中，因此上下文切换将导致一些缓存缺失，因而线程在首次调度运行时会更加缓慢。这就是为什么调度器会为每个可运行的线程分配一个最小执行时间，即使有许多其他的线程正在等待执行：它将上下文切换的开销分摊到更多不会中断的执行时间上，从而提高整体的吞吐量（以损失响应性为代价）。

当线程由于等待某个发生竞争的锁而被阻塞时，JVM 通常会将这个线程挂起，并允许它被交换出去。如果线程频繁地发生阻塞，那么它们将无法使用完整的调度时间片。在程序中发生越多的阻塞（包括阻塞 I/O，等待获取发生竞争的锁，或者在条件变量上等待），与 CPU 密集型的程序就会发生越多的上下文切换，从而增加调度开销，并因此而降低吞吐量。（无阻塞算法同样有助于减小上下文切换。请参见第 15 章。）

上下文切换的实际开销会随着平台的不同而变化，然而按照经验来看：在大多数通用的处理器中，上下文切换的开销相当于 5 000~10000 个时钟周期，也就是几微秒。

UNIX 系统的 vmstat 命令和 Windows 系统的 perfmon 工具都能报告上下文切换次数以及在内核中执行时间所占比例等信息。如果内核占用率较高（超过 10%），那么通常表示调度活动发生得很频繁，这很可能是由 I/O 或竞争锁导致的阻塞引起的。

11.3.2 内存同步

同步操作的性能开销包括多个方面。在 synchronized 和 volatile 提供的可见性保证中可能会使用一些特殊指令，即内存栅栏 (Memory Barrier)。内存栅栏可以刷新缓存，使缓存无效，刷新硬件的写缓冲，以及停止执行管道。内存栅栏可能同样会对性能带来间接的影响，因为它们将抑制一些编译器优化操作。在内存栅栏中，大多数操作都是不能被重排序的。

在评估同步操作带来的性能影响时，区分有竞争的同步和无竞争的同步非常重要。synchronized 机制针对无竞争的同步进行了优化（volatile 通常是非竞争的），而在编写本书时，一个"快速通道 (Fast-Path)"的非竞争同步将消耗 20 ~ 250 个时钟周期。虽然无竞争同步的开销不为零，但它对应用程序整体性能的影响微乎其微，而另一种方法不仅会破坏安全性，而且还会使你（或者后续开发人员）经历非常痛苦的除错过程。

现代的 JVM 能通过优化来去掉一些不会发生竞争的锁，从而减少不必要的同步开销。如果一个锁对象只能由当前线程访问，那么 JVM 就可以通过优化来去掉这个锁获取操作，因为另一个线程无法与当前线程在这个锁上发生同步。例如，JVM 通常都会去掉程序清单 11-2 中的锁获取操作。

程序清单 11-2　没有作用的同步（不要这么做）

```
synchronized (new Object()) {
    // 执行一些操作……
}
```

一些更完备的 JVM 能通过逸出分析 (Escape Analysis) 来找出不会发布到堆的本地对象引用（因此这个引用是线程本地的）。在程序清单 11-3 的 getStoogeNames 中，对 List 的唯一引用就是局部变量 stooges，并且所有封闭在栈中的变量都会自动成为线程本地变量。在 getStoogeNames 的执行过程中，至少会将 Vector 上的锁获取 / 释放 4 次，每次调用 add 或 toString 时都会执行 1 次。然而，一个智能的运行时编译器通常会分析这些调用，从而使 stooges 及其内部状态不会逸出，因此可以去掉这 4 次对锁获取操作。⊖

程序清单 11-3　可通过锁消除优化去掉的锁获取操作

```
public String getStoogeNames() {
    List<String> stooges = new Vector<String>();
    stooges.add("Moe");
    stooges.add("Larry");
    stooges.add("Curly");
    return stooges.toString();
}
```

即使不进行逸出分析，编译器也可以执行锁粒度粗化 (Lock Coarsening) 操作，即将邻近的同步代码块用同一个锁合并起来。在 getStoogeNmnes 中，如果 JVM 进行锁粒度粗化，那么可能会把 3 个 add 与 1 个 toString 调用合并为单个锁获取 / 释放操作，并采用启发式方法来评估同步代码块中采用同步操作以及指令之间的相对开销。⊖这不仅减少了同步的开销，同时还能使优化器处理更大的代码块，从而可能实现进一步的优化。

> 不要过度担心非竞争同步带来的开销。这个基本的机制已经非常快了，并且 JVM 还能进行额外的优化以进一步降低或消除开销。因此，我们应该将优化重点放在那些发生锁竞争的地方。

某个线程中的同步可能会影响其他线程的性能。同步会增加共享内存总线上的通信量，总线的带宽是有限的，并且所有的处理器都将共享这条总线。如果有多个线程竞争同步带宽，那

⊖ 这个编译器优化也被称为锁消除优化 (Lock Elision)，IBM 的 JVM 支持这种优化，并且预期从 Java 7 开始在 HotSpot 中支持。

⊖ 一个智能的动态编译器会发现该方法总是返回相同的字符串，因此在第一次执行后，把 getStoogeNames 重新编译为仅返回第一次执行的结果。

么所有使用了同步的线程都会受到影响。⊖

11.3.3 阻塞

非竞争的同步可以完全在 JVM 中进行处理（Bacon 等，1998），而竞争的同步可能需要操作系统的介入，从而增加开销。当在锁上发生竞争时，竞争失败的线程肯定会阻塞。JVM 在实现阻塞行为时，可以采用自旋等待（Spin-Waiting，指通过循环不断地尝试获取锁，直到成功）或者通过操作系统挂起被阻塞的线程。这两种方式的效率高低，要取决于上下文切换的开销以及在成功获取锁之前需要等待的时间。如果等待时间较短，则适合采用自旋等待方式，而如果等待时间较长，则适合采用线程挂起方式。有些 JVM 将根据对历史等待时间的分析数据在这两者之间进行选择，但是大多数 JVM 在等待锁时都只是将线程挂起。

当线程无法获取某个锁或者由于在某个条件等待或在 I/O 操作上阻塞时，需要被挂起，在这个过程中将包含两次额外的上下文切换，以及所有必要的操作系统操作和缓存操作：被阻塞的线程在其执行时间片还未用完之前就被交换出去，而在随后当要获取的锁或者其他资源可用时，又再次被切换回来。（由于锁竞争而导致阻塞时，线程在持有锁时将存在一定的开销：当它释放锁时，必须告诉操作系统恢复运行阻塞的线程。）

11.4 减少锁的竞争

我们已经看到，串行操作会降低可伸缩性，并且上下文切换也会降低性能。在锁上发生竞争时将同时导致这两种问题，因此减少锁的竞争能够提高性能和可伸缩性。

在对由某个独占锁保护的资源进行访问时，将采用串行方式——每次只有一个线程能访问它。当然，我们有很好的理由来使用锁，例如避免数据被破坏，但获得这种安全性是需要付出代价的。如果在锁上持续发生竞争，那么将限制代码的可伸缩性。

> 在并发程序中，对可伸缩性的最主要威胁就是独占方式的资源锁。

有两个因素将影响在锁上发生竞争的可能性：锁的请求频率，以及每次持有该锁的时间⊖。如果二者的乘积很小，那么大多数获取锁的操作都不会发生竞争，因此在该锁上的竞争不会对可伸缩性造成严重影响。然而，如果在锁上的请求量很高，那么需要获取该锁的线程将被阻塞并等待。在极端情况下，即使仍有大量工作等待完成，处理器也会被闲置。

⊖ 有时候，人们会拿这个方面与不包含"避让（Backoff）"机制的非阻塞算法相比较，因为在激烈的竞争下，非阻塞算法能比基于锁的算法产生更多的同步通信量。请参见第 15 章。

⊖ 这是 Little 定律的必然结论，也是排队理论的一个推论，"在一个稳定的系统中，顾客的平均数量等于他们的平均到达率乘以在系统中的平均停留时间"（Little, 1961）。

有3种方式可以降低锁的竞争程度：
- 减少锁的持有时间。
- 降低锁的请求频率。
- 使用带有协调机制的独占锁，这些机制允许更高的并发性。

11.4.1 缩小锁的范围（"快进快出"）

降低发生竞争可能性的一种有效方式就是尽可能缩短锁的持有时间。例如，可以将一些与锁无关的代码移出同步代码块，尤其是那些开销较大的操作，以及可能被阻塞的操作，例如I/O操作。

我们都知道，如果将一个"高度竞争"的锁持有过长的时间，那么会限制可伸缩性，例如在第2章中介绍的SynchronizedFactorizer的示例。如果某个操作持有锁的时间超过2毫秒并且所有操作都需要这个锁，那么无论拥有多少个空闲处理器，吞吐量也不会超过每秒500个操作。如果将这个锁的持有时间降为1毫秒，那么能够将这个锁对应的吞吐量提高到每秒1000个操作。⊖

程序清单11-4给出了一个示例，其中锁被持有过长的时间。userLocationMatches方法在一个Map对象中查找用户的位置，并使用正则表达式进行匹配以判断结果值是否匹配所提供的模式。整个userLocationMatches方法都使用了synchronized来修饰，但只有Map.get这个方法才真正需要锁。

程序清单11-4　将一个锁不必要地持有过长时间

```
@ThreadSafe
public class AttributeStore {
    @GuardedBy("this") private final Map<String, String>
            attributes = new HashMap<String, String>();

    public synchronized  boolean userLocationMatches(String name,
                                                    String regexp) {
        String key = "users." + name + ".location";
        String location = attributes.get(key);
        if (location == null)
            return false;
        else
            return Pattern.matches(regexp, location);
    }
}
```

在程序清单11-5的BetterAttributeStore中重新编写了AttributeStore，从而大大减少了锁的持有时间。第一个步骤是构建Map中与用户位置相关联的键值，这是一个字符串，形式为

⊖ 事实上，这里的计算仅考虑了锁的持有时间过长而导致的开销，而并没有考虑在锁的竞争中导致切换上下文而导致的开销。

users.name.location。这个步骤包括实例化一个 StringBuilder 对象，向其添加几个字符串，并将结果实例化为一个 String 类型对象。在获得了位置后，就可以将正则表达式与位置字符串进行匹配。由于在构建键值字符串以及处理正则表达式等过程中都不需要访问共享状态，因此在执行时不需要持有锁。通过在 BetterAttributeStore 中将这些步骤提取出来并放到同步代码块之外，从而减少了锁被持有的时间。

程序清单 11-5　减少锁的持有时间

```
@ThreadSafe
public class BetterAttributeStore {
    @GuardedBy("this") private final Map<String, String>
            attributes = new HashMap<String, String>();

    public boolean userLocationMatches(String name, String regexp) {
        String key = "users." + name + ".location";
        String location;
        synchronized (this) {
            location = attributes.get(key);
        }
        if (location == null)
            return false;
        else
            return Pattern.matches(regexp, location);
    }
}
```

通过缩小 userLocationMatches 方法中锁的作用范围，能极大地减少在持有锁时需要执行的指令数量。根据 Amdahl 定律，这样消除了限制可伸缩性的一个因素，因为串行代码的总量减少了。

由于在 AttributeStore 中只有一个状态变量 attributes，因此可以通过将线程安全性委托给其他的类来进一步提升它的性能（参见 4.3 节）。通过用线程安全的 Map（Hashtable、synchronizedMap 或 ConcurrentHashMap）来代替 attributes，AttributeStore 可以将确保线程安全性的任务委托给顶层的线程安全容器来实现。这样就无须在 AttributeStore 中采用显式的同步，缩小在访问 Map 期间锁的范围，并降低了将来的代码维护者无意破坏线程安全性的风险（例如在访问 attributes 之前忘记获得相应的锁）。

尽管缩小同步代码块能提高可伸缩性，但同步代码块也不能过小——一些需要采用原子方式执行的操作（例如对某个不变性条件中的多个变量进行更新）必须包含在一个同步块中。此外，同步需要一定的开销，当把一个同步代码块分解为多个同步代码块时（在确保正确性的情况下），反而会对性能提升产生负面影响。⊖在分解同步代码块时，理想的平衡点将与平台相关，但在实际情况中，仅当可以将一些"大量"的计算或阻塞操作从同步代码块中移出时，才应该考虑同步代码块的大小。

⊖ 如果 JVM 执行锁粒度粗化操作，那么可能会将分解的同步块又重新合并起来。

11.4.2 减小锁的粒度

另一种减小锁的持有时间的方式是降低线程请求锁的频率(从而减小发生竞争的可能性)。这可以通过锁分解和锁分段等技术来实现,在这些技术中将采用多个相互独立的锁来保护独立的状态变量,从而改变这些变量在之前由单个锁来保护的情况。这些技术能减小锁操作的粒度,并能实现更高的可伸缩性,然而,使用的锁越多,那么发生死锁的风险也就越高。

设想一下,如果在整个应用程序中只有一个锁,而不是为每个对象分配一个独立的锁,那么,所有同步代码块的执行就会变成串行化执行,而不考虑各个同步块中的锁。由于很多线程将竞争同一个全局锁,因此两个线程同时请求这个锁的概率将剧增,从而导致更严重的竞争。所以如果将这些锁请求分布到更多的锁上,那么能有效地降低竞争程度。由于等待锁而被阻塞的线程将更少,因此可伸缩性将提高。

如果一个锁需要保护多个相互独立的状态变量,那么可以将这个锁分解为多个锁,并且每个锁只保护一个变量,从而提高可伸缩性,并最终降低每个锁被请求的频率。

在程序清单 11-6 的 ServerStatus 中给出了某个数据库服务器的部分监视接口,该数据库维护了当前已登录的用户以及正在执行的请求。当一个用户登录、注销、开始查询或结束查询时,都会调用相应的 add 和 remove 等方法来更新 ServerStatus 对象。这两种类型的信息是完全独立的,ServerStatus 甚至可以被分解为两个类,同时确保不会丢失功能。

程序清单 11-6　对锁进行分解

```
@ThreadSafe
public class ServerStatus {
    @GuardedBy("this") public final Set<String> users;
    @GuardedBy("this") public final Set<String> queries;
    ...
    public synchronized void addUser(String u) { users.add(u); }
    public synchronized void addQuery(String q) { queries.add(q); }
    public synchronized void removeUser(String u) {
        users.remove(u);
    }
    public synchronized void removeQuery(String q) {
        queries.remove(q);
    }
}
```

在代码中不是用 ServerStatus 锁来保护用户状态和查询状态,而是每个状态都通过一个锁来保护,如程序清单 11-7 所示。在对锁进行分解后,每个新的细粒度锁上的访问量将比最初的访问量少。(通过将用户状态和查询状态委托给一个线程安全的 Set,而不是使用显式的同步,能隐含地对锁进行分解,因为每个 Set 都会使用一个不同的锁来保护其状态。)

程序清单 11-7　将 ServerStatus 重新改写为使用锁分解技术

```
@ThreadSafe
public class ServerStatus {
    @GuardedBy("users") public final Set<String> users;
    @GuardedBy("queries") public final Set<String> queries;
```

```java
...
public void addUser(String u) {
    synchronized (users) {
        users.add(u);
    }
}

public void addQuery(String q) {
    synchronized (queries) {
        queries.add(q);
    }
}
// 去掉同样被改写为使用被分解锁的方法
}
```

如果在锁上存在适中而不是激烈的竞争时，通过将一个锁分解为两个锁，能最大限度地提升性能。如果对竞争并不激烈的锁进行分解，那么在性能和吞吐量等方面带来的提升将非常有限，但是也会提高性能随着竞争提高而下降的拐点值。对竞争适中的锁进行分解时，实际上是把这些锁转变为非竞争的锁，从而有效地提高性能和可伸缩性。

11.4.3 锁分段

把一个竞争激烈的锁分解为两个锁时，这两个锁可能都存在激烈的竞争。虽然采用两个线程并发执行能提高一部分可伸缩性，但在一个拥有多个处理器的系统中，仍然无法给可伸缩性带来极大的提高。在 ServerStatus 类的锁分解示例中，并不能进一步对锁进行分解。

在某些情况下，可以将锁分解技术进一步扩展为对一组独立对象上的锁进行分解，这种情况被称为锁分段。例如，在 ConcurrentHashMap 的实现中使用了一个包含 16 个锁的数组，每个锁保护所有散列桶的 1/16，其中第 N 个散列桶由第（N mod 16）个锁来保护。假设散列函数具有合理的分布性，并且关键字能够实现均匀分布，那么这大约能把对于锁的请求减少到原来的 1/16。正是这项技术使得 ConcurrentHashMap 能够支持多达 16 个并发的写入器。（要使得拥有大量处理器的系统在高访问量的情况下实现更高的并发性，还可以进一步增加锁的数量，但仅当你能证明并发写入线程的竞争足够激烈并需要突破这个限制时，才能将锁分段的数量超过默认的 16 个。）

锁分段的一个劣势在于：与采用单个锁来实现独占访问相比，要获取多个锁来实现独占访问将更加困难并且开销更高。通常，在执行一个操作时最多只需获取一个锁，但在某些情况下需要加锁整个容器，例如当 ConcurrentHashMap 需要扩展映射范围，以及重新计算键值的散列值要分布到更大的桶集合中时，就需要获取分段所集合中所有的锁。⊖

在程序清单 11-8 的 StripedMap 中给出了基于散列的 Map 实现，其中使用了锁分段技术。它拥有 N_LOCKS 个锁，并且每个锁保护散列桶的一个子集。大多数方法，例如 get，都只需要获得一个锁，而有些方法则需要获得所有的锁，但并不要求同时获得，例如 clear

---

⊖ 要获取内置锁的一个集合，能采用的唯一方式是递归。

方法的实现。⊖

程序清单 11-8　在基于散列的 Map 中使用锁分段技术

```
@ThreadSafe
public class StripedMap {
// 同步策略：buckets[n] 由 locks[n%N_LOCKS] 来保护
    private static final int N_LOCKS = 16;
    private final Node[] buckets;
    private final Object[] locks;

    private static class Node { ... }

    public StripedMap(int numBuckets) {
        buckets = new Node[numBuckets];
        locks = new Object[N_LOCKS];
        for (int i = 0; i < N_LOCKS; i++)
            locks[i] = new Object();
    }

    private final int hash(Object key) {
        return Math.abs(key.hashCode() % buckets.length);
    }

    public Object get(Object key) {
        int hash = hash(key);
        synchronized (locks[hash % N_LOCKS]) {
            for (Node m = buckets[hash]; m != null; m = m.next)
                if (m.key.equals(key))
                    return m.value;
        }
        return null;
    }

    public void clear() {
        for (int i = 0; i < buckets.length; i++) {
            synchronized (locks[i % N_LOCKS]) {
                buckets[i] = null;
            }
        }
    }
    ...
}
```

11.4.4　避免热点域

锁分解和锁分段技术都能提高可伸缩性，因为它们都能使不同的线程在不同的数据（或者

⊖ 这种清除 Map 的方式并不是原子操作，因此可能当 StripedMap 为空时其他的线程正并发地向其中添加元素。如果要使该操作成为一个原子操作，那么需要同时获得所有的锁。然而，如果客户代码不加锁并发容器来实现独占访问，那么像 size 或 isEmpty 这样的方法的计算结果在返回时可能会变得无效，因此，尽管这种行为有些奇怪，但通常是可以接受的。

同一个数据的不同部分）上操作，而不会相互干扰。如果程序采用锁分段技术，那么一定要表现出在锁上的竞争频率高于在锁保护的数据上发生竞争的频率。如果一个锁保护两个独立变量 X 和 Y，并且线程 A 想要访问 X，而线程 B 想要访问 Y (这类似于在 ServerStatus 中，一个线程调用 addUser，而另一个线程调用 addQuery)，那么这两个线程不会在任何数据上发生竞争，即使它们会在同一个锁上发生竞争。

当每个操作都请求多个变量时，锁的粒度将很难降低。这是在性能与可伸缩性之间相互制衡的另一个方面，一些常见的优化措施，例如将一些反复计算的结果缓存起来，都会引入一些"热点域 (Hot Field)"，而这些热点域往往会限制可伸缩性。

当实现 HashMap 时，你需要考虑如何在 size 方法中计算 Map 中的元素数量。最简单的方法就是，在每次调用时都统计一次元素的数量。一种常见的优化措施是，在插入和移除元素时更新一个计数器，虽然这在 put 和 remove 等方法中略微增加了一些开销，以确保计数器是最新的值，但这将把 size 方法的开销从 O(n) 降低到 O(1)。

在单线程或者采用完全同步的实现中，使用一个独立的计数能很好地提高类似 size 和 isEmpty 这些方法的执行速度，但却导致更难以提升实现的可伸缩性，因为每个修改 map 的操作都需要更新这个共享的计数器。即使使用锁分段技术来实现散列链，那么在对计数器的访问进行同步时，也会重新导致在使用独占锁时存在的可伸缩性问题。一个看似性能优化的措施——缓存 size 操作的结果，已经变成了一个可伸缩性问题。在这种情况下，计数器也被称为热点域，因为每个导致元素数量发生变化的操作都需要访问它。

为了避免这个问题，ConcurrentHashMap 中的 size 将对每个分段进行枚举并将每个分段中的元素数量相加，而不是维护一个全局计数。为了避免枚举每个元素，ConcurrentHashMap 为每个分段都维护了一个独立的计数，并通过每个分段的锁来维护这个值。⊖

11.4.5 一些替代独占锁的方法

第三种降低竞争锁的影响的技术就是放弃使用独占锁，从而有助于使用一种友好并发的方式来管理共享状态。例如，使用并发容器、读 - 写锁、不可变对象以及原子变量。

ReadWriteLock（请参见第 13 章）实现了一种在多个读取操作以及单个写入操作情况下的加锁规则：如果多个读取操作都不会修改共享资源，那么这些读取操作可以同时访问该共享资源，但在执行写入操作时必须以独占方式来获取锁。对于读取操作占多数的数据结构，ReadWriteLock 能提供比独占锁更高的并发性。而对于只读的数据结构，其中包含的不变性可以完全不需要加锁操作。

原子变量（请参见第 15 章）提供了一种方式来降低更新"热点域"时的开销，例如静态计数器、序列发生器、或者对链表数据结构中头节点的引用。（在第 2 章的示例中使用了 AtomicLong 来维护 Servlet 的计数器。）原子变量类提供了在整数或者对象引用上的细粒度

⊖ 如果 size 方法的调用频率与修改 Map 操作的执行频率大致相当，那么可以采用这种方式来优化所有已分段的数据结构，即每当调用 size 时，将返回值缓存到一个 volatile 变量中，并且每当容器被修改时，使这个缓存中的值无效（将其设为 −1）。如果发现缓存的值非负，那么表示这个值是正确的，可以直接返回，否则，需要重新计算这个值。

原子操作（因此可伸缩性更高），并使用了现代处理器中提供的底层并发原语（例如比较并交换 [compare-and-swap]）。如果在类中只包含少量的热点域，并且这些域不会与其他变量参与到不变性条件中，那么用原子变量来替代它们能提高可伸缩性。（通过减少算法中的热点域，可以提高可伸缩性——虽然原子变量能降低热点域的更新开销，但并不能完全消除。）

11.4.6 监测 CPU 的利用率

当测试可伸缩性时，通常要确保处理器得到充分利用。一些工具，例如 UNIX 系统上的 vmstat 和 mpstat，或者 Windows 系统的 perfmon，都能给出处理器的"忙碌"状态。

如果所有 CPU 的利用率并不均匀（有些 CPU 在忙碌地运行，而其他 CPU 却并非如此），那么你的首要目标就是进一步找出程序中的并行性。不均匀的利用率表明大多数计算都是由一小组线程完成的，并且应用程序没有利用其他的处理器。

如果 CPU 没有得到充分利用，那么需要找出其中的原因。通常有以下几种原因：

负载不充足。测试的程序中可能没有足够多的负载，因而可以在测试时增加负载，并检查利用率、响应时间和服务时间等指标的变化。如果产生足够多的负载使应用程序达到饱和，那么可能需要大量的计算机能耗，并且问题可能在于客户端系统是否具有足够的能力，而不是被测试系统。

I/O 密集。可以通过 iostat 或 perfmon 来判断某个应用程序是否是磁盘 I/O 密集型的，或者通过监测网络的通信流量级别来判断它是否需要高带宽。

外部限制。如果应用程序依赖于外部服务，例如数据库或 Web 服务，那么性能瓶颈可能并不在你自己的代码中。可以使用某个分析工具或数据库管理工具来判断在等待外部服务的结果时需要多少时间。

锁竞争。使用分析工具可以知道在程序中存在何种程度的锁竞争，以及在哪些锁上存在"激烈的竞争"。然而，也可以通过其他一些方式来获得相同的信息，例如随机取样，触发一些线程转储并在其中查找在锁上发生竞争的线程。如果线程由于等待某个锁而被阻塞，那么在线程转储信息中将存在相应的栈帧，其中包含的信息形如 "waiting to lock monitor..."。非竞争的锁很少会出现在线程转储中，而对于竞争激烈的锁，通常至少会有一个线程在等待获取它，因此将在线程转储中频繁出现。

如果应用程序正在使 CPU 保持忙碌状态，那么可以使用监视工具来判断是否能通过增加额外的 CPU 来提升程序的性能。如果一个程序只有 4 个线程，那么可以充分利用一个 4 路系统的计算能力，但当移植到 8 路系统上时，却未必能获得性能提升，因为可能需要更多的线程才会有效利用剩余的处理器。（可以通过重新配置程序将工作负载分配给更多的线程，例如调整线程池的大小。）在 vmstat 命令的输出中，有一栏信息是当前处于可运行状态但并没有运行（由于没有足够的 CPU）的线程数量。如果 CPU 的利用率很高，并且总会有可运行的线程在等待 CPU，那么当增加更多的处理器时，程序的性能可能会得到提升。

11.4.7 向对象池说"不"

在 JVM 的早期版本中，对象分配和垃圾回收等操作的执行速度非常慢[1]，但在后续的版本中，这些操作的性能得到了极大提高。事实上，现在 Java 的分配操作已经比 C 语言的 malloc 调用更快：在 HotSpot 1.4.x 和 5.0 中，"new Object"的代码大约只包含 10 条机器指令。

为了解决"缓慢的"对象生命周期问题，许多开发人员都选择使用对象池技术，在对象池中，对象能被循环使用，而不是由垃圾收集器回收并在需要时重新分配。在单线程程序中（Click，2005），尽管对象池技术能降低垃圾收集操作的开销，但对于高开销对象以外的其他对象来说，仍然存在性能缺失[2]（对于轻量级和中量级的对象来说，这种损失将更为严重）。

在并发应用程序中，对象池的表现更加糟糕。当线程分配新的对象时，基本上不需要在线程之间进行协调，因为对象分配器通常会使用线程本地的内存块，所以不需要在堆数据结构上进行同步。然而，如果这些线程从对象池中请求一个对象，那么就需要通过某种同步来协调对对象池数据结构的访问，从而可能使某个线程被阻塞。如果某个线程由于锁竞争而被阻塞，那么这种阻塞的开销将是内存分配操作开销的数百倍，因此即使对象池带来的竞争很小，也可能形成一个可伸缩性瓶颈。（即使是一个非竞争的同步，所导致的开销也会比分配一个对象的开销大。）虽然这看似是一种性能优化技术，但实际上却会导致可伸缩性问题。对象池有其特定的用途[3]，但对于性能优化来说，用途是有限的。

> 通常，对象分配操作的开销比同步的开销更低。

11.5 示例：比较 Map 的性能

在单线程环境下，ConcurrentHashMap 的性能比同步的 HashMap 的性能略好一些，但在并发环境中则要好得多。在 ConcurrentHashMap 的实现中假设，大多数常用的操作都是获取某个已经存在的值，因此它对各种 get 操作进行了优化从而提供最高的性能和并发性。

在同步 Map 的实现中，可伸缩性的最主要阻碍在于整个 Map 中只有一个锁，因此每次只有一个线程能够访问这个 Map。不同的是，ConcurrentHashMap 对于大多数读操作并不会加锁，并且在写入操作以及其他一些需要锁的读操作中使用了锁分段技术。因此，多个线程能并发地访问这个 Map 而不会发生阻塞。

图 11-3 给出了几种 Map 实现在可伸缩上的差异：ConcurrentHashMap、ConcurrentSkipListMap，以及通过 synchronizedMap 来包装的 HashMap 和 TreeMap。前两种 Map 是线程安全的，而后

---

[1] 与其他事情一样，例如，同步、图形化、JVM 启动以及反射等，都是作为实验性技术的第一个版本。

[2] 除了损失 CPU 指令周期外，在对象池技术中还存在一些其他问题，其中最大的问题就是如何正确地设定对象池的大小（如果对象池太小，那么将没有作用，而如果太大，则会对垃圾回收器带来压力，因为过大的对象池将占用其他程序需要的内存资源）。如果在重新使用某个对象时没有将其恢复到正确的状态，那么可能会产生一些"微妙的"错误。此外，还可能出现一个线程在将对象归还给线程池后仍然使用该对象的问题，从而产生一种"从旧对象到新对象"的引用，导致基于代的垃圾回收器需要执行更多的工作。

[3] 在特定的环境中，例如 J2ME 或 RTSJ，需要对象池技术来提高内存管理或响应性管理的效率。

两个 Map 则通过同步封装器来确保线程安全性。每次运行时，将有 N 个线程并发地执行一个紧凑的循环：选择一个随机的键值，并尝试获取与这个键值相对应的值。如果不存在相应的值，那么将这个值增加到 Map 的概率为 $p = 0.6$，如果存在相应的值，那么删除这个值的概率为 $p = 0.02$。这个测试在 8 路 Sparc V880 系统上运行，基于 Java 6 环境，并且在图中给出了将 ConcurrentHashMap 归一化为单个线程时的吞吐量。（并发容器与同步容器在可伸缩性上的差异比在 Java 5.0 中更加明显。）

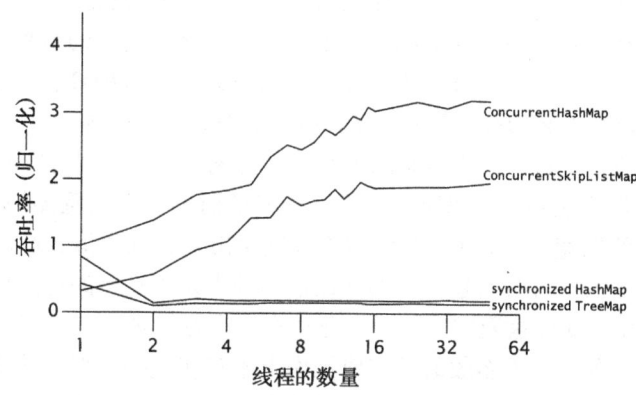

图 11-3　不同 Map 实现的可伸缩性比较

ConcurrentHashMap 和 ConcurrentSkipListMap 的数据显示，它们在线程数量增加时能表现出很好的可伸缩性，并且吞吐量会随着线程数量的增加而增加。虽然图 11-3 中的线程数量并不大，但与普通的应用程序相比，这个测试程序在每个线程上生成了更多的竞争，因为它除了向 Map 施加压力外几乎没有执行任何其他操作，而实际的应用程序通常会在每次迭代中进行一些线程本地工作。

同步容器的数量并非越多越好。单线程情况下的性能与 ConcurrentHashMap 的性能基本相当，但当负载情况由非竞争性转变成竞争性时——这里是两个线程，同步容器的性能将变得糟糕。在伸缩性受到锁竞争限制的代码中，这是一种常见的行为。只要竞争程度不高，那么每个操作消耗的时间基本上就是实际执行工作的时间，并且吞吐量会因为线程数的增加而增加。当竞争变得激烈时，每个操作消耗的时间大部分都用于上下文切换和调度延迟，而再加入更多的线程也不会提高太多的吞吐量。

11.6 减少上下文切换的开销

在许多任务中都包含一些可能被阻塞的操作。当任务在运行和阻塞这两个状态之间转换时，就相当于一次上下文切换。在服务器应用程序中，发生阻塞的原因之一就是在处理请求时产生各种日志消息。为了说明如何通过减少上下文切换的次数来提高吞吐量，我们将对两种日志方法的调度行为进行分析。

在大多数日志框架中都是简单地对 println 进行包装，当需要记录某个消息时，只需将其写入日志文件中。在第 7 章的 LogWriter 中给出了另一种方法：记录日志的工作由一个专门的后台线程完成,而不是由发出请求的线程完成。从开发人员的角度来看,这两种方法基本上是相同的。但二者在性能上可能存在一些差异,这取决于日志操作的工作量,即有多少线程正在记录日志,以及其他一些因素,例如上下文切换的开销等。⊖

日志操作的服务时间包括与 I/O 流类相关的计算时间,如果 I/O 操作被阻塞,那么还会包括线程被阻塞的时间。操作系统将这个被阻塞的线程从调度队列中移走并直到 I/O 操作结束,这将比实际阻塞的时间更长。当 I/O 操作结束时,可能有其他线程正在执行它们的调度时间片,并且在调度队列中有些线程位于被阻塞线程之前,从而进一步增加服务时间。如果有多个线程在同时记录日志,那么还可能在输出流的锁上发生竞争,这种情况的结果与阻塞 I/O 的情况一样——线程被阻塞并等待锁,然后被线程调度器交换出去。在这种日志操作中包含了 I/O 操作和加锁操作,从而导致上下文切换次数的增多,以及服务时间的增加。

请求服务的时间不应该过长,主要有以下原因。首先,服务时间将影响服务质量:服务时间越长,就意味着有程序在获得结果时需要等待更长的时间。但更重要的是,服务时间越长,也就意味着存在越多的锁竞争。11.4.1 节中的"快进快出"原则告诉我们,锁被持有的时间应该尽可能地短,因为锁的持有时间越长,那么在这个锁上发生竞争的可能性就越大。如果一个线程由于等待 I/O 操作完成而被阻塞,同时它还持有一个锁,那么在这期间很可能会有另一个线程想要获得这个锁。如果在大多数的锁获取操作上不存在竞争,那么并发系统就能执行得更好,因为在锁获取操作上发生竞争时将导致更多的上下文切换。在代码中造成的上下文切换次数越多,吞吐量就越低。

通过将 I/O 操作从处理请求的线程中分离出来,可以缩短处理请求的平均服务时间。调用 log 方法的线程将不会再因为等待输出流的锁或者 I/O 完成而被阻塞,它们只需将消息放入队列,然后就返回到各自的任务中。另一方面,虽然在消息队列上可能会发生竞争,但 put 操作相对于记录日志的 I/O 操作(可能需要执行系统调用)是一种更为轻量级的操作,因此在实际使用中发生阻塞的概率更小(只要队列没有填满)。由于发出日志请求的线程现在被阻塞的概率降低,因此该线程在处理请求时被交换出去的概率也会降低。我们所做的工作就是把一条包含 I/O 操作和锁竞争的复杂且不确定的代码路径变成一条简单的代码路径。

从某种意义上讲,我们只是将工作分散开来,并将 I/O 操作移到了另一个用户感知不到开销的线程上(这本身已经获得了成功)。通过把所有记录日志的 I/O 转移到一个线程,还消除了输出流上的竞争,因此又去掉了一个竞争来源。这将提升整体的吞吐量,因为在调度中消耗的资源更少,上下文切换次数更少,并且锁的管理也更简单。

通过把 I/O 操作从处理请求的线程转移到一个专门的线程,类似于两种不同救火方案之间的差异:第一种方案是所有人排成一队,通过传递水桶来救火;第二种方案是每个人都拿着一

⊖ 如果日志模块将 I/O 操作从发出请求的线程转移到另一个线程,那么通常可以提高性能,但也会引入更多的设计复杂性,例如中断(当一个在日志操作中阻塞的线程被中断,将出现什么情况)、服务担保(日志模块能否保证队列中的日志消息都能在服务结束之前记录到日志文件)、饱和策略(当日志消息的产生速度比日志模块的处理速度更快时,将出现什么情况),以及服务生命周期(如何关闭日志模块,以及如何将服务状态通知给生产者)。

个水桶去救火。在第二种方案中，每个人都可能在水源和着火点上存在更大的竞争（结果导致了只能将更少的水传递到着火点），此外救火的效率也更低，因为每个人都在不停的切换模式（装水、跑步、倒水、跑步……）。在第一种解决方案中，水不断地从水源传递到燃烧的建筑物，人们付出更少的体力却传递了更多的水，并且每个人从头至尾只需做一项工作。正如中断会干扰人们的工作并降低效率，阻塞和上下文切换同样会干扰线程的正常执行。

小结

由于使用线程常常是为了充分利用多个处理器的计算能力，因此在并发程序性能的讨论中，通常更多地将侧重点放在吞吐量和可伸缩性上，而不是服务时间。Amdahl 定律告诉我们，程序的可伸缩性取决于在所有代码中必须被串行执行的代码比例。因为 Java 程序中串行操作的主要来源是独占方式的资源锁，因此通常可以通过以下方式来提升可伸缩性：减少锁的持有时间，降低锁的粒度，以及采用非独占的锁或非阻塞锁来代替独占锁。

第 12 章

并发程序的测试

在编写并发程序时，可以采用与编写串行程序时相同的设计原则与设计模式。二者的差异在于，并发程序存在一定程度的不确定性，而在串行程序中不存在这个问题。这种不确定性将增加不同交互模式以及故障模式的数量，因此在设计并发程序时必须对这些模式进行分析。

同样，在测试并发程序时，将使用并扩展许多在测试串行程序时用到的方法。在测试串行程序正确性与性能等方面所采用的技术，同样可以用于测试并发程序，但对于并发程序而言，可能出错的地方远比串行程序多。在测试并发程序时，所面临的主要挑战在于：潜在错误的发生并不具有确定性，而是随机的。要在测试中将这些故障暴露出来，就需要比普通的串行程序测试覆盖更广的范围并且执行更长的时间。

并发测试大致分为两类，即安全性测试与活跃性测试。在第 1 章，我们将安全性定义为"不发生任何错误的行为"，而将活跃性定义为"某个良好的行为终究会发生"。

在进行安全性测试时，通常会采用测试不变性条件的形式，即判断某个类的行为是否与其规范保持一致。例如，假设有一个链表，在它每次被修改时把其大小缓存下来，那其中一项安全性测试就是比较在缓存中保存的大小值与链表中实际元素的数目是否相等。这种测试在单线程程序中很简单，因为在测试时链表的内容不会发生变化。但在并发程序中，这种测试将可能由于竞争而失败，除非能将访问计数器的操作和统计元素数据的操作合并为单个原子操作。要实现这一点，可以对链表加锁以实现独占访问，然后采用链表中提供的某种"原子快照"功能，或者在某些"测试点 (Test Point)"上采用原子方式来判断不变性条件或者执行测试代码。

在本书中，我们曾通过执行时序图来说明"错误的"交互操作，这些操作将在未被正确构造的类中导致各种故障，而测试程序将努力在足够大的状态空间中查找出错的地方。然而，测试代码同样会对执行时序或同步操作带来影响，这些影响可能会掩盖一些本可以暴露的错误。㊀

测试活跃性本身也存在问题。活跃性测试包括进展测试和无进展测试两方面，这些都是很难量化的——如何验证某个方法是被阻塞了，而不只是运行缓慢？同样，如何测试某个算法不会发生死锁？要等待多久才能宣告它发生了故障？

与活跃性测试相关的是性能测试。性能可以通过多个方面来衡量，包括：

吞吐量：指一组并发任务中已完成任务所占的比例。

响应性：指请求从发出到完成之间的时间（也称为延迟）。

㊀ 这些在增加了调试代码或测试代码后消失的错误称为"海森堡错误"（Heisenbugs，来源于"海森堡测不准原理"）。

可伸缩性：指在增加更多资源的情况下（通常指 CPU），吞吐量（或者缓解短缺）的提升情况。

12.1 正确性测试

在为某个并发类设计单元测试时，首先需要执行与测试串行类时相同的分析——找出需要检查的不变性条件和后验条件。幸运的话，在类的规范中将给出其中大部分的条件，而在剩下的时间里，当编写测试时将不断地发现新的规范。

为了进一步说明，接下来我们将构建一组测试用例来测试一个有界缓存。程序清单 12-1 给出了 BoundedBuffer 的实现，其中使用 Semaphore 来实现缓存的有界属性和阻塞行为。

程序清单 12-1　基于信号量的有界缓存

```java
@ThreadSafe
public class BoundedBuffer<E> {
    private final Semaphore availableItems, availableSpaces;
    @GuardedBy("this") private final E[] items;
    @GuardedBy("this") private int putPosition = 0, takePosition = 0;

    public BoundedBuffer(int capacity) {
        availableItems = new Semaphore(0);
        availableSpaces = new Semaphore(capacity);
        items = (E[]) new Object[capacity];
    }
    public boolean isEmpty() {
        return availableItems.availablePermits() == 0;
    }
    public boolean isFull() {
        return availableSpaces.availablePermits() == 0;
    }

    public void put(E x) throws InterruptedException {
        availableSpaces.acquire();
        doInsert(x);
        availableItems.release();
    }
    public E take() throws InterruptedException {
        availableItems.acquire();
        E item = doExtract();
        availableSpaces.release();
        return item;
    }

    private synchronized void doInsert(E x) {
        int i = putPosition;
        items[i] = x;
        putPosition = (++i == items.length)? 0 : i;
    }
    private synchronized E doExtract() {
        int i = takePosition;
        E x = items[i];
        items[i] = null;
```

```
        takePosition = (++i == items.length)? 0 : i;
        return x;
    }
}
```

BoundedBuffer 实现了一个固定长度的队列，其中定义了可阻塞的 put 和 take 方法，并通过两个计数信号量进行控制。信号量 availableItems 表示可以从缓存中删除的元素个数，它的初始值为零（因为缓存的初始状态为空）。同样，信号量 availableSpaces 表示可以插入到缓存的元素个数，它的初始值等于缓存的大小。

take 操作首先请求从 availableItems 中获得一个许可 (Permit)。如果缓存不为空，那么这个请求会立即成功，否则请求将被阻塞直到缓存不为空。在获得了一个许可后，take 方法将删除缓存中的下一个元素，并返回一个许可到 availableSpaces 信号量[⊖]。put 方法的执行顺序刚好相反，因此无论是从 put 方法还是从 take 方法中退出，这两个信号量计数值的加和都会等于缓存的大小。（在实际情况中，如果需要一个有界缓存，应该直接使用 ArrayBlockingQueue 或 LinkedBlockingQueue，而不是自己编写，但这里用于说明如何对添加和删除等方法进行控制的技术，在其他数据结构中同样可以使用。）

12.1.1 基本的单元测试

BoundedBuffer 的最基本单元测试类似于在串行上下文中执行的测试。首先创建一个有界缓存，然后调用它的各个方法，并验证它的后验条件和不变性条件。我们很快会想到一些不变性条件：新建立的缓存应该是空的，而不是满的。另一个略显复杂的安全测试是，将 N 个元素插入到容量为 N 的缓存中（这个过程应该可以成功，并且不会阻塞），然后测试缓存是否已经填满（不为空）。程序清单 12-2 给出了这些属性的 JUnit 测试方法。

程序清单 12-2　BoundedBuffer 的基本单元测试

```
class BoundedBufferTest extends TestCase {
    void testIsEmptyWhenConstructed() {
        BoundedBuffer<Integer> bb = new BoundedBuffer<Integer>(10);
        assertTrue(bb.isEmpty());
        assertFalse(bb.isFull());
    }

    void testIsFullAfterPuts() throws InterruptedException {
        BoundedBuffer<Integer> bb = new BoundedBuffer<Integer>(10);
        for (int i = 0; i < 10; i++)
            bb.put(i);
        assertTrue(bb.isFull());
        assertFalse(bb.isEmpty());
    }
}
```

⊖ 在计数信号量中，通常不会显式地用一个所有者线程来表示许可，或者将其与所有者线程关联起来。release 方法将创建一个许可，而 acquire 方法将消耗一个许可。

这些简单的测试方法都是串行的。在测试集中包含一组串行测试通常是有帮助的，因为它们有助于在开始分析数据竞争之前就找出与并发性无关的问题。

12.1.2 对阻塞操作的测试

在测试并发的基本属性时，需要引入多个线程。大多数测试框架并不能很好地支持并发性测试：它们很少会包含相应的工具来创建线程或监视线程，以确保它们不会意外结束。如果在某个测试用例创建的辅助线程中发现了一个错误，那么框架通常无法得知与这个线程相关的是哪一个测试，所以需要通过一些工作将成功或失败信息传递回主测试线程，从而才能将相应的信息报告出来。

在 java.util.concurrent 的一致性测试中，一定要将各种故障与特定的测试明确地关联起来。因此 JSR 166 专家组创建了一个基类⊖，其中定义了一些方法可以在 tearDown 期间传递和报告失败信息，并遵循一个约定：每个测试必须等待它所创建的全部线程结束以后才能完成。你不需要考虑这么深入，关键的需求在于，能否通过这些测试，以及是否在某个地方报告了失败信息以便用于诊断问题。

如果某方法需要在某些特定条件下阻塞，那么当测试这种行为时，只有当线程不再继续执行时，测试才是成功的。要测试一个方法的阻塞行为，类似于测试一个抛出异常的方法：如果这个方法可以正常返回，那么就意味着测试失败。

在测试方法的阻塞行为时，将引入额外的复杂性：当方法被成功地阻塞后，还必须使方法解除阻塞。实现这个功能的一种简单方式就是使用中断——在一个单独的线程中启动一个阻塞操作，等到线程阻塞后再中断它，然后宣告阻塞操作成功。当然，这要求阻塞方法通过提前返回或者抛出 InterruptedException 来响应中断。

"等待并直到线程阻塞后"这句话说起来简单，做起来难。实际上，你必须估计执行这些指令可能需要多长的时间，并且等待的时间会更长。如果估计的时间不准确（在这种情况下，你会看到伪测试失败），那么应该增大这个值。

程序清单 12-3 给出了一种测试阻塞操作的方法。这种方法会创建一个"获取"线程，该线程将尝试从空缓存中获取一个元素。如果 take 方法成功，那么表示测试失败。执行测试的线程启动"获取"线程，等待一段时间，然后中断该线程。如果"获取"线程正确地在 take 方法中阻塞，那么将抛出 InterruptedException，而捕获到这个异常的 catch 块将把这个异常视为测试成功，并让线程退出。然后，主测试线程会尝试与"获取"线程合并，通过调用 Thread.isAlive 来验证 join 方法是否成功返回，如果"获取"线程可以响应中断，那么 join 能很快地完成。

程序清单 12-3 测试阻塞行为以及对中断的响应性

```
void testTakeBlocksWhenEmpty() {
    final BoundedBuffer<Integer> bb = new BoundedBuffer<Integer>(10);
    Thread taker = new Thread() {
        public void run() {
```

⊖ http://gee.cs.oswego.edu/cgi-bin/viewcvs.cgi/jsr166/src/test/tck/JSR166TestCase.java。

```
            try {
                int unused = bb.take();
                fail();    // 如果执行到这里,那么表示出现了一个错误
            } catch (InterruptedException success) { }
        }};
    try {
        taker.start();
        Thread.sleep(LOCKUP_DETECT_TIMEOUT);
        taker.interrupt();
        taker.join(LOCKUP_DETECT_TIMEOUT);
        assertFalse(taker.isAlive());
    } catch (Exception unexpected) {
        fail();
    }
}
```

如果take操作由于某种意料之外的原因停滞了,那么支持限时的join方法能确保测试最终完成。这个测试方法测试了take的多种属性——不仅能阻塞,而且在中断后还能抛出InterruptedException。在这种情况下,最好是对Thread进行子类化而不是使用线程池中的Runnable,即通过join来正确地结束测试。当主线程将一个元素放入队列后,"获取"线程应该解除阻塞状态,要测试这种行为,可以使用相同的方法。

开发人员会尝试使用Thread.getState来验证线程能否在一个条件等待上阻塞,但这种方法并不可靠。被阻塞线程并不需要进入WAITING或TIMED_WAITING等状态,因此JVM可以选择通过自旋等待来实现阻塞。类似地,由于在Object.wait或Condition.await等方法上存在伪唤醒(Spurious Wakeup,请参见第14章),因此,即使一个线程等待的条件尚未成真,也可能从WAITING或TIMED_WAITING等状态临时性地转换到RUNNABLE状态。即使忽略这些不同实现之间的差异,目标线程在进入阻塞状态时也会消耗一定的时间。Thread.getState的返回结果不能用于并发控制,它将限制测试的有效性——其主要作用还是作为调试信息的来源。

12.1.3 安全性测试

程序清单12-2和程序清单12-3的测试用例测试了有界缓存的一些重要属性,但它们却无法发现由于数据竞争而引发的错误。要想测试一个并发类在不可预测的并发访问情况下能否正确执行,需要创建多个线程来分别执行put和take操作,并在执行一段时间后判断在测试中是否会出现问题。

如果要构造一些测试来发现并发类中的安全性错误,那么这实际上是一个"先有蛋还是先有鸡"的问题:测试程序自身就是并发程序。要开发一个良好的并发测试程序,或许比开发这些程序要测试的类更加困难。

> 在构建对并发类的安全性测试中,需要解决的关键问题在于,要找出那些容易检查的属性,这些属性在发生错误的情况下极有可能失败,同时又不会使得错误检查代码人为地限制并发性。理想情况是,在测试属性中不需要任何同步机制。

要测试在生产者－消费者模式中使用的类，一种有效的方法就是检查被放入队列中和从队列中取出的各个元素。这种方法的一种简单实现是，当元素被插入到队列时，同时将其插入到一个"影子"列表，当从队列中删除该元素时，同时也从"影子"列表中删除，然后在测试程序运行完以后判断"影子"列表是否为空。然而，这种方法可能会干扰测试线程的调度，因为在修改"影子"列表时需要同步，并可能会阻塞。

一种更好的方法是，通过一个对顺序敏感的校验和计算函数来计算所有入列元素以及出列元素的校验和，并进行比较。如果二者相等，那么测试就是成功的。如果只有一个生产者将元素放入缓存，同时也只有一个消费者从中取出元素，那么这种方法能发挥最大的作用，因为它不仅能测试出是否取出了正确的元素，而且还能测试出元素被取出的顺序是否正确。

如果要将这种方法扩展到多生产者－多消费者的情况，就需要一个对元素入列/出列顺序不敏感的校验和函数，从而在测试程序运行完以后，可以将多个校验和以不同的顺序组合起来。如果不是这样，多个线程就需要访问同一个共享的校验和变量，因此就需要同步，这将成为一个并发的瓶颈或者破坏测试的执行时序。（任何具备可交换性的操作，例如加法或 XOR，都符合这些需求。）

要确保测试程序能正确地测试所有要点，就一定不能让编译器可以预先猜测到校验和的值。使用连续的整数作为测试数据并不是一种好办法，因为得到的结果总是相同的，而一个智能的编译器通常可以预先计算出这个结果。

要避免这个问题，应该采用随机方式生成的测试数据，但如果选择了一种不合适的随机数生成器（RNG，Random Number Generator），那么会对许多其他的测试造成影响。由于大多数随机数生成器类都是线程安全的，并且会带来额外的同步开销[⊖]，因此在随机数生成过程中，可能会在这些类与执行时序之间产生耦合关系。如果每个线程都拥有各自的 RNG，那么这些 RNG 就可以不是线程安全的。

与其使用一个通用的 RNG，还不如使用一些简单的伪随机函数。你并不需要某种高质量的随机性，而只需要确保在不同的测试运行中都有不同的数字。程序清单 12-4 的 xorShift 函数（Marsaglia, 2003）是最符合这个需求的随机数函数之一。该函数基于 hashCode 和 nanoTime 来生成随机数，所得的结果既是不可预测的，而且基本上每次运行都不同。

程序清单 12-4　适合在测试中使用的随机数生成器

```
static int xorShift(int y) {
    y ^= (y << 6);
    y ^= (y >>> 21);
    y ^= (y << 7);
    return y;
}
```

在程序清单 12-5 和程序清单 12-6 的 PutTakeTest 中启动了 N 个生产者线程来生成元素并把它们插入到队列，同时还启动了 N 个消费者线程从队列中取出元素。当元素进出队列时，每个

⊖ 有很多基准测试都是衡量 RNG 造成的并行瓶颈有多大，而许多开发人员或用户并不知道这些基准的存在。

线程都会更新对这些元素计算得到的校验和,每个线程都拥有一个校验和,并在测试结束后将它们合并起来,从而在测试缓存时就不会引入过多的同步或竞争。

程序清单 12-5　测试 BoundedBuffer 的生产者 - 消费者程序

```java
public class PutTakeTest {
    private static final ExecutorService pool
            = Executors.newCachedThreadPool();
    private final AtomicInteger putSum = new AtomicInteger(0);
    private final AtomicInteger takeSum = new AtomicInteger(0);
    private final CyclicBarrier barrier;
    private final BoundedBuffer<Integer> bb;
    private final int nTrials, nPairs;

    public static void main(String[] args) {
    new PutTakeTest(10, 10, 100000).test(); // 示例参数
        pool.shutdown();
    }

    PutTakeTest(int capacity, int npairs, int ntrials) {
        this.bb = new BoundedBuffer<Integer>(capacity);
        this.nTrials = ntrials;
        this.nPairs = npairs;
        this.barrier = new CyclicBarrier(npairs* 2 + 1);
    }

    void test() {
        try {
            for (int i = 0; i <  nPairs; i++) {
                pool.execute(new Producer());
                pool.execute(new Consumer());
            }
            barrier.await(); // 等待所有的线程就绪
            barrier.await(); // 等待所有的线程执行完成
            assertEquals(putSum.get(), takeSum.get());
        } catch (Exception e) {
            throw new RuntimeException(e);
        }
    }

class Producer implements Runnable {/* 程序清单12-6*/}

class Consumer implements Runnable {/* 程序清单12-6*/}
}
```

程序清单 12-6　在 PutTakeTest 中使用的 Producer 和 Consumer 等类

```java
/*PutTakeTest 的内部类(程序清单12-5)*/
class Producer implements Runnable {
    public void run() {
        try {
            int seed = (this.hashCode() ^ (int)System.nanoTime());
            int sum = 0;
```

```
                barrier.await();
                for (int i = nTrials; i > 0; --i) {
                    bb.put(seed);
                    sum += seed;
                    seed = xorShift(seed);
                }
                putSum.getAndAdd(sum);
                barrier.await();
            } catch (Exception e) {
                throw new RuntimeException(e);
            }
        }
    }

    class Consumer implements Runnable {
        public void run() {
            try {
                barrier.await();
                int sum = 0;
                for (int i = nTrials; i > 0; --i) {
                    sum += bb.take();
                }
                takeSum.getAndAdd(sum);
                barrier.await();
            } catch (Exception e) {
                throw new RuntimeException(e);
            }
        }
    }
```

根据系统平台的不同，创建线程与启动线程等操作可能需要较大开销。如果线程的执行时间很短，并且在循环中启动了大量的这种线程，那么最坏的情况就是，这些线程将会串行执行而不是并发执行。即使在一些不太糟糕的情况下，第一个线程仍然比其他线程具有"领先优势"。因此这可能无法获得预想中的交替执行：第一个线程先运行一段时间，然后前两个线程会并发地运行一段时间，只有到了最后，所有线程才会一起并发执行。（在线程结束运行时存在同样的问题：第一个运行的线程将提前完成。）

在 5.5.1 节中介绍了一项可以缓解这个问题的技术，即两个 CountDownLatch，其中一个作为开始阀门，而另一个作为结束阀门。使用 CyclicBarrier 也可以获得同样的效果：在初始化 CyclicBarrier 时将计数值指定为工作者线程的数量再加 1，并在运行开始和结束时，使工作者线程和测试线程都在这个栅栏处等待。这能确保所有线程在开始执行任何工作之前，都首先执行到同一个位置。PutTakeTest 使用这项技术来协调工作者线程的启动和停止，从而产生更多的并发交替操作。我们仍然无法确保调度器不会采用串行方式来执行每个线程，但只要这些线程的执行时间足够长，就能降低调度机制对结果的不利影响。

PutTakeTest 使用了一个确定性的结束条件，从而在判断测试何时完成时就不需要在线程之间执行额外的协调。test 方法将启动相同数量的生产者线程和消费者线程，它们将分别插入 (put) 和取出（Take）相同数量的元素，因此添加与删除的总数相同。

像 PutTakeTest 这种测试能很好地发现安全性问题。例如，在实现由信号量控制的缓存时，一个常见的错误就是在执行插入和取出的代码中忘记实现互斥行为（可以使用 synchronized 或

ReentrantLock）。如果在 PutTakeTest 使用的 BoundedBuffer 中忘记将 doInsert 和 doExtract 声明为 synchronized，那么在运行 PutTakeTest 时会立即失败。通过多个线程来运行 PutTakeTest，并且使这些线程在不同系统上的不同容量的缓存上迭代数百万次，使我们能进一步确定在 put 和 take 方法中不存在数据破坏问题。

> 这些测试应该放在多处理器的系统上运行，从而进一步测试更多形式的交替运行。然而，CPU 的数量越多并不一定会使测试越高效。要最大程度地检测出一些对执行时序敏感的数据竞争，那么测试中的线程数量应该多于 CPU 数量，这样在任意时刻都会有一些线程在运行，而另一些被交换出去，从而可以检查线程间交替行为的可预测性。

在一些测试中通常要求执行完一定数量的操作后才能停止运行，如果在测试代码中出现了一个错误并抛出了一个异常，那么这个测试将永远不会结束。最常见的解决方法是：让测试框架放弃那些没有在规定时间内完成的测试，具体要等待多长的时间，则要凭经验来确定，并且要对故障进行分析以确保所出现的问题并不是由于没有等待足够长的时间而造成的。（这个问题并不仅限于对并发类的测试，在串行测试中也必须区分长时间的运行和无限循环。）

12.1.4 资源管理的测试

到目前为止，所有的测试都侧重于类与它的设计规范的一致程度——在类中应该实现规范中定义的功能。测试的另一个方面就是要判断类中是否没有做它不应该做的事情，例如资源泄漏。对于任何持有或管理其他对象的对象，都应该在不需要这些对象时销毁对它们的引用。这种存储资源泄漏不仅会妨碍垃圾回收器回收内存（或者线程、文件句柄、套接字、数据库连接或其他有限资源），而且还会导致资源耗尽以及应用程序失败。

对于像 BoundedBuffer 这样的类来说，资源管理的问题尤为重要。之所以要限制缓存的大小，其原因就是要防止由于资源耗尽而导致应用程序发生故障，例如生产者的速度远远高于消费者的处理速度。通过对缓存进行限制，将使得生产力过剩的生产者被阻塞，因而它们就不会继续创建更多的工作来消耗越来越多的内存以及其他资源。

通过一些测量应用程序中内存使用情况的堆检查工具，可以很容易地测试出对内存的不合理占用，许多商业和开源的堆分析工具中都支持这种功能。在程序清单 12-7 的 testLeak 方法中包含了一些堆分析工具用于抓取堆的快照，这将强制执行一次垃圾回收⊖，然后记录堆大小和内存用量的信息。

程序清单 12-7　测试资源泄漏

```
class Big { double[] data = new double[100000]; }

void testLeak() throws InterruptedException {
```

⊖ 从技术上来看，我们无法强制执行一次垃圾回收，System.gc 只是建议 JVM 在合适的时刻执行垃圾回收。通过使用 -XX:+DisableExplicitGC，可以告诉 HotSpot 忽略 System.gc 调用。

```
        BoundedBuffer<Big> bb = new BoundedBuffer<Big>(CAPACITY);
int heapSize1 =    /* 生成堆的快照 */ ;
        for (int i = 0; i < CAPACITY; i++)
            bb.put(new Big());
        for (int i = 0; i < CAPACITY; i++)
            bb.take();
int heapSize2 =    /* 生成堆的快照 */ ;
        assertTrue(Math.abs(heapSize1-heapSize2) < THRESHOLD);
    }
```

testLeak 方法将多个大型对象插入到一个有界缓存中，然后再将它们移除。第 2 个堆快照中的内存用量应该与第 1 个堆快照中的内存用量基本相同。然而，doExtract 如果忘记将返回元素的引用置为空 (items[i] =null)，那么在两次快照中报告的内存用量将明显不同。（这是为数不多几种需要显式地将变量置空的情况之一。在大多数情况下，这种做法不仅不会带来帮助，甚至还会带来负面作用 [EJ Item 5]。）

12.1.5 使用回调

在构造测试案例时，对客户提供的代码进行回调是非常有帮助的。回调函数的执行通常是在对象生命周期的一些已知位置上，并且在这些位置上非常适合判断不变性条件是否被破坏。例如，在 ThreadPoolExecutor 中将调用任务的 Runnable 和 ThreadFactory。

在测试线程池时，需要测试执行策略的多个方面：在需要更多的线程时创建新线程，在不需要时不创建，以及当需要回收空闲线程时执行回收操作等。要构造一个全面的测试方案是很困难的，但其中许多方面的测试都可以单独进行。

通过使用自定义的线程工厂，可以对线程的创建过程进行控制。在程序清单 12-8 的 TestingThreadFactory 中将记录已创建线程的数量。这样，在测试过程中，测试方案可以验证已创建线程的数量。我们还可以对 TestingThreadFactory 进行扩展，使其返回一个自定义的 Thread，并且该对象可以记录自己在何时结束，从而在测试方案中验证线程在被回收时是否与执行策略一致。

程序清单 12-8　测试 ThreadPoolExecutor 的线程工厂类

```
class TestingThreadFactory implements ThreadFactory {
    public final AtomicInteger numCreated = new AtomicInteger();
    private final ThreadFactory factory
            = Executors.defaultThreadFactory();

    public Thread newThread(Runnable r) {
        numCreated.incrementAndGet();
        return factory.newThread(r);
    }
}
```

如果线程池的基本大小小于最大大小，那么线程池会根据执行需求相应增长。当把一些运行时间较长的任务提交给线程池时，线程池中的任务数量在长时间内都不会变化，这就可以进行一些判断，例如测试线程池是否能按照预期的方式扩展，如程序清单 12-9 所示。

程序清单 12-9　验证线程池扩展能力的测试方法

```java
public void testPoolExpansion() throws InterruptedException {
    int MAX_SIZE = 10;
    ExecutorService exec = Executors.newFixedThreadPool(MAX_SIZE);

    for (int i = 0; i < 10* MAX_SIZE; i++)
        exec.execute(new Runnable() {
            public void run() {
                try {
                    Thread.sleep(Long.MAX_VALUE);
                } catch (InterruptedException e) {
                    Thread.currentThread().interrupt();
                }
            }
        });
    for (int i = 0;
         i < 20 && threadFactory.numCreated.get() < MAX_SIZE;
         i++)
        Thread.sleep(100);
    assertEquals(threadFactory.numCreated.get(), MAX_SIZE);
    exec.shutdownNow();
}
```

12.1.6　产生更多的交替操作

由于并发代码中的大多数错误都是一些低概率事件，因此在测试并发错误时需要反复地执行许多次，但有些方法可以提高发现这些错误的概率。在前面提到过，在多处理器系统上，如果处理器的数量少于活动线程的数量，那么与单处理器系统或者包含多个处理器的系统相比，将能产生更多的交替行为。同样，如果在不同的处理器数量、操作系统以及处理器架构的系统上进行测试，就可以发现那些在特定运行环境中才会出现的问题。

有一种有用的方法可以提高交替操作的数量，以便能更有效地搜索程序的状态空间：在访问共享状态的操作中，使用 Thread.yield 将产生更多的上下文切换。（这项技术的有效性与具体的平台相关，因为 JVM 可以将 Thread.yield 作为一个空操作（no-op）[JLS 17.9]。如果使用一个睡眠时间较短的 sleep，那么虽然更慢些，但却更可靠。）程序清单 12-10 中的方法在两个账户之间执行转账操作，在两次更新操作之间，像"所有账户的总和应等于零"这样的一些不变性条件可能会被破坏。当代码在访问状态时没有使用足够的同步，将存在一些对执行时序敏感的错误，通过在某个操作的执行过程中调用 yield 方法，可以将这些错误暴露出来。这种方法需要在测试中添加一些调用并且在正式产品中删除这些调用，这将给开发人员带来不便，通过使用面向方面编程（Aspect-Oriented Programming，AOP）的工具，可以降低这种不便性。

程序清单 12-10　使用 Thread.yield 来产生更多的交替操作

```java
public synchronized void transferCredits(Account from,
                                         Account to,
                                         int amount) {
```

```
        from.setBalance(from.getBalance() - amount);
        if (random.nextInt(1000) > THRESHOLD)
            Thread.yield();
        to.setBalance(to.getBalance() + amount);
    }
```

12.2 性能测试

性能测试通常是功能测试的延伸。事实上,在性能测试中应该包含一些基本的功能测试,从而确保不会对错误的代码进行性能测试。

虽然在性能测试与功能测试之间肯定会存在重叠之处,但它们的目标是不同的。性能测试将衡量典型测试用例中的端到端性能。通常,要获得一组合理的使用场景并不容易,理想情况下,在测试中应该反映出被测试对象在应用程序中的实际用法。

在某些情况下,也存在某种显而易见的测试场景。在生产者-消费者设计中通常都会用到有界缓存,因此显然需要测试生产者在向消费者提供数据时的吞吐量。对 PutTakeTest 进行扩展,使其成为针对该使用场景的性能测试。

性能测试的第二个目标是根据经验值来调整各种不同的限值,例如线程数量、缓存容量等。这些限值可能依赖于具体平台的特性(例如,处理器的类型、处理器的步进级别(Stepping Level)、CPU 的数量或内存大小等),因此需要动态地进行配置,而我们通常需要合理地选择这些值,从而使程序能够在更多的系统上良好地运行。

12.2.1 在 PutTakeTest 中增加计时功能

之前对 PutTakeTest 的主要扩展就是测量运行一次所需的时间。现在,我们不测量单个操作的时间,而是实现一种更精确的测量方式:记录整个运行过程的时间,然后除以总操作的数量,从而得到每次操作的运行时间。之前使用了 CyclicBarrier 来启动和结束工作者线程,因此可以对其进行扩展:使用一个栅栏动作来测量启动和结束时间,如程序清单 12-11 所示。

程序清单 12-11　基于栅栏的定时器

```
this.timer = new BarrierTimer();
this.barrier = new CyclicBarrier(npairs * 2 + 1, timer);
public class BarrierTimer implements Runnable {
    private boolean started;
    private long startTime, endTime;

    public synchronized void run() {
        long t = System.nanoTime();
        if (!started) {
            started = true;
            startTime = t;
        } else
            endTime = t;
    }
    public synchronized void clear() {
        started = false;
```

```
    }
    public synchronized long getTime() {
        return endTime - startTime;
    }
}
```

我们可以将栅栏的初始化过程修改为使用这种栅栏动作，即使用能接受栅栏动作的 CyclicBarrier 构造函数。

在修改后的 test 方法中使用了基于栅栏的计时器，如程序清单 12-12 所示。

程序清单 12-12　采用基于栅栏的定时器进行测试

```
public void test() {
    try {
        timer.clear();
        for (int i = 0; i < nPairs; i++) {
            pool.execute(new Producer());
            pool.execute(new Consumer());
        }
        barrier.await();
        barrier.await();
        long nsPerItem = timer.getTime() / (nPairs* (long)nTrials);
        System.out.print("Throughput: " + nsPerItem + " ns/item");
        assertEquals(putSum.get(), takeSum.get());
    } catch (Exception e) {
        throw new RuntimeException(e);
    }
}
```

我们可以从 TimedPutTakeTest 的运行中学到一些东西。第一，生产者－消费者模式在不同参数组合下的吞吐率。第二，有界缓存在不同线程数量下的可伸缩性。第三，如何选择缓存的大小。要回答这些问题，需要对不同的参数组合进行测试，因此我们需要一个主测试驱动程序，如程序清单 12-13 所示。

程序清单 12-13　使用 TimedPutTakeTest 的程序

```
public static void main(String[] args) throws Exception {
int tpt = 100000;    // 每个线程中的测试次数
    for (int cap = 1; cap <= 1000; cap*= 10) {
        System.out.println("Capacity: " + cap);
        for (int pairs = 1; pairs <= 128; pairs*= 2) {
            TimedPutTakeTest t =
                new TimedPutTakeTest(cap, pairs, tpt);
            System.out.print("Pairs: " + pairs + "\t");
            t.test();
            System.out.print("\t");
            Thread.sleep(1000);
            t.test();
            System.out.println();
            Thread.sleep(1000);
```

```
            }
        }
        pool.shutdown();
    }
```

图 12-1 给出了在 4 路机器上的一些测试结果，缓存的容量分别为 1、10、100 和 1000。我们可以看到，当缓存大小为 1 时，吞吐率是非常糟糕的，这是因为每个线程在阻塞并且等待另一个线程之前，所取得的进展是非常有限的。当把缓存大小提高到 10 时，吞吐率得到了极大提高；但在超过 10 之后，所得到的收益又开始降低。

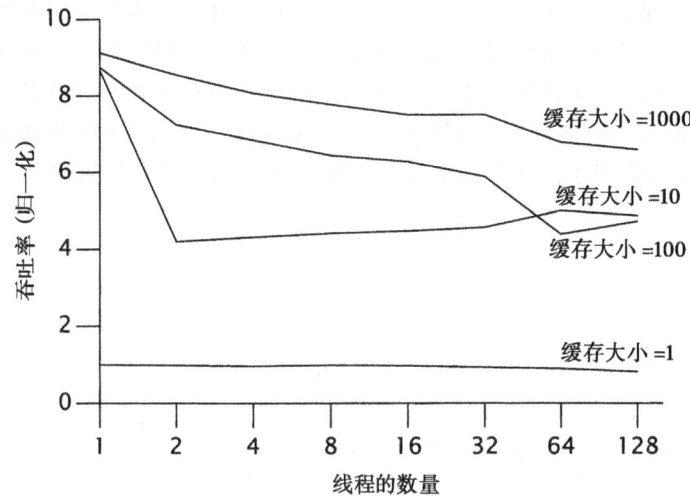

图 12-1　在不同缓存大小下的 TimedPutTakeTest

初看起来会感到有些困惑：当增加更多的线程时，性能却略有下降。其中的原因很难从数据中看出来，但可以在运行测试时使用 CPU 的性能工具（例如 perfbar）：虽然有许多的线程，但却没有足够多的计算量，并且大部分时间都消耗在线程的阻塞和解除阻塞等操作上。线程有足够多的 CPU 空闲时钟周期来做相同的事情，因此不会过多地降低性能。

然而，要谨慎对待从上面数据中得出的结论，即在使用有界缓存的生产者－消费者程序中总是可以添加更多的线程。这个测试在模拟应用程序时忽略了许多实际的因素，例如生产者几乎不需要任何工作就可以生成一个元素并将它放入队列，同时消费者也无须太多工作就能获取一个元素。在真实的生产者－消费者应用程序中，如果工作者线程要通过执行一些复杂的操作来生产和获取各个元素条目（通常就是这种情况），那么之前那种 CPU 空闲状态将消失，并且由于线程过多而导致的影响将变得非常明显。这个测试的主要目的是，测量生产者和消费者在通过有界缓存传递数据时，哪些约束条件将对整体吞吐量产生影响。

12.2.2　多种算法的比较

虽然 BoundedBuffer 是一种非常合理的实现，并且它的执行性能也不错，但还是没有 ArrayBlockingQueue 或 LinkedBlockingQueue 那样好（这也解释了为什么这种缓存算法没有被选入类库中）。java.util.concurrent 中的算法已经通过类似的测试进行了调优，其性能也已经达到我们已知的最佳状态。此外，这些算法还能提供更多的功能⊖。BoundedBuffer 运行效率不高的主要原因是：在 put 和 take 方法中都含有多个可能发生竞争的操作，例如，获取一个信号量，获取一个锁，以及释放信号量等。在其他实现方法中，可能发生竞争的位置将少很多。

图 12-2 给出了一个在双核超线程机器上对这三个类的吞吐量测试结果，在测试中使用了一个包含 256 个元素的缓存，以及相应版本的 TimedPutTakeTest。测试结果表明，LinkedBlockingQueue 的可伸缩性要高于 ArrayBlockingQueue。初看起来，这个结果有些奇怪：链表队列在每次插入元素时，都必须分配一个链表节点对象，这似乎比基于数组的队列执行了更多的工作。然而，虽然它拥有更好的内存分配与 GC 等开销，但与基于数组的队列相比，链表队列的 put 和 take 等方法支持并发性更高的访问，因为一些优化后的链接队列算法能将队列头节点的更新操作与尾节点的更新操作分离开来。由于内存分配操作通常是线程本地的，因此如果算法能通过多执行一些内存分配操作来降低竞争程度，那么这种算法通常具有更高的可伸缩性。（这种情况再次证明了，基于传统性能调优的直觉与提升可伸缩性的实际需求是背道而驰的。）

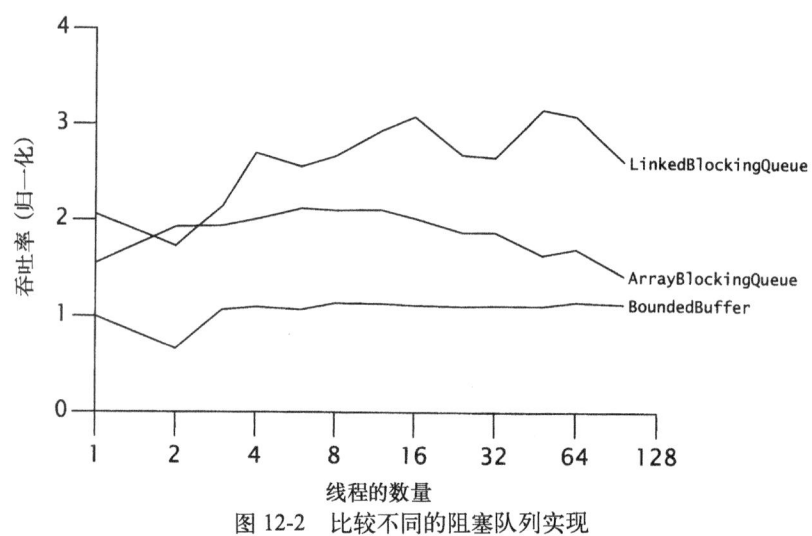

图 12-2　比较不同的阻塞队列实现

12.2.3　响应性衡量

到目前为止，我们的重点是吞吐量的测量，这通常是并发程序最重要的性能指标。但有时候，我们还需要知道某个动作经过多长时间才能执行完成，这时就要测量服务时间的变化情况。而且，如果能获得更小的服务时间变动性，那么更长的平均服务时间是有意义的，"可预测性"同样是一个非常有价值的性能特征。通过测量变动性，使我们能回答一些关于服务质量的问题，例如"操作在 100 毫秒内成功执行的百分比是多少？"

⊖ 如果你是一个并发专家，并且放弃一些已提供的功能，那么就可能超过它们的性能。

通过表示任务完成时间的直方图，最能看出服务时间的变动。服务时间变动的测量比平均值的测量要略困难一些——除了总共完成时间外，还要记录每个任务的完成时间。因为计时器的粒度通常是测量任务时间的一个主要因素（任务的执行时间可能小于或接近于最小"定时器计时单位"，这将影响测量结果的精确性），为了避免测量过程中的人为影响，我们可以测量一组 put 和 take 方法的运行时间。

图 12-3 给出了在不同 TimedPutTakeTest 中每个任务的完成时间，其中使用了一个大小为 1000 的缓存，有 256 个并发任务，并且每个任务都将使用非公平的信号量（隐蔽栅栏，Shaded Bars）和公平的信号量（开放栅栏，open bars）来迭代这 1000 个元素。(13.3 节将介绍锁和信号量的公平排队与非公平排队。)非公平信号量完成时间的变动范围为 104 到 8714 毫秒，相差超过 80 倍。通过在同步控制中实现更高的公平性，可以缩小这种变动范围，通过在 BoundedBuffer 中将信号量初始化为公平模式，可以很容易实现这个功能。如图 12-3 所示，这种方法能成功地降低变动性（现在的变动范围为 38194 到 38207 毫秒），然而，该方法会极大地降低吞吐量。（如果在一个运行时间较长的测试中执行更多种任务，那么吞吐量的下降程度可能更大。）

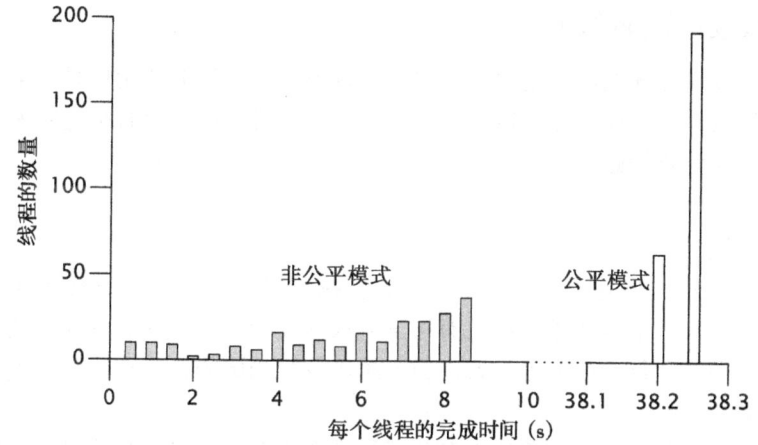

图 12-3　TimedPutTakeTest 在使用默认（非公平）信号量与公平信号量下的完成时间直方图

前面曾讨论过，如果缓存过小，那么将导致非常多的上下文切换次数，这即使在非公平模式中也会导致很低的吞吐量，因此在几乎每个操作中都会执行上下文切换。为了说明公平性开销主要是由于线程阻塞而造成的，我们可以将缓存大小设置为 1，然后重新运行这个测试，从而可以看出此时非公平信号量与公平信号量的执行性能基本相当。如图 12-4 所示，这种情况下公平性并不会使平均完成时间变长，或者使变动性变小。

因此，除非线程由于密集的同步需求而被持续地阻塞，否则非公平的信号量通常能实现更好的吞吐量，而公平的信号量则实现更低的变动性。因为这些结果之间的差异非常大，所以 Semaphore 要求客户选择针对哪一个特性进行优化。

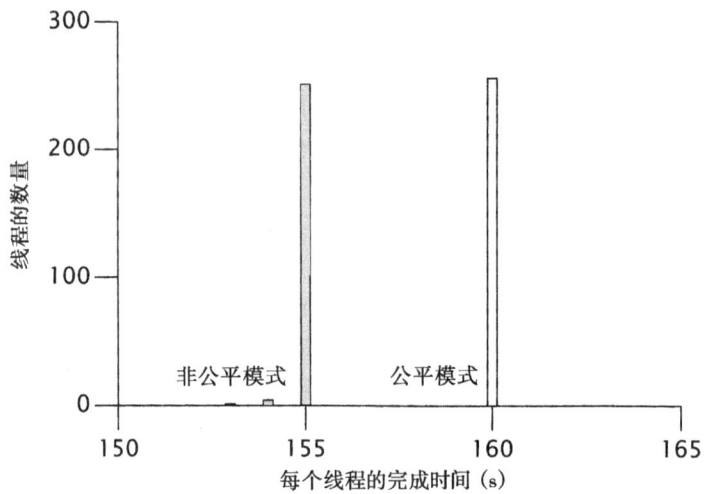

图 12-4　TimedPutTakeTest 在使用单元素缓存时的完成时间直方图

12.3 避免性能测试的陷阱

理论上，开发性能测试程序是很容易的——找出一个典型的使用场景，编写一段程序多次执行这种使用场景，并统计程序的运行时间。但在实际情况中，你必须提防多种编码陷阱，它们会使性能测试变得毫无意义。

12.3.1 垃圾回收

垃圾回收的执行时序是无法预测的，因此在执行测试时，垃圾回收器可能在任何时刻运行。如果测试程序执行了 N 次迭代都没有触发垃圾回收操作，但在第 N+1 次迭代时触发了垃圾回收操作，那么即使运行次数相差不大，仍可能在最终测试的每次迭代时间上带来很大的（但却虚假的）影响。

有两种策略可以防止垃圾回收操作对测试结果产生偏差。第一种策略是，确保垃圾回收操作在测试运行的整个期间都不会执行（可以在调用 JVM 时指定 -verbose：gc 来判断是否执行了垃圾回收操作）。第二种策略是，确保垃圾回收操作在测试期间执行多次，这样测试程序就能充分反映出运行期间的内存分配与垃圾回收等开销。通常第二策略更好，它要求更长的测试时间，并且更有可能反映实际环境下的性能。

在大多数采用生产者 - 消费者设计的应用程序中，都会执行一定数量的内存分配与垃圾回收等操作——生产者分配新对象，然后被消费者使用并丢弃。如果将有界缓存测试运行足够长的时间，那么将引发多次垃圾回收，从而得到更精确的结果。

12.3.2 动态编译

与静态编译语言（例如，C 或 C++）相比，编写动态编译语言（例如 Java）的性能基准测试要困难得多。在 HotSpot JVM（以及其他现代的 JVM）中将字节码的解释与动态编译结合起来使用。当某个类第一次被加载时，JVM 会通过解释字节码的方式来执行它。在某个时刻，如果一个方法运行的次数足够多，那么动态编译器会将它编译为机器代码，当编译完成后，代码的执行方式将从解释执行变成直接执行。

这种编译的执行时机是无法预测的。只有在所有代码都编译完成以后，才应该统计测试的运行时间。测量采用解释执行的代码速度是没有意义的，因为大多数程序在运行足够长的时间后，所有频繁执行的代码路径都会被编译。如果编译器可以在测试期间运行，那么将在两个方面对测试结果带来偏差：在编译过程中将消耗 CPU 资源，并且，如果在测量的代码中既包含解释执行的代码，又包含编译执行的代码，那么通过测试这种混合代码得到的性能指标没有太大意义。图 12-5 给出了动态编译在测试结果上带来的偏差。这 3 条时间线表示执行了相同次数的迭代：时间线 A 表示所有代码都采用解释执行，时间线 B 表示在运行过程中间开始转向编译执行，而时间线 C 表示从较早时刻就开始采用编译执行。编译执行的开始时刻会对每次操作的运行时间产生极大的影响。⊖

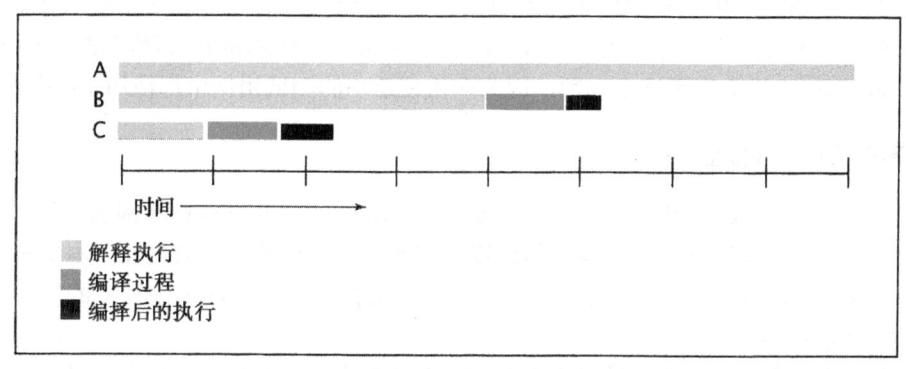

图 12-5　动态编译对测试结果带来的偏差

基于各种原因，代码还可能被反编译（退回到解释执行）以及重新编译，例如加载了一个会使编译假设无效的类，或者在收集了足够的分析信息后，决定采用不同的优化措施来重编译某条代码路径。

有一种方式可以防止动态编译对测试结果产生偏差，就是使程序运行足够长的时间（至少数分钟），这样编译过程以及解释执行都只是总运行时间的很小一部分。另一种方法是使代码预先运行一段时间并且不测试这段时间内的代码性能，这样在开始计时前代码就已经被完全编译了。在 HotSpot 中，如果在运行程序时使用命令行选项 -xx：+PrintCompilation，那么当动态编译运行时将输出一条信息，你可以通过这条消息来验证动态编译是在测试运行前，而不是在运行过程中执行。

通过在同一个 JVM 中将相同的测试运行多次，可以验证测试方法的有效性。第一组结果应该作为"预先执行"的结果而丢弃，如果在剩下的结果中仍然存在不一致的地方，那么就需要进一步对测试进行分析，从而找出结果不可重复的原因。

⊖　JVM 会选择在应用程序线程或后台线程中执行编译过程，不同的选择会对计时结果产生不同的影响。

JVM 会使用不同的后台线程来执行辅助任务。当在单次运行中测试多个不相关的计算密集性操作时，一种好的做法是在不同操作的测试之间插入显式的暂停，从而使 JVM 能够与后台任务保持步调一致，同时将被测试任务的干扰降至最低。（然而，当测量多个相关操作时，例如将相同测试运行多次，如果按照这种方式来排除 JVM 后台任务，那么可能会得出不真实的结果。）

12.3.3 对代码路径的不真实采样

运行时编译器根据收集到的信息对已编译的代码进行优化。JVM 可以与执行过程特定的信息来生成更优的代码，这意味着在编译某个程序的方法 M 时生成的代码，将可能与编译另一个不同程序中的方法 M 时生成的代码不同。在某些情况下，JVM 可能会基于一些只是临时有效的假设进行优化，并在这些假设失效时抛弃已编译的代码⊖。

因此，测试程序不仅要大致判断某个典型应用程序的使用模式，还需要尽量覆盖在该应用程序中将执行的代码路径集合。否则，动态编译器可能会针对一个单线程测试程序进行一些专门优化，但只要在真实的应用程序中略微包含一些并行，都会使这些优化不复存在。因此，即便你只是想测试单线程的性能，也应该将单线程的性能测试与多线程的性能测试结合在一起。（在 TimedPutTakeTest 中不会出现这个问题，因为即使在最小的测试用例中都使用了两个线程。）

12.3.4 不真实的竞争程度

并发的应用程序可以交替执行两种不同类型的工作：访问共享数据（例如从共享工作队列中取出下一个任务）以及执行线程本地的计算（例如，执行任务，并假设任务本身不会访问共享数据）。根据两种不同类型工作的相关程度，在应用程序中将出现不同程度的竞争，并表现出不同的性能与可伸缩性。

如果有 N 个线程从共享工作队列中获取任务并执行它们，并且这些任务都是计算密集型的以及运行时间较长（但不会频繁地访问共享数据），那么在这种情况下几乎不存在竞争，吞吐量仅受限于 CPU 资源的可用性。然而，如果任务的生命周期非常短，那么在工作队列上将会存在严重的竞争，此时的吞吐量将受限于同步的开销。

要获得有实际意义的结果，在并发性能测试中应该尽量模拟典型应用程序中的线程本地计算量以及并发协调开销。如果在真实应用程序的各个任务中执行的工作，与测试程序中执行的工作截然不同，那么测试出的性能瓶颈位置将是不准确的。在 11.5 节看到过，对于基于锁的类，例如同步的 Map 实现，在访问锁时是否存在高度的竞争将会对吞吐量产生巨大的影响。本节的测试除了不断地访问 Map 之外没有执行其他操作，因此，虽然只有两个线程，但在所有对 Map 的访问操作中都存在竞争。然而，如果应用程序在每次访问共享数据结构时执行大量的线程本地计算，那么可以极大地降低竞争程度并提供更好的性能。

从这个角度来看，TimedPutTakeTest 对于某些应用程序来说可能是一种不好的模式。由于

⊖ 例如，如果当前已加载的类都没有改写某个方法，那么 JVM 会通过单一调用转换（Monomorphic Call Transformation）将虚拟方法调用转换为直接方法调用。但如果后来加载了一个改写了该方法的类，那么之前已编译的代码将失效。

工作者线程没有执行太多的工作，因此吞吐量将主要受限于线程之间的协调开销，并且对所有通过有界缓存在生产者和消费者之间交换数据的应用程序来说，并不都是这种情况。

12.3.5 无用代码的消除

在编写优秀的基准测试程序（无论是何种语言）时，一个需要面对的挑战就是：优化编译器能找出并消除那些不会对输出结果产生任何影响的无用代码 (Dead Code)。由于基准测试通常不会执行任何计算，因此它们很容易在编译器的优化过程中被消除。在大多数情况下，编译器从程序中删除无用代码都是一种优化措施，但对于基准测试程序来说却是一个大问题，因为这将使得被测试的内容变得更少。如果幸运的话，编译器将删除整个程序中的无用代码，从而得到一份明显虚假的测试数据。但如果不幸运的话，编译器在消除无用代码后将提高程序的执行速度，从而使你做出错误的结论。

对于静态编译语言中的基准测试，编译器在消除无用代码时也存在问题，但要检测出编译器是否消除了测试基准是很容易的，因为可以通过查看机器代码来发现是否缺失了部分程序。但在动态编译语言中，要获得这种信息则更加困难。

在 HotSpot 中，许多基准测试在 "-server" 模式下都能比在 "-client" 模式下运行得更好，这不仅是因为 "-server" 模式的编译器能产生更有效的代码，而且这种模式更易于通过优化消除无用代码。然而，对于将执行一定操作的代码来说，无用代码消除优化却不会去掉它们。在多处理器系统上，无论在正式产品还是测试版本中，都应该选择 -server 模式而不是 -client 模式——只是在测试程序时必须保证它们不会受到无用代码消除优化的影响。

> 要编写有效的性能测试程序，就需要告诉优化器不要将基准测试当作无用代码而优化掉。这就要求在程序中对每个计算结果都要通过某种方式来使用，这种方式不需要同步或者大量的计算。

在 PutTakeTest 中，我们计算了在队列中被添加与删除的所有元素的校验和，但如果在程序中没有用到这个检验和，那么计算校验和的操作仍有可能被优化掉。幸好我们需要通过校验和来验证算法的正确性，然而你也可以通过输出这个值来确保它被用到。但是，你需要避免在运行测试时执行 I/O 操作，以免使运行时间的测试结果产生偏差。

有一个简单的技巧可以避免运算被优化掉而又不会引入过高的开销：即计算某个派生对象中域的散列值，并将它与一个任意值进行比较，例如 System.nanoTime 的当前值，如果二者碰巧相等，那么就输出一个无用并且可被忽略的消息：

```
if (foo.x.hashCode() == System.nanoTime())
    System.out.print(" ");
```

这个比较操作很少会成功，即使成功了，它的唯一作用也就是在输出中插入一个无害的空字符。（在 print 方法中把输出结果缓存起来，并直到调用 println 才真正地执行输出操作，因此即使 hashCode 和 System.nanoTime 的返回值碰巧相等，也不会真正地执行 I/O 操作。）

不仅每个计算结果都应该被使用，而且还应该是不可预测的。否则，一个智能的动态优化编译器将用预先计算的结果来代替计算过程。虽然在 PutTakeTest 的构造过程中解决了这个问题，但如果测试程序的输入参数为静态数据，那么都会受到这种优化措施的影响。

12.4 其他的测试方法

虽然我们希望一个测试程序能够"找出所有的错误"，但这是一个不切实际的目标。NASA 在测试中投入的资源比任何商业集团投入的都要多（据估计，NASA 每雇佣一名开发人员，就会雇佣 20 名测试人员），但他们生产的代码仍然是存在缺陷的。在一些复杂的程序中，即使再多的测试也无法找出所有的错误。

测试的目标不是更多地发现错误，而是提高代码能按照预期方式工作的可信度。由于找出所有的错误是不现实的，所以质量保证（Quality Assurance，QA）的目标应该是在给定的测试资源下实现最高的可信度。并发程序中的错误通常会比串行程序中更多，因此需要更多的测试才能获得相同的可信度。到目前为止，我们介绍了如何构造有效的单元测试与性能测试。在构建并发类能否表现出正确行为的可信度时，测试是一种非常重要的首选，但并不是唯一可用的 QA 方法。

还有其他一些 QA 方法，它们在找出某些类型的错误时非常高效，而在找出其他类型的错误时则相对低效。通过使用一些补充的测试方法，例如代码审查和静态分析等，可以获得比在使用任何单一方法更多的可信度。

12.4.1 代码审查

正如单元测试和压力测试在查找并发错误时是非常高效和重要的手段，多人参与的代码审查通常是不可替代的。（另一方面，代码审查也不能取代测试。）虽然你可以在设计测试方法时使其能最大限度地发现安全性错误，以及反复地运行这些测试，但同样应该需要有代码编写者之外的其他人来仔细地审查并发代码。即使是并发专家也会有犯错的时候，花一定的时间由其他人来审查代码总是物有所值的。并发专家能够比大多数测试程序更高效地发现一些微妙的竞争问题。（此外，一些平台的问题，例如 JVM 的实现细节或处理器的内存模型等，都会屏蔽一些只有在特定的硬件或软件配置下才会出现的错误。）代码审查还有其他的好处，它不仅能发现错误，通常还能提高描述实现细节的注释的质量，因此将降低后期维护的成本和风险。

12.4.2 静态分析工具

在编写本书时，一些静态分析工具正在迅速地成为正式测试与代码审查的有效补充。静态代码分析是指在进行分析时不需要运行代码，而代码核查工具可以分析类中是否存在一些常见的错误模式。在一些静态分析工具（例如，开源的 FindBugs[⊖]）中包含了许多错误模式检查器，能够检测出多种常见的编码错误，其中许多错误都很容易在测试与代码审查中遗漏。

静态分析工具能生成一个警告列表，其中包含的警告信息必须通过手工方式进行检查，从而确定这些警告是否表示真正的错误。曾经有一些工具（例如 lint）会产生许多伪警告信息，使得开发人员望而却步，但现在的一些工具（例如 FindBugs）已经在这方面有所改进，并且产

[⊖] http://findbugs.sourceforge.net。

生的伪警告很少。虽然静态分析工具仍然显得有些原始（尤其在它们与开发工具和开发生命周期的集成过程中），但却足以成为对测试过程的一种有效补充。

在编写本书时，FindBugs 包含的检查器中可以发现以下与并发相关的错误模式，而且一直在不断地增加新的检查器：

不一致的同步。许多对象遵循的同步策略是，使用对象的内置锁来保护所有变量。如果某个域被频繁地访问，但并不是在每次访问时都持有相同的锁，那么这就可能表示没有一致地遵循这个同步策略。

分析工具必须对同步策略进行猜测，因为在 Java 类中并没有正式的同步规范。将来，如果 @GuardedBy 这种标注可以被标准化，那么核查工具就能够解析这些标注，而无须猜测变量与锁之间的关系，从而提高分析的质量。

调用 Thread.run。在 Thread 中实现了 Runnable，因此包含了一个 run 方法。然而，如果直接调用 Thread.run，那么通常是错误的，而应该调用 Thread.start。

未被释放的锁。与内置锁不同的是，执行控制流在退出显式锁（请参见第 13 章）的作用域时，通常不会自动释放它们。标准的做法是在一个 finally 块中释放显式锁，否则，当发生 Exception 事件时，锁仍然处于未被释放的状态。

空的同步块。虽然在 Java 内存模型中，空同步块具有一定的语义，但它们总是被不正确地使用，无论开发人员尝试通过空同步块来解决何种问题，通常都存在一些更好的解决方案。

双重检查加锁。双重检查加锁是一种错误的习惯用法，其初衷是为了降低延迟初始化过程中的同步开销（请参见 16.2.4 节），该用法在读取一个共享的可变域时缺少正确的同步。

在构造函数中启动一个线程。如果在构造函数中启动一个线程，那么将可能带来子类化问题，同时还会导致 this 引用从构造函数中逸出。

通知错误。notify 和 notifyAll 方法都表示，某个对象的状态可能以某种方式发生了变化，并且这种方式将在相关条件队列上被阻塞的线程恢复执行。只有在与条件队列相关的状态发生改变后，才应该调用这些方法。如果在一个同步块中调用了 notify 或 notifyAll，但没有修改任何状态，那么就可能出错（请参见第 14 章）。

条件等待中的错误。当在一个条件队列上等待时，Object.wait 和 Condition.await 方法应该在检查了状态谓词之后（请参见第 14 章），在某个循环中调用，同时需要持有正确的锁。如果在调用 Object.wait 和 Condition.await 方法时没有持有锁，或者不在某个循环中，或者没有检查某些状态谓词，那么通常都是一个错误。

对 Lock 和 Condition 的误用。将 Lock 作为同步块来使用通常是一种错误的用法，正如调用 Condition.wait 而不调用 await（后者能够通过测试被发现，因此在第一次调用它时将抛出 IllegalMonitorStateException）。

在休眠或者等待的同时持有一个锁。如果在调用 Thread.sleep 时持有一个锁，那么将导致其他线程在很长一段时间内无法执行，因此可能导致严重的活跃性问题。如果在调用 Object.wait 或 Condition.await 时持有两个锁，那么也可能导致同样的问题。

自旋循环。如果在代码中除了通过自旋（忙于等待）来检查某个域的值以外不做任何事情，那么将浪费 CPU 时钟周期，并且如果这个域不是 volatile 类型，那么将无法保证这种自旋过程能结束。当等待某个状态转换发生时，闭锁或条件等待通常是一种更好的技术。

12.4.3 面向方面的测试技术

在编写本书时，面向方面编程（AOP）技术在并发领域的应用是非常有限的，因为大多数主流的 AOP 工具还不能支持在同步位置处的"切入点（Pointcut）"。然而，AOP 可以用来确保不变性条件不被破坏，或者与同步策略的某些方面保持一致。例如，在 (Laddad, 2003) 中给出了一个示例，其中使用一个方面（Aspect）将所有对非线程安全的 Swing 方法的调用都封装在一个断言中，该断言确保这个调用是在事件线程中执行的。由于不需要修改代码，因此这项技术很容易使用，并且可以发现一些复杂的发布错误和线程封闭错误。

12.4.4 分析与监测工具

大多数商业分析工具都支持线程。这些工具在功能与执行效率上存在着差异，但通常都能给出对程序内部的详细信息（虽然分析工具通常采用侵入式实现，因此可能对程序的执行时序和行为产生极大的影响）。大多数分析工作通常还为每个线程提供了一个时间线显示，并且用颜色来区分不同的线程状态（可运行，由于等待某个锁而阻塞，由于等待 I/O 操作而阻塞等等）。从这些显示信息中可以看出程序对可用 CPU 资源的利用率，以及当程序表现糟糕时，该从何处查找原因。（许多分析工具还声称能够找出哪些锁导致了竞争，但在实际情况中，这些功能与人们期望的加锁行为分析能力之间存在一定的差距。）

内置的 JMX 代理同样提供了一些有限的功能来监测线程的行为。在 ThreadInfo 类中包含了线程的当前状态，并且当线程被阻塞时，它还会包含发生阻塞所在的锁或者条件队列。如果启用了"线程竞争监测（Thread Contention Monitoring）"功能（在默认情况下，为了不影响性能，暂且不启动它），那么在 ThreadInfo 中还会包括线程由于等待一个锁或通知而被阻塞的次数，以及它等待的累计时间。

小结

要测试并发程序的正确性可能非常困难，因为并发程序的许多故障模式都是一些低概率事件，它们对于执行时序、负载情况以及其他难以重现的条件都非常敏感。而且，在测试程序中还会引入额外的同步或执行时序限制，这些因素将掩盖被测试代码中的一些并发问题。要测试并发程序的性能同样非常困难，与使用静态编译语言（例如 C）编写的程序相比，用 Java 编写的程序在测试起来更加困难，因为动态编译、垃圾回收以及自动优化等操作都会影响与时间相关的测试结果。

要想尽可能地发现潜在的错误以及避免它们在正式产品中暴露出来，我们需要将传统的测试技术（要谨慎地避免在这里讨论的各种陷阱）与代码审查和自动化分析工具结合起来，每项技术都可以找出其他技术忽略的问题。

第四部分 高级主题

第 13 章 显式锁

在 Java 5.0 之前,在协调对共享对象的访问时可以使用的机制只有 synchronized 和 volatile。Java 5.0 增加了一种新的机制:ReentrantLock。与之前提到过的机制相反,ReentrantLock 并不是一种替代内置加锁的方法,而是当内置加锁机制不适用时,作为一种可选择的高级功能。

13.1 Lock 与 ReentrantLock

在程序清单 13-1 给出的 Lock 接口中定义了一组抽象的加锁操作。与内置加锁机制不同的是,Lock 提供了一种无条件的、可轮询的、定时的以及可中断的锁获取操作,所有加锁和解锁的方法都是显式的。在 Lock 的实现中必须提供与内部锁相同的内存可见性语义,但在加锁语义、调度算法、顺序保证以及性能特性等方面可以有所不同。(第 14 章将介绍 Lock.newCondition。)

程序清单 13-1   Lock 接口

```java
public interface Lock {
    void lock();
    void lockInterruptibly() throws InterruptedException;
    boolean tryLock();
    boolean tryLock(long timeout, TimeUnit unit)
        throws InterruptedException;
    void unlock();
    Condition newCondition();
}
```

ReentrantLock 实现了 Lock 接口，并提供了与 synchronized 相同的互斥性和内存可见性。在获取 ReentrantLock 时，有着与进入同步代码块相同的内存语义，在释放 ReentrantLock 时，同样有着与退出同步代码块相同的内存语义。（3.1 节以及第 16 章介绍内存可见性。）此外，与 synchronized 一样，ReentrantLock 还提供了可重入的加锁语义（请参见 2.3.2 节）。ReentrantLock 支持在 Lock 接口中定义的所有获取锁模式，并且与 synchronized 相比，它还为处理锁的不可用性问题提供了更高的灵活性。

为什么要创建一种与内置锁如此相似的新加锁机制？在大多数情况下，内置锁都能很好地工作，但在功能上存在一些局限性，例如，无法中断一个正在等待获取锁的线程，或者无法在请求获取一个锁时无限地等待下去。内置锁必须在获取该锁的代码块中释放，这就简化了编码工作，并且与异常处理操作实现了很好的交互，但却无法实现非阻塞结构的加锁规则。这些都是使用 synchronized 的原因，但在某些情况下，一种更灵活的加锁机制通常能提供更好的活跃性或性能。

程序清单 13-2 给出了 Lock 接口的标准使用形式。这种形式比使用内置锁复杂一些：必须在 finally 块中释放锁。否则，如果在被保护的代码中抛出了异常，那么这个锁永远都无法释放。当使用加锁时，还必须考虑在 try 块中抛出异常的情况，如果可能使对象处于某种不一致的状态，那么就需要更多的 try-catch 或 try-finally 代码块。（当使用某种形式的加锁时，包括内置锁，都应该考虑在出现异常时的情况。）

程序清单 13-2　使用 ReentrantLock 来保护对象状态

```
Lock lock = new ReentrantLock();
...
lock.lock();
try {
    // 更新对象状态
    // 捕获异常，并在必要时恢复不变性条件
} finally {
    lock.unlock();
}
```

如果没有使用 finally 来释放 Lock，那么相当于启动了一个定时炸弹。当"炸弹爆炸"时，将很难追踪到最初发生错误的位置，因为没有记录应该释放锁的位置和时间。这就是 ReentrantLock 不能完全替代 synchronized 的原因：它更加"危险"，因为当程序的执行控制离开被保护的代码块时，不会自动清除锁。虽然在 finally 块中释放锁并不困难，但也可能忘记。⊖

13.1.1 轮询锁与定时锁

可定时的与可轮询的锁获取模式是由 tryLock 方法实现的，与无条件的锁获取模式相比，它具有更完善的错误恢复机制。在内置锁中，死锁是一个严重的问题，恢复程序的唯一方法是

⊖ FindBugs 中有一个"未释放锁"的检查器，当一个锁没有在获取它的代码块之外的所有代码路径中释放，那么就找到它。

重新启动程序,而防止死锁的唯一方法就是在构造程序时避免出现不一致的锁顺序。可定时的与可轮询的锁提供了另一种选择:避免死锁的发生。

如果不能获得所有需要的锁,那么可以使用可定时的或可轮询的锁获取方式,从而使你重新获得控制权,它会释放已经获得的锁,然后重新尝试获取所有锁(或者至少会将这个失败记录到日志,并采取其他措施)。程序清单 13-3 给出了另一种方法来解决 10.1.2 节中动态顺序死锁的问题:使用 tryLock 来获取两个锁,如果不能同时获得,那么就回退并重新尝试。在休眠时间中包括固定部分和随机部分,从而降低发生活锁的可能性。如果在指定时间内不能获得所有需要的锁,那么 transferMoney 将返回一个失败状态,从而使该操作平缓地失败。(请参见 [CPJ 2.5.1.2] 和 [CPJ 2.5.1.3] 了解更多使用可轮询的锁来避免死锁的示例。)

程序清单 13-3　通过 tryLock 来避免锁顺序死锁

```
public boolean transferMoney(Account fromAcct,
                             Account toAcct,
                             DollarAmount amount,
                             long timeout,
                             TimeUnit unit)
    throws InsufficientFundsException, InterruptedException {
    long fixedDelay = getFixedDelayComponentNanos(timeout, unit);
    long randMod = getRandomDelayModulusNanos(timeout, unit);
    long stopTime = System.nanoTime() + unit.toNanos(timeout);

    while (true) {
        if (fromAcct.lock.tryLock()) {
            try {
                if (toAcct.lock.tryLock()) {
                    try {
                        if (fromAcct.getBalance().compareTo(amount)
                                < 0)
                            throw new InsufficientFundsException();
                        else {
                            fromAcct.debit(amount);
                            toAcct.credit(amount);
                            return true;
                        }
                    } finally {
                        toAcct.lock.unlock();
                    }
                }
            } finally {
                fromAcct.lock.unlock();
            }
        }
        if (System.nanoTime() < stopTime)
            return false;
        NANOSECONDS.sleep(fixedDelay + rnd.nextLong() % randMod);
    }
}
```

在实现具有时间限制的操作时,定时锁同样非常有用(请参见 6.3.7 节)。当在带有时间限制的操作中调用了一个阻塞方法时,它能根据剩余时间来提供一个时限。如果操作不能在指定的时间内给出结果,那么就会使程序提前结束。当使用内置锁时,在开始请求锁后,这个操作将无法取消,因此内置锁很难实现带有时间限制的操作。

在程序清单6-17的旅游门户网站示例中,为询价的每个汽车租赁公司都创建了一个独立的任务。询价操作包含某种基于网络的请求机制,例如Web服务请求。但在询价操作中同样可能需要实现对紧缺资源的独占访问,例如通向公司的直连通信线路。

9.5节介绍了确保对资源进行串行访问的方法:一个单线程的Executor。另一种方法是使用一个独占锁来保护对资源的访问。程序清单13-4试图在Lock保护的共享通信线路上发送一条消息,如果不能在指定时间内完成,代码就会失败。定时的tryLock能够在这种带有时间限制的操作中实现独占加锁行为。

程序清单13-4　带有时间限制的加锁

```
public boolean trySendOnSharedLine(String message,
                                   long timeout, TimeUnit unit)
        throws InterruptedException {
    long nanosToLock = unit.toNanos(timeout)
                     - estimatedNanosToSend(message);
    if (!lock.tryLock(nanosToLock, NANOSECONDS))
        return false;
    try {
        return sendOnSharedLine(message);
    } finally {
        lock.unlock();
    }
}
```

13.1.2　可中断的锁获取操作

正如定时的锁获取操作能在带有时间限制的操作中使用独占锁,可中断的锁获取操作同样能在可取消的操作中使用加锁。7.1.6节给出了几种不能响应中断的机制,例如请求内置锁。这些不可中断的阻塞机制将使得实现可取消的任务变得复杂。lockInterruptibly方法能够在获得锁的同时保持对中断的响应,并且由于它包含在Lock中,因此无须创建其他类型的不可中断阻塞机制。

可中断的锁获取操作的标准结构比普通的锁获取操作略微复杂一些,因为需要两个try块。(如果在可中断的锁获取操作中抛出了InterruptedException,那么可以使用标准的try-finally加锁模式。)在程序清单13-5中使用了lockInterruptibly来实现程序清单13-4中的sendOnSharedLine,以便在一个可取消的任务中调用它。定时的tryLock同样能响应中断,因此当需要实现一个定时的和可中断的锁获取操作时,可以使用tryLock方法。

程序清单13-5　可中断的锁获取操作

```
public boolean sendOnSharedLine(String message)
        throws InterruptedException {
    lock.lockInterruptibly();
    try {
```

```
        return cancellableSendOnSharedLine(message);
    } finally {
        lock.unlock();
    }
}

private boolean cancellableSendOnSharedLine(String message)
    throws InterruptedException { ... }
```

13.1.3 非块结构的加锁

在内置锁中，锁的获取和释放等操作都是基于代码块的——释放锁的操作总是与获取锁的操作处于同一个代码块，而不考虑控制权如何退出该代码块。自动的锁释放操作简化了对程序的分析，避免了可能的编码错误，但有时侯需要更灵活的加锁规则。

在第 11 章中，我们看到了通过降低锁的粒度可以提高代码的可伸缩性。锁分段技术在基于散列的容器中实现了不同的散列链，以便使用不同的锁。我们可以通过采用类似的原则来降低链表中锁的粒度，即为每个链表节点使用一个独立的锁，使不同的线程能独立地对链表的不同部分进行操作。每个节点的锁将保护链接指针以及在该节点中存储的数据，因此当遍历或修改链表时，我们必须持有该节点上的这个锁，直到获得了下一个节点的锁，只有这样，才能释放前一个节点上的锁。在 [CPJ 2.5.1.4] 中介绍了使用这项技术的一个示例，并称之为连锁式加锁（Hand-Over-Hand Locking）或者锁耦合（Lock Coupling）。

13.2 性能考虑因素

当把 ReentrantLock 添加到 Java 5.0 时，它能比内置锁提供更好的竞争性能。对于同步原语来说，竞争性能是可伸缩性的关键要素：如果有越多的资源被耗费在锁的管理和调度上，那么应用程序得到的资源就越少。锁的实现方式越好，将需要越少的系统调用和上下文切换，并且在共享内存总线上的内存同步通信量也越少，而一些耗时的操作将占用应用程序的计算资源。

Java 6 使用了改进后的算法来管理内置锁，与在 ReentrantLock 中使用的算法类似，该算法有效地提高了可伸缩性。图 13-1 给出了在 Java 5.0 和 Java 6 版本中，内置锁与 ReentrantLock 之间的性能差异，测试程序的运行环境是 4 路的 Opteron 系统，操作系统为 Solaris。图中的曲线表示在某个 JVM 版本中 ReentrantLock 相对于内置锁的"加速比"。在 Java 5.0 中，ReentrantLock 能提供更高的吞吐量，但在 Java 6 中，二者的吞吐量非常接近[⊖]。这里使用了与 11.5 节相同的测试程序，而这次比较的是通过一个 HashMap 在由内置锁保护以及由 ReentrantLock 保护的情况下的吞吐量。

⊖ 这张曲线图中没有给出的信息是：Java 5.0 和 Java 6 之间的可伸缩性差异是源于内置锁的改进，而不是 ReentrantLock。

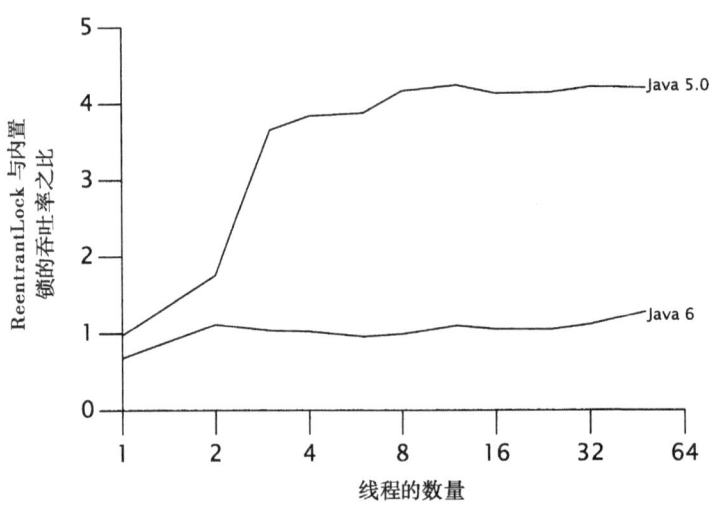

图 13-1 内置锁与 ReentrantLock 在 Java 5.0 与 Java 6 上的性能

在 Java 5.0 中，当从单线程（无竞争）变化到多线程时，内置锁的性能将急剧下降，而 ReentrantLock 的性能下降则更为平缓，因而它具有更好的可伸缩性。但在 Java 6 中，情况就完全不同了，内置锁的性能不会由于竞争而急剧下降，并且两者的可伸缩性也基本相当。

图 13-1 的曲线图告诉我们，像"X 比 Y 更快"这样的表述大多是短暂的。性能和可伸缩性对于具体平台等因素都较为敏感，例如 CPU、处理器数量、缓存大小以及 JVM 特性等，所有这些因素都可能会随着时间而发生变化。[⊖]

> 性能是一个不断变化的指标，如果在昨天的测试基准中发现 X 比 Y 更快，那么在今天就可能已经过时了。

13.3 公平性

在 ReentrantLock 的构造函数中提供了两种公平性选择：创建一个非公平的锁（默认）或者一个公平的锁。在公平的锁上，线程将按照它们发出请求的顺序来获得锁，但在非公平的锁上，则允许"插队"：当一个线程请求非公平的锁时，如果在发出请求的同时该锁的状态变为可用，那么这个线程将跳过队列中所有的等待线程并获得这个锁。（在 Semaphore 中同样可以选择采用公平的或非公平的获取顺序。）非公平的 ReentrantLock 并不提倡"插队"行为，但无法防止某个线程在合适的时候进行"插队"。在公平的锁中，如果有另一个线程持有这个锁或者有其他线程在队列中等待这个锁，那么新发出请求的线程将被放入队列中。在非公平的锁中，

⊖ 当开始写作本书时，ReentrantLock 似乎是解决锁的可伸缩性的最终手段。但不到一年的时间，内置锁在可伸缩性上已经获得了极大的提升。性能不仅是一个在不断变化的指标，而且变化得非常快。

只有当锁被某个线程持有时，新发出请求的线程才会被放入队列中[⊖]。

我们为什么不希望所有的锁都是公平的？毕竟，公平是一种好的行为，而不公平则是一种不好的行为，对不对？当执行加锁操作时，公平性将由于在挂起线程和恢复线程时存在的开销而极大地降低性能。在实际情况中，统计上的公平性保证——确保被阻塞的线程能最终获得锁，通常已经够用了，并且实际开销也小得多。有些算法依赖于公平的排队算法以确保它们的正确性，但这些算法并不常见。在大多数情况下，非公平锁的性能要高于公平锁的性能。

图 13-2 给出了 Map 的性能测试，并比较由公平的以及非公平的 ReentrantLock 包装的 HashMap 的性能，测试程序在一个 4 路的 Opteron 系统上运行，操作系统为 Solaris，在绘制结果曲线时采用了对数缩放比例[⊖]。从图中可以看出，公平性把性能降低了约两个数量级。不必要的话，不要为公平性付出代价。

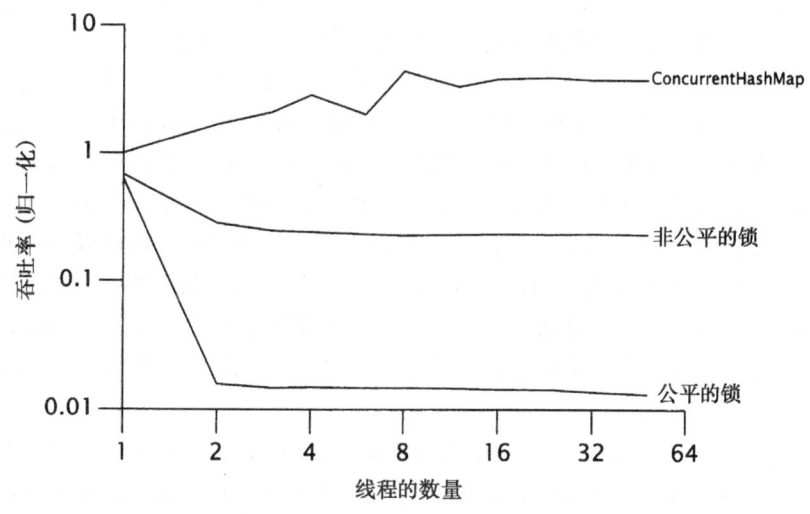

图 13-2　公平锁与非公平锁的性能比较

在激烈竞争的情况下，非公平锁的性能高于公平锁的性能的一个原因是：在恢复一个被挂起的线程与该线程真正开始运行之间存在着严重的延迟。假设线程 A 持有一个锁，并且线程 B 请求这个锁。由于这个锁已被线程 A 持有，因此 B 将被挂起。当 A 释放锁时，B 将被唤醒，因此会再次尝试获取锁。与此同时，如果 C 也请求这个锁，那么 C 很可能会在 B 被完全唤醒之前

⊖ 即使对于公平锁而言，可轮询的 tryLock 仍然会"插队"。
⊖ ConcurrentHashMap 的曲线在 4 个线程和 8 个线程之间的变动非常大。这些变动大多是测量噪声，噪声的可能来源包括：与元素散列码之间的偶然交互，线程的调度，重新调整映射集合的大小，垃圾回收或其他内存系统的作用，以及操作系统在测试用例运行时执行一些周期性的辅助任务。实际上，在性能测试中存在着各种各样的变动因素，而这些因素通常不需要进行控制。我们不要人为地使曲线变得平滑，因为在现实世界的性能测试中同样会存在各种各样的噪声。

获得、使用以及释放这个锁。这样的情况是一种"双赢"的局面：B 获得锁的时刻并没有推迟，C 更早地获得了锁，并且吞吐量也获得了提高。

当持有锁的时间相对较长，或者请求锁的平均时间间隔较长，那么应该使用公平锁。在这些情况下，"插队"带来的吞吐量提升（当锁处于可用状态时，线程却还处于被唤醒的过程中）则可能不会出现。

与默认的 ReentrantLock 一样，内置加锁并不会提供确定的公平性保证，但在大多数情况下，在锁实现上实现统计上的公平性保证已经足够了。Java 语言规范并没有要求 JVM 以公平的方式来实现内置锁，而在各种 JVM 中也没有这样做。ReentrantLock 并没有进一步降低锁的公平性，而只是使一些已经存在的内容更明显。

13.4　在 synchronized 和 ReentrantLock 之间进行选择

ReentrantLock 在加锁和内存上提供的语义与与内置锁相同，此外它还提供了一些其他功能，包括定时的锁等待、可中断的锁等待、公平性，以及实现非块结构的加锁。ReentrantLock 在性能上似乎优于内置锁，其中在 Java 6 中略有胜出，而在 Java 5.0 中则是远远胜出。那么为什么不放弃 synchronized，并在所有新的并发代码中都使用 ReentrantLock？事实上有些作者已经建议这么做，将 synchronized 作为一种"遗留"结构，但这会将好事情变坏。

与显式锁相比，内置锁仍然具有很大的优势。内置锁为许多开发人员所熟悉，并且简洁紧凑，而且在许多现有的程序中都已经使用了内置锁——如果将这两种机制混合使用，那么不仅容易令人困惑，也容易发生错误。ReentrantLock 的危险性比同步机制要高，如果忘记在 finally 块中调用 unlock，那么虽然代码表面上能正常运行，但实际上已经埋下了一颗定时炸弹，并很有可能伤及其他代码。仅当内置锁不能满足需求时，才可以考虑使用 ReentrantLock。

> 在一些内置锁无法满足需求的情况下，ReentrantLock 可以作为一种高级工具。当需要一些高级功能时才应该使用 ReentrantLock，这些功能包括：可定时的、可轮询的与可中断的锁获取操作，公平队列，以及非块结构的锁。否则，还是应该优先使用 synchronized。

在 Java 5.0 中，内置锁与 ReentrantLock 相比还有另一个优点：在线程转储中能给出在哪些调用帧中获得了哪些锁，并能够检测和识别发生死锁的线程。JVM 并不知道哪些线程持有 ReentrantLock，因此在调试使用 ReentrantLock 的线程的问题时，将起不到帮助作用。Java 6 解决了这个问题，它提供了一个管理和调试接口，锁可以通过该接口进行注册，从而与 ReentrantLocks 相关的加锁信息就能出现在线程转储中，并通过其他的管理接口和调试接口来访问。与 synchronized 相比，这些调试消息是一种重要的优势，即便它们大部分都是临时性消息，线程转储中的加锁能给很多程序员带来帮助。ReentrantLock 的非块结构特性仍然意味着，获取锁的操作不能与特定的栈帧关联起来，而内置锁却可以。

未来更可能会提升 synchronized 而不是 ReentrantLock 的性能。因为 synchronized 是 JVM 的内置属性，它能执行一些优化，例如对线程封闭的锁对象的锁消除优化，通过增加锁的粒度来消除内置锁的同步（请参见 11.3.2 节），而如果通过基于类库的锁来实现这些功能，则可能性不大。除非将来需要在 Java 5.0 上部署应用程序，并且在该平台上确实需要 ReentrantLock 包含的可伸缩性，否则就性能方面来说，应该选择 synchronized 而不是 ReentrantLock。

13.5 读-写锁

ReentrantLock 实现了一种标准的互斥锁：每次最多只有一个线程能持有 ReentrantLock。但对于维护数据的完整性来说，互斥通常是一种过于强硬的加锁规则，因此也就不必要地限制了并发性。互斥是一种保守的加锁策略，虽然可以避免"写/写"冲突和"写/读"冲突，但同样也避免了"读/读"冲突。在许多情况下，数据结构上的操作都是"读操作"——虽然它们也是可变的并且在某些情况下被修改，但其中大多数访问操作都是读操作。此时，如果能够放宽加锁需求，允许多个执行读操作的线程同时访问数据结构，那么将提升程序的性能。只要每个线程都能确保读取到最新的数据，并且在读取数据时不会有其他的线程修改数据，那么就不会发生问题。在这种情况下就可以使用读/写锁：一个资源可以被多个读操作访问，或者被一个写操作访问，但两者不能同时进行。

在程序清单 13-6 的 ReadWriteLock 中暴露了两个 Lock 对象，其中一个用于读操作，而另一个用于写操作。要读取由 ReadWriteLock 保护的数据，必须首先获得读取锁，当需要修改 ReadWriteLock 保护的数据时，必须首先获得写入锁。尽管这两个锁看上去是彼此独立的，但读取锁和写入锁只是读-写锁对象的不同视图。

程序清单 13-6　ReadWriteLock 接口

```
public interface ReadWriteLock {
    Lock readLock();
    Lock writeLock();
}
```

在读-写锁实现的加锁策略中，允许多个读操作同时进行，但每次只允许一个写操作。与 Lock 一样，ReadWriteLock 可以采用多种不同的实现方式，这些方式在性能、调度保证、获取优先性、公平性以及加锁语义等方面可能有所不同。

读-写锁是一种性能优化措施，在一些特定的情况下能实现更高的并发性。在实际情况中，对于在多处理器系统上被频繁读取的数据结构，读-写锁能够提高性能。而在其他情况下，读-写锁的性能比独占锁的性能要略差一些，这是因为它们的复杂性更高。如果要判断在某种情况下使用读-写锁是否会带来性能提升，最好对程序进行分析。由于 ReadWriteLock 使用 Lock 来实现锁的读-写部分，因此如果分析结果表明读-写锁没有提高性能，那么可以很容易地将读-写锁换为独占锁。

在读取锁和写入锁之间的交互可以采用多种实现方式。ReadWriteLock 中的一些可选实现包括：

释放优先。当一个写入操作释放写入锁时，并且队列中同时存在读线程和写线程，那么应该优先选择读线程，写线程，还是最先发出请求的线程？

读线程插队。如果锁是由读线程持有,但有写线程正在等待,那么新到达的读线程能否立即获得访问权,还是应该在写线程后面等待?如果允许读线程插队到写线程之前,那么将提高并发性,但却可能造成写线程发生饥饿问题。

重入性。读取锁和写入锁是否是可重入的?

降级。如果一个线程持有写入锁,那么它能否在不释放该锁的情况下获得读取锁?这可能会使得写入锁被"降级"为读取锁,同时不允许其他写线程修改被保护的资源。

升级。读取锁能否优先于其他正在等待的读线程和写线程而升级为一个写入锁?在大多数的读-写锁实现中并不支持升级,因为如果没有显式的升级操作,那么很容易造成死锁。(如果两个读线程试图同时升级为写入锁,那么二者都不会释放读取锁。)

ReentrantReadWriteLock 为这两种锁都提供了可重入的加锁语义。与 ReentrantLock 类似,ReentrantReadWriteLock 在构造时也可以选择是一个非公平的锁(默认)还是一个公平的锁。在公平的锁中,等待时间最长的线程将优先获得锁。如果这个锁由读线程持有,而另一个线程请求写入锁,那么其他读线程都不能获得读取锁,直到写线程使用完并且释放了写入锁。在非公平的锁中,线程获得访问许可的顺序是不确定的。写线程降级为读线程是可以的,但从读线程升级为写线程则是不可以的(这样做会导致死锁)。

与 ReentrantLock 类似的是,ReentrantReadWriteLock 中的写入锁只能有唯一的所有者,并且只能由获得该锁的线程来释放。在 Java 5.0 中,读取锁的行为更类似于一个 Semaphore 而不是锁,它只维护活跃的读线程的数量,而不考虑它们的标识。在 Java 6 中修改了这个行为:记录哪些线程已经获得了读取锁。⊖

当锁的持有时间较长并且大部分操作都不会修改被守护的资源时,那么读-写锁能提高并发性。在程序清单 13-7 的 ReadWriteMap 中使用了 ReentrantReadWriteLock 来包装 Map,从而使它能在多个读线程之间被安全地共享,并且仍然能避免"读-写"或"写-写"冲突⊖。在现实中,ConcurrentHashMap 的性能已经很好了,因此如果只需要一个并发的基于散列的映射,那么就可以使用 ConcurrentHashMap 来代替这种方法,但如果需要对另一种 Map 实现(例如 LinkedHashMap)提供并发性更高的访问,那么可以使用这项技术。

程序清单 13-7　用读-写锁来包装 Map

```
public class ReadWriteMap<K,V> {
    private final Map<K,V> map;
    private final ReadWriteLock lock = new ReentrantReadWriteLock();
    private final Lock r = lock.readLock();
    private final Lock w = lock.writeLock();

    public ReadWriteMap(Map<K,V> map) {
        this.map = map;
    }
```

⊖ 做出这种修改的一个原因是:在 Java 5.0 的锁实现中,无法区别一个线程是首次请求读取锁,还是可重入锁请求,从而可能使公平的读-写锁发生死锁。

⊖ ReadWriteMap 并没有实现 Map,因为实现一些方法(例如 entrySet 和 values)是非常困难的,况且"简单"的方法通常已经足够了。

```
    public V put(K key, V value) {
        w.lock();
        try {
            return map.put(key, value);
        } finally {
            w.unlock();
        }
    }
    // 对 remove()，putAll()，clear() 等方法执行相同的操作

    public V get(Object key) {
        r.lock();
        try {
            return map.get(key);
        } finally {
            r.unlock();
        }
    }
    // 对其他只读的 Map 方法执行相同的操作
}
```

图 13-3 给出了分别用 ReentrantLock 和 ReadWriteLock 来封装 ArrayList 的吞吐量比较，测试程序在 4 路的 Opteron 系统上运行，操作系统为 Solaris。这里使用的测试程序与本书使用的 Map 性能测试基本类似——每个操作随机地选择一个值并在容器中查找这个值，并且只有少量的操作会修改这个容器中的内容。

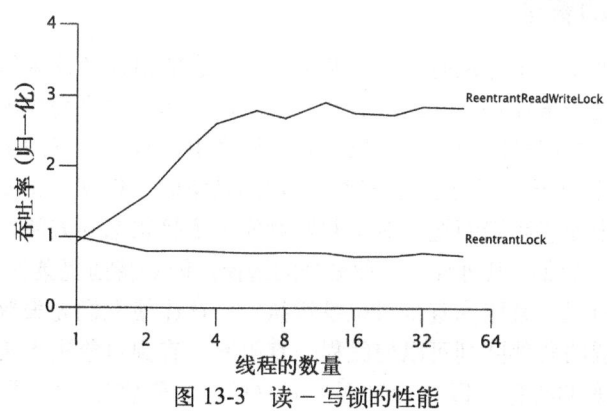

图 13-3 读－写锁的性能

小结

与内置锁相比，显式的 Lock 提供了一些扩展功能，在处理锁的不可用性方面有着更高的灵活性，并且对队列行有着更好的控制。但 ReentrantLock 不能完全替代 synchronized，只有在 synchronized 无法满足需求时，才应该使用它。

读－写锁允许多个读线程并发地访问被保护的对象，当访问以读取操作为主的数据结构时，它能提高程序的可伸缩性。

第 14 章
构建自定义的同步工具

类库包含了许多存在状态依赖性的类，例如 FutureTask、Semaphore 和 BlockingQueue 等。在这些类的一些操作中有着基于状态的前提条件，例如，不能从一个空的队列中删除元素，或者获取一个尚未结束的任务的计算结果，在这些操作可以执行之前，必须等到队列进入"非空"状态，或者任务进入"已完成"状态。

创建状态依赖类的最简单方法通常是在类库中现有状态依赖类的基础上进行构造。例如，在第 8 章的 ValueLatch 中就采用了这种方法，其中使用了一个 CountDownLatch 来提供所需的阻塞行为。但如果类库没有提供你需要的功能，那么还可以使用 Java 语言和类库提供的底层机制来构造自己的同步机制，包括内置的条件队列、显式的 Condition 对象以及 AbstractQueuedSynchronizer 框架。本章将介绍实现状态依赖性的各种选择，以及在使用平台提供的状态依赖性机制时需要遵守的各项规则。

14.1 状态依赖性的管理

在单线程程序中调用一个方法时，如果某个基于状态的前提条件未得到满足（例如"连接池必须非空"），那么这个条件将永远无法成真。因此，在编写顺序程序中的类时，要使得这些类在它们的前提条件未被满足时就失败。但在并发程序中，基于状态的条件可能会由于其他线程的操作而改变：一个资源池可能在几条指令之前还是空的，但现在却变为非空的，因为另一个线程可能会返回一个元素到资源池。对于并发对象上依赖状态的方法，虽然有时候在前提条件不满足的情况下不会失败，但通常有一种更好的选择，即等待前提条件变为真。

依赖状态的操作可以一直阻塞直到可以继续执行，这比使它们先失败再实现起来要更为方便且更不易出错。内置的条件队列可以使线程一直阻塞，直到对象进入某个进程可以继续执行的状态，并且当被阻塞的线程可以执行时再唤醒它们。我们将在 14.2 节介绍条件队列的详细内容，但为了突出高效的条件等待机制的价值，我们将首先介绍如何通过轮询与休眠等方式来（勉强地）解决状态依赖性问题。

可阻塞的状态依赖操作的形式如程序清单 14-1 所示。这种加锁模式有些不同寻常，因为锁是在操作的执行过程中被释放与重新获取的。构成前提条件的状态变量必须由对象的锁来保护，从而使它们在测试前提条件的同时保持不变。如果前提条件尚未满足，就必须释放锁，以便其他线程可以修改对象的状态，否则，前提条件就永远无法变成真。在再次测试前提条件之前，必须重新获得锁。

程序清单 14-1　可阻塞的状态依赖操作的结构

```
acquire lock on object state
while (precondition does not hold) {
    release lock
    wait until precondition might hold
    optionally fail if interrupted or timeout expires
    reacquire lock
}
perform action
    release lock
```

在生产者-消费者的设计中经常会使用像 ArrayBlockingQueue 这样的有界缓存。在有界缓存提供的 put 和 take 操作中都包含有一个前提条件：不能从空缓存中获取元素，也不能将元素放入已满的缓存中。当前提条件未满足时，依赖状态的操作可以抛出一个异常或返回一个错误状态（使其成为调用者的一个问题），也可以保持阻塞直到对象进入正确的状态。

接下来介绍有界缓存的几种实现，其中将采用不同的方法来处理前提条件失败的问题。在每种实现中都扩展了程序清单 14-2 中的 BaseBoundedBuffer，在这个类中实现了一个基于数组的循环缓存，其中各个缓存状态变量（buf、head、tail 和 count）均由缓存的内置锁来保护。它还提供了同步的 doPut 和 doTake 方法，并在子类中通过这些方法来实现 put 和 take 操作，底层的状态将对子类隐藏。

程序清单 14-2　有界缓存实现的基类

```
@ThreadSafe
public abstract class BaseBoundedBuffer<V> {
    @GuardedBy("this") private final V[] buf;
    @GuardedBy("this") private int tail;
    @GuardedBy("this") private int head;
    @GuardedBy("this") private int count;

    protected BaseBoundedBuffer(int capacity) {
        this.buf = (V[]) new Object[capacity];
    }

    protected synchronized final void doPut(V v) {
        buf[tail] = v;
        if (++tail == buf.length)
            tail = 0;
        ++count;
    }

    protected synchronized final V doTake() {
        V v = buf[head];
        buf[head] = null;
        if (++head == buf.length)
            head = 0;
        --count;
        return v;
    }
```

```
    public synchronized final boolean isFull() {
        return count == buf.length;
    }
    public synchronized final boolean isEmpty() {
        return count == 0;
    }
}
```

14.1.1 示例：将前提条件的失败传递给调用者

程序清单 14-3 的 GrumpyBoundedBuffer 是第一个简单的有界缓存实现。put 和 take 方法都进行了同步以确保实现对缓存状态的独占访问，因为这两个方法在访问缓存时都采用"先检查再运行"的逻辑策略。

程序清单 14-3　当不满足前提条件时，有界缓存不会执行相应的操作

```
@ThreadSafe
public class GrumpyBoundedBuffer<V> extends BaseBoundedBuffer<V> {
    public GrumpyBoundedBuffer(int size) { super(size); }

    public synchronized  void put(V v) throws BufferFullException {
        if (isFull())
            throw new BufferFullException();
        doPut(v);
    }

    public synchronized  V take() throws BufferEmptyException {
        if (isEmpty())
            throw new BufferEmptyException();
        return doTake();
    }
}
```

尽管这种方法实现起来很简单，但使用起来却并非如此。异常应该用于发生异常条件的情况中 [EJ Item 39]。"缓存已满"并不是有界缓存的一个异常条件，就像"红灯"并不表示交通信号灯出现了异常。在实现缓存时得到的简化（使调用者管理状态依赖性）并不能抵消在使用时存在的复杂性，因为现在调用者必须做好捕获异常的准备，并且在每次缓存操作时都需要重试⊖。程序清单 14-4 给出了对 take 的调用——并不是很漂亮，尤其是当程序中有许多地方都调用 put 和 take 方法时。

程序清单 14-4　调用 GrumpyBoundedBuffer 的代码

```
while (true) {
    try {
        V item = buffer.take();
        // 对于 item 执行一些操作
```

⊖ 如果将状态依赖性交给调用者管理，那么将导致一些功能无法实现，例如维持 FIFO 顺序，由于迫使调用者重试，因此失去了"谁先到达"的信息。

```
            break;
    } catch (BufferEmptyException e) {
        Thread.sleep(SLEEP_GRANULARITY);
    }
}
```

这种方法的一种变化形式是,当缓存处于某种错误的状态时返回一个错误值。这是一种改进,因为并没有放弃异常机制,抛出的异常意味着"对不起,请再试一次",但这种方法并没有解决根本问题:调用者必须自行处理前提条件失败的情况⊖。

程序清单 14-4 中的客户代码不是实现重试的唯一方式。调用者可以不进入休眠状态,而直接重新调用 take 方法,这种方法被称为忙等待或自旋等待。如果缓存的状态在很长一段时间内都不会发生变化,那么使用这种方法就会消耗大量的 CPU 时间。但是,调用者也可以进入休眠状态来避免消耗过多的 CPU 时间,但如果缓存的状态在刚调用完 sleep 就立即发生变化,那么将不必要地休眠一段时间。因此,客户代码必须要在二者之间进行选择:要么容忍自旋导致的 CPU 时钟周期浪费,要么容忍由于休眠而导致的低响应性。(除了忙等待与休眠之外,还有一种选择就是调用 Thread.yield,这相当于给调度器一个提示:现在需要让出一定的时间使另一个线程运行。假如正在等待另一个线程执行工作,那么如果选择让出处理器而不是消耗完整个 CPU 调度时间片,那么可以使整体的执行过程变快。)

14.1.2 示例:通过轮询与休眠来实现简单的阻塞

程序清单 14-5 中的 SleepyBoundedBuffer 尝试通过 put 和 take 方法来实现一种简单的"轮询与休眠"重试机制,从而使调用者无须在每次调用时都实现重试逻辑。如果缓存为空,那么 take 将休眠并直到另一个线程在缓存中放入一些数据;如果缓存是满的,那么 put 将休眠并直到另一个线程从缓存中移除一些数据,以便有空间容纳新的数据。这种方法将前提条件的管理操作封装起来,并简化了对缓存的使用——这正是朝着正确的改进方向迈出了一步。

程序清单 14-5 使用简单阻塞实现的有界缓存

```
@ThreadSafe
public class SleepyBoundedBuffer<V> extends BaseBoundedBuffer<V> {
    public SleepyBoundedBuffer(int size) { super(size); }

    public void put(V v) throws InterruptedException {
        while (true) {
            synchronized (this) {
                if (!isFull()) {
                    doPut(v);
                    return;
                }
            }
```

⊖ Queue 提供了上述两种选择,即 poll 方法能够在队列为空时返回 null,而 remove 方法则抛出一个异常,但 Queue 并不适合在生产者-消费者设计中使用。BlockingQueue 中的操作只有当队列处于正确状态时才会进行处理,否则将阻塞,因此当生产者和消费者并发执行时,BlockingQueue 才是更好的选择。

```
            Thread.sleep(SLEEP_GRANULARITY);
        }
    }

    public V take() throws InterruptedException {
        while (true) {
            synchronized (this) {
                if (!isEmpty())
                    return doTake();
            }
            Thread.sleep(SLEEP_GRANULARITY);
        }
    }
}
```

SleepyBoundedBuffer 的实现远比之前的实现复杂⊖。缓存代码必须在持有缓存锁的时候才能测试相应的状态条件,因为表示状态条件的变量是由缓存锁保护的。如果测试失败,那么当前执行的线程将首先释放锁并休眠一段时间,从而使其他线程能够访问缓存⊖。当线程醒来时,它将重新请求锁并再次尝试执行操作,因而线程将反复地在休眠以及测试状态条件等过程之间进行切换,直到可以执行操作为止。

从调用者的角度看,这种方法能很好地运行,如果某个操作可以执行,那么就立即执行,否则就阻塞,调用者无须处理失败和重试。要选择合适的休眠时间间隔,就需要在响应性与 CPU 使用率之间进行权衡。休眠的间隔越小,响应性就越高,但消耗的 CPU 资源也越高。图 14-1 给出了休眠间隔对响应性的影响:在缓存中出现可用空间的时刻与线程醒来并再次检查的时刻之间可能存在延迟。

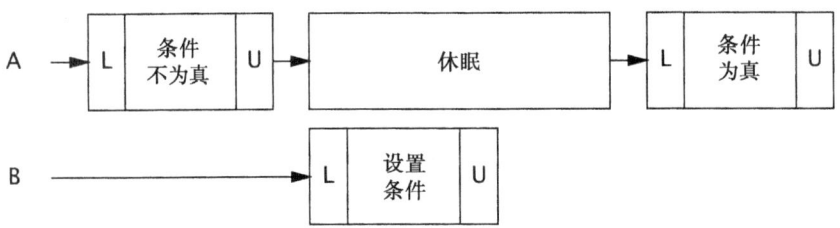

图 14-1 在线程刚刚进入休眠后,条件立即变为真,此时将存在不必要的休眠时间

SleepyBoundedBuffer 对调用者提出了一个新的需求:处理 InterruptedException。当一个方法由于等待某个条件变成真而阻塞时,需要提供一种取消机制(请参见第 7 章)。与大多数具备良好行为的阻塞库方法一样,SleepyBoundedBuffer 通过中断来支持取消,如果该方法被中断,那么将提前返回并抛出 InterruptedException。

⊖ 与白雪公主中其他 5 个小矮人的名字相对应的其他有界缓存留给读者来实现,尤其是 SneezyBoundedBuffer。(白雪公主中 7 个小矮人的名字分别为 Sleepy, Grumpy, Sneezy, Doc, Bashful, Happy 和 Dopey, 其中与 Sleepy 和 Grumpy 对应的 BoundedBuffer 已经实现了。)

⊖ 通常,如果线程在休眠或者被阻塞时持有一个锁,那么这通常是一种不好的做法,因为只要线程不释放这个锁,有些条件(缓存为满/空)就永远无法为真。

这种通过轮询与休眠来实现阻塞操作的过程需要付出大量的努力。如果存在某种挂起线程的方法，并且这种方法能够确保当某个条件成真时线程立即醒来，那么将极大地简化实现工作。这正是条件队列实现的功能。

14.1.3 条件队列

条件队列就好像烤面包机中通知"面包已烤好"的铃声。如果你注意听着铃声，那么当面包烤好后可以立刻得到通知，然后放下手头的事情（或者先把手头的事情做完，例如先看完报纸）开始品尝面包。如果没有听见铃声（可能出去拿报纸了），那么会错过通知信息，但回到厨房时还可以观察烤面包机的状态，如果已经烤好，那么就取出面包，如果还未烤好，就再次留意铃声。

"条件队列"这个名字来源于：它使得一组线程（称之为等待线程集合）能够通过某种方式来等待特定的条件变成真。传统队列的元素是一个个数据，而与之不同的是，条件队列中的元素是一个个正在等待相关条件的线程。

正如每个 Java 对象都可以作为一个锁，每个对象同样可以作为一个条件队列，并且 Object 中的 wait、notify 和 notifyAll 方法就构成了内部条件队列的 API。对象的内置锁与其内部条件队列是相互关联的，要调用对象 X 中条件队列的任何一个方法，必须持有对象 X 上的锁。这是因为"等待由状态构成的条件"与"维护状态一致性"这两种机制必须被紧密地绑定在一起：只有能对状态进行检查时，才能在某个条件上等待，并且只有能修改状态时，才能从条件等待中释放另一个线程。

Object.wait 会自动释放锁，并请求操作系统挂起当前线程，从而使其他线程能够获得这个锁并修改对象的状态。当被挂起的线程醒来时，它将在返回之前重新获取锁。从直观上来理解，调用 wait 意味着"我要去休息了，但当发生特定的事情时唤醒我"，而调用通知方法就意味着"特定的事情发生了"。

在程序清单 14-6 的 BoundedBuffer 中使用了 wait 和 notifyAll 来实现一个有界缓存。这比使用"休眠"的有界缓存更简单，并且更高效（当缓存状态没有发生变化时，线程醒来的次数将更少），响应性也更高（当发生特定状态变化时将立即醒来）。这是一个较大的改进，但要注意：与使用"休眠"的有界缓存相比，条件队列并没有改变原来的语义。它只是在多个方面进行了优化：CPU 效率、上下文切换开销和响应性等。如果某个功能无法通过"轮询和休眠"来实现，那么使用条件队列也无法实现⊖，但条件队列使得在表达和管理状态依赖性时更加简单和高效。

程序清单 14-6 使用条件队列实现的有界缓存

```
@ThreadSafe
public class BoundedBuffer<V> extends BaseBoundedBuffer<V> {
    // 条件谓词：not-full (!isFull())
```

⊖ 这并非完全正确：一个公平的条件队列可以确保线程按照顺序从等待集合中释放。与内置锁相同，内置条件队列并不提供公平的排队操作，而在显式的 Condition 却可以提供公平或非公平的排队操作。

```java
    // 条件谓词：not-empty (!isEmpty())

    public BoundedBuffer(int size) { super(size); }

    // 阻塞并直到：not-full
    public synchronized   void put(V v) throws InterruptedException {
        while (isFull())
            wait();
        doPut(v);
        notifyAll();
    }

    // 阻塞并直到：not-empty
    public synchronized   V take() throws InterruptedException {
        while (isEmpty())
            wait();
        V v = doTake();
        notifyAll();
        return v;
    }
}
```

最终，BoundedBuffer 变得足够好了，不仅简单易用，而且实现了明晰的状态依赖性管理[⊖]。在产品的正式版本中还应包括限时版本的 put 和 take，这样当阻塞操作不能在预计时间内完成时，可以因超时而返回。通过使用定时版本的 Object.wait，可以很容易实现这些方法。

14.2 使用条件队列

条件队列使构建高效以及高可响应性的状态依赖类变得更容易，但同时也很容易被不正确地使用。虽然许多规则都能确保正确地使用条件队列，但在编译器或系统平台上却并没有强制要求遵循这些规则。（这也是为什么要尽量基于 LinkedBlockingQueue、Latch、Semaphore 和 FutureTask 等类来构造程序的原因之一，如果能避免使用条件队列，那么实现起来将容易许多。）

14.2.1 条件谓词

要想正确地使用条件队列，关键是找出对象在哪个条件谓词上等待。条件谓词将在等待与通知等过程中导致许多困惑，因为在 API 中没有对条件谓词进行实例化的方法，并且在 Java 语言规范或 JVM 实现中也没有任何信息可以确保正确地使用它们。事实上，在 Java 语言规范或 Javadoc 中根本就没有直接提到它。但如果没有条件谓词，条件等待机制将无法发挥作用。

条件谓词是使某个操作成为状态依赖操作的前提条件。在有界缓存中，只有当缓存不为空时，take 方法才能执行，否则必须等待。对 take 方法来说，它的条件谓词就是"缓存不为空"，take 方法在执行之前必须首先测试该条件谓词。同样，put 方法的条件谓词是"缓存不满"。条件谓词是由类中各个状态变量构成的表达式。BaseBoundedBuffer 在测试"缓存不为空"时将

⊖ 14.3 节的 ConditionBoundedBuffer 还要更好，因为它能使用单一通知方法而不是 notifyAll，因此效率更高。

把 count 与 0 进行比较，在测试"缓存不满"时将把 count 与缓存的大小进行比较。

> 将与条件队列相关联的条件谓词以及在这些条件谓词上等待的操作都写入文档。

在条件等待中存在一种重要的三元关系，包括加锁、wait 方法和一个条件谓词。在条件谓词中包含多个状态变量，而状态变量由一个锁来保护，因此在测试条件谓词之前必须先持有这个锁。锁对象与条件队列对象（即调用 wait 和 notify 等方法所在的对象）必须是同一个对象。

在 BoundedBuffer 中，缓存的状态是由缓存锁保护的，并且缓存对象被用做条件队列。take 方法将获取请求缓存锁，然后对条件谓词（即缓存为非空）进行测试。如果缓存非空，那么它会移除第一个元素。之所以能这样做，是因为 take 此时仍然持有保护缓存状态的锁。

如果条件谓词不为真（缓存为空），那么 take 必须等待并直到另一个线程在缓存中放入一个对象。take 将在缓存的内置条件队列上调用 wait 方法，这需要持有条件队列对象上的锁。这是一种谨慎的设计，因为 take 方法已经持有在测试条件谓词时（并且如果条件谓词为真，那么在同一个原子操作中修改缓存的状态）需要的锁。wait 方法将释放锁，阻塞当前线程，并等待直到超时，然后线程被中断或者通过一个通知被唤醒。在唤醒进程后，wait 在返回前还要重新获取锁。当线程从 wait 方法中被唤醒时，它在重新请求锁时不具有任何特殊的优先级，而要与任何其他尝试进入同步代码块的线程一起正常地在锁上进行竞争。

> 每一次 wait 调用都会隐式地与特定的条件谓词关联起来。当调用某个特定条件谓词的 wait 时，调用者必须已经持有与条件队列相关的锁，并且这个锁必须保护着构成条件谓词的状态变量。

14.2.2 过早唤醒

虽然在锁、条件谓词和条件队列之间的三元关系并不复杂，但 wait 方法的返回并不一定意味着线程正在等待的条件谓词已经变成真了。

内置条件队列可以与多个条件谓词一起使用。当一个线程由于调用 notifyAll 而醒来时，并不意味该线程正在等待的条件谓词已经变成真了。（这就像烤面包机和咖啡机共用一个铃声，当响铃后，你必须查看是哪个设备发出的铃声。）⊖ 另外，wait 方法还可以"假装"返回，而不是由于某个线程调用了 notify。⊖

当执行控制重新进入调用 wait 的代码时，它已经重新获取了与条件队列相关联的锁。现在条件谓词是不是已经变为真了？或许。在发出通知的线程调用 notifyAll 时，条件谓词可能已经变成真，但在重新获取锁时将再次变为假。在线程被唤醒到 wait 重新获取锁的这段时间里，可能有其他线程已经获取了这个锁，并修改了对象的状态。或者，条件谓词从调用 wait 起根本就

⊖ 在 Tim（Tim Peierls，本书的合著者之一）的厨房里就是这种情况，当听到一个铃声时，可能有很多设备正在发出声音，此时必须检查烤面包机、微波炉、咖啡机和其他设备来判断是哪一个设备发出的铃声。

⊖ 继续以"早餐"为例，这就好比烤面包机的线路连接有问题，有时候当面包还未烤好时，铃声就响起来了。

没有变成真。你并不知道另一个线程为什么调用notify或notifyAll,也许是因为与同一条件队列相关的另一个条件谓词变成了真。"一个条件队列与多个条件谓词相关"是一种很常见的情况——在BoundedBuffer中使用的条件队列与"非满"和"非空"两个条件谓词相关。⊖

基于所有这些原因,每当线程从wait中唤醒时,都必须再次测试条件谓词,如果条件谓词不为真,那么就继续等待(或者失败)。由于线程在条件谓词不为真的情况下也可以反复地醒来,因此必须在一个循环中调用wait,并在每次迭代中都测试条件谓词。程序清单14-7给出了条件等待的标准形式。

程序清单14-7　状态依赖方法的标准形式

```
void stateDependentMethod() throws InterruptedException {
    // 必须通过一个锁来保护条件谓词
    synchronized(lock) {
        while (!conditionPredicate())
            lock.wait();
        // 现在对象处于合适的状态
    }
}
```

> 当使用条件等待时(例如Object.wait或Condition.await):
> - 通常都有一个条件谓词——包括一些对象状态的测试,线程在执行前必须首先通过这些测试。
> - 在调用wait之前测试条件谓词,并且从wait中返回时再次进行测试。
> - 在一个循环中调用wait。
> - 确保使用与条件队列相关的锁来保护构成条件谓词的各个状态变量。
> - 当调用wait、notify或notifyAll等方法时,一定要持有与条件队列相关的锁。
> - 在检查条件谓词之后以及开始执行相应的操作之前,不要释放锁。

14.2.3　丢失的信号

第10章曾经讨论过活跃性故障,例如死锁和活锁。另一种形式的活跃性故障是丢失的信号。丢失的信号是指:线程必须等待一个已经为真的条件,但在开始等待之前没有检查条件谓词。现在,线程将等待一个已经发过的事件。这就好比在启动了烤面包机后出去拿报纸,当你还在屋外时烤面包机的铃声响了,但你没有听到,因此还会坐在厨房的桌子前等着烤面包机的铃声。你可能会等待很长的时间⊖。通知并不像你涂在面包上的果酱,它没有"黏附性"。如果线程A通知了一个条件队列,而线程B随后在这个条件队列上等待,那么线程B将不会立即

⊖ 线程可能同时在"非满"与"非空"这两个条件谓词上等待。当生产者/消费者的数量超过缓存的容量时,就会出现这种情况。

⊖ 为了摆脱等待,其他人也不得不开始烤面包,从而使情况变得更糟,当铃声响起时,还要与别人争论这个面包是属于谁的。

醒来，而是需要另一个通知来唤醒它。像上述程序清单中警示之类的编码错误（例如，没有在调用 wait 之前检测条件谓词）就会导致信号的丢失。如果按照程序清单 14-7 的方式来设计条件等待，那么就不会发生信号丢失的问题。

14.2.4 通知

到目前为止，我们介绍了条件等待的前一半内容：等待。另一半内容是通知。在有界缓存中，如果缓存为空，那么在调用 take 时将阻塞。在缓存变为非空时，为了使 take 解除阻塞，必须确保在每条使缓存变为非空的代码路径中都发出一个通知。在 BoundedBuffer 中，只有一条代码路径，即在 put 方法之后。因此，put 在成功地将一个元素添加到缓存后，将调用 notifyAll。同样，take 在移除一个元素后也将调用 notifyAll，向任何正在等待"不为满"条件的线程发出通知：缓存已经不满了。

> 每当在等待一个条件时，一定要确保在条件谓词变为真时通过某种方式发出通知。

在条件队列 API 中有两个发出通知的方法，即 notify 和 notifyAll。无论调用哪一个，都必须持有与条件队列对象相关联的锁。在调用 notify 时，JVM 会从这个条件队列上等待的多个线程中选择一个来唤醒，而调用 notifyAll 则会唤醒所有在这个条件队列上等待的线程。由于在调用 notify 或 notifyAll 时必须持有条件队列对象的锁，而如果这些等待中线程此时不能重新获得锁，那么无法从 wait 返回，因此发出通知的线程应该尽快地释放锁，从而确保正在等待的线程尽可能快地解除阻塞。

由于多个线程可以基于不同的条件谓词在同一个条件队列上等待，因此如果使用 notify 而不是 notifyAll，那么将是一种危险的操作，因为单一的通知很容易导致类似于信号丢失的问题。

在 BoundedBuffer 中很好地说明为什么在大多数情况下应该优先选择 notifyAll 而不是单个的 notify。这里的条件队列用于两个不同的条件谓词："非空"和"非满"。假设线程 A 在条件队列上等待条件谓词 PA，同时线程 B 在同一个条件队列上等待条件谓词 PB。现在，假设 PB 变成真，并且线程 C 执行一个 notify：JVM 将从它拥有的众多线程中选择一个并唤醒。如果选择了线程 A，那么它被唤醒，并且看到 PA 尚未变成真，因此将继续等待。同时，线程 B 本可以开始执行，却没有被唤醒。这并不是严格意义上的"丢失信号"，而更像一种"被劫持的"信号，但导致的问题是相同的：线程正在等待一个已经（或者本应该）发生过的信号。

> 只有同时满足以下两个条件时，才能用单一的 notify 而不是 notifyAll：
> **所有等待线程的类型都相同。** 只有一个条件谓词与条件队列相关，并且每个线程在从 wait 返回后将执行相同的操作。
> **单进单出。** 在条件变量上的每次通知，最多只能唤醒一个线程来执行。

BoundedBuffer 满足"单进单出"的条件，但不满足"所有等待线程的类型都相同"的条件，因此正在等待的线程可能在等待"非满"，也可能在等待"非空"。例如第 5 章的 TestHarness 中使用的"开始阀门"闭锁（单个事件释放一组线程）并不满足"单进单出"的需求，因为这个"开始阀门"将使得多个线程开始执行。

由于大多数类并不满足这些需求，因此普遍认可的做法是优先使用 notifyAll 而不是 notify。虽然 notifyAll 可能比 notify 更低效，但却更容易确保类的行为是正确的。

有些开发人员并不赞同这种"普遍认可的做法"。当只有一个线程可以执行时，如果使用 notifyAll，那么将是低效的，这种低效情况带来的影响有时候很小，但有时候却非常大。如果有 10 个线程在一个条件队列上等待，那么调用 notifyAll 将唤醒每个线程，并使得它们在锁上发生竞争。然后，它们中的大多数或者全部又都回到休眠状态。因而，在每个线程执行一个事件的同时，将出现大量的上下文切换操作以及发生竞争的锁获取操作。（最坏的情况是，在使用 notifyAll 时将导致 $O(n^2)$ 次唤醒操作，而实际上只需要 n 次唤醒操作就足够了）。这是"性能考虑因素与安全性考虑因素相互矛盾"的另一种情况。

在 BoundedBuffer 的 put 和 take 方法中采用的通知机制是保守的：每当将一个对象放入缓存或者从缓存中移走一个对象时，就执行一次通知。我们可以对其进行优化：首先，仅当缓存从空变为非空，或者从满转为非满时，才需要释放一个线程。并且，仅当 put 或 take 影响到这些状态转换时，才发出通知。这也被称为"条件通知（Conditional Notification）"。虽然"条件通知"可以提升性能，但却很难正确地实现（而且还会使子类的实现变得复杂），因此在使用时应该谨慎。程序清单 14-8 给出了如何在 BoundedBuffer.put 中使用"条件通知"。

程序清单 14-8　在 BoundedBuffer.put 中使用条件通知

```
public synchronized void put(V v) throws InterruptedException {
    while (isFull())
        wait();
    boolean wasEmpty = isEmpty();
    doPut(v);
    if (wasEmpty)
        notifyAll();
}
```

单次通知和条件通知都属于优化措施。通常，在使用这些优化措施时，应该遵循"首选使程序正确地执行，然后才使其运行得更快"这个原则。如果不正确地使用这些优化措施，那么很容易在程序中引入奇怪的活跃性故障。

14.2.5　示例：阀门类

在第 5 章的 TestHarness 中使用的"开始阀门闭锁"在初始化时指定的参数为 1，从而创建了一个二元闭锁：它只有两种状态，即初始状态和结束状态。闭锁能阻止线程通过开始阀门，并直到阀门被打开，此时所有的线程都可以通过该阀门。虽然闭锁机制通常都能满足需求，但在某些情况下存在一个缺陷：按照这种方式构造的阀门在打开后无法重新关闭。

通过使用条件等待，可以很容易地开发一个可重新关闭的 ThreadGate 类，如程序清单 14-9 所示。ThreadGate 可以打开和关闭阀门，并提供一个 await 方法，该方法能一直阻塞直到阀门被打开。在 open 方法中使用了 notifyAll，这是因为这个类的语义不满足单次通知的"单进单出"测试。

程序清单 14-9　使用 wait 和 notifyAll 来实现可重新关闭的阀门

```
@ThreadSafe
public class ThreadGate {
    // 条件谓词：opened-since(n) (isOpen || generation>n)
    @GuardedBy("this") private boolean isOpen;
    @GuardedBy("this") private int generation;

    public synchronized void close() {
        isOpen = false;
    }

    public synchronized void open() {
        ++generation;
        isOpen = true;
        notifyAll();
    }

    // 阻塞并直到：opened-since(generation on entry)
    public synchronized void await() throws InterruptedException {
        int arrivalGeneration = generation;
        while (!isOpen && arrivalGeneration == generation)
            wait();
    }
}
```

在 await 中使用的条件谓词比测试 isOpen 复杂得多。这种条件谓词是必需的，因为如果当阀门打开时有 N 个线程正在等待它，那么这些线程都应该被允许执行。然而，如果阀门在打开后又非常快速地关闭了，并且 await 方法只检查 isOpen，那么所有线程都可能无法释放：当所有线程收到通知时，将重新请求锁并退出 wait，而此时的阀门可能已经再次关闭了。因此，在 ThreadGate 中使用了一个更复杂的条件谓词：每次阀门关闭时，递增一个"Generation"计数器，如果阀门现在是打开的，或者阀门自从该线程到达后就一直是打开的，那么线程就可以通过 await。

由于 ThreadGate 只支持等待打开阀门，因此它只在 open 中执行通知。要想既支持"等待打开"又支持"等待关闭"，那么 ThreadGate 必须在 open 和 close 中都进行通知。这很好地说明了为什么在维护状态依赖的类时是非常困难的——当增加一个新的状态依赖操作时，可能需要对多条修改对象的代码路径进行改动，才能正确地执行通知。

14.2.6　子类的安全问题

在使用条件通知或单次通知时，一些约束条件使得子类化过程变得更加复杂 [CPJ 3.3.3.3]。要想支持子类化，那么在设计类时需要保证：如果在实施子类化时违背了条件通知或单次通知的某个需求，那么在子类中可以增加合适的通知机制来代表基类。

对于状态依赖的类,要么将其等待和通知等协议完全向子类公开(并且写入正式文档),要么完全阻止子类参与到等待和通知等过程中。(这是对"要么围绕着继承来设计和文档化,要么禁止使用继承"这条规则的一种扩展 [EJ Item 15]。)当设计一个可被继承的状态依赖类时,至少需要公开条件队列和锁,并且将条件谓词和同步策略都写入文档。此外,还可能需要公开一些底层的状态变量。(最糟糕的情况是,一个状态依赖的类虽然将其状态向子类公开,但却没有将相应的等待和通知等协议写入文档,这就类似于一个类虽然公开了它的状态变量,但却没有将其不变性条件写入文档。)

另外一种选择就是完全禁止子类化,例如将类声明为 final 类型,或者将条件队列、锁和状态变量等隐藏起来,使子类看不见它们。否则,如果子类破坏了在基类中使用 notify 的方式,那么基类需要修复这种破坏。考虑一个无界的可阻塞栈,当栈为空时,pop 操作将阻塞,但 push 操作通常可以执行。这就满足了使用单次通知的需求。如果在这个类中使用了单次通知,并且在其一个子类中添加了一个阻塞的"弹出两个连续元素"方法,那么就会出现两种类型的等待线程:等待弹出一个元素的线程和等待弹出两个元素的线程。但如果基类将条件队列公开出来,并且将使用该条件队列的协议也写入文档,那么子类就可以将 push 方法改写为执行 notifyAll,从而重新确保安全性。

14.2.7 封装条件队列

通常,我们应该把条件队列封装起来,因而除了使用条件队列的类,就不能在其他地方访问它。否则,调用者会自以为理解了在等待和通知上使用的协议,并且采用一种违背设计的方式来使用条件队列。(除非条件队列对象对于你无法控制的代码来说是不可访问的,否则就不可能要求在单次通知中的所有等待线程都是同一类型的。如果外部代码错误地在条件队列上等待,那么可能通知协议,并导致一个"被劫持的"信号。)

不幸的是,这条建议——将条件队列对象封装起来,与线程安全类的最常见设计模式并不一致,在这种模式中建议使用对象的内置锁来保护对象自身的状态。在 BoundedBuffer 中给出了这种常见的模式,即缓存对象自身既是锁,又是条件队列。然而,可以很容易将 BoundedBuffer 重新设计为使用私有的锁对象和条件队列,唯一的不同之处在于,新的 BoundedBuffer 不再支持任何形式的客户端加锁。

14.2.8 入口协议与出口协议

Wellings (Wellings, 2004) 通过"入口协议和出口协议(Entry and Exit Protocols)"来描述 wait 和 notify 方法的正确使用。对于每个依赖状态的操作,以及每个修改其他操作依赖状态的操作,都应该定义一个入口协议和出口协议。入口协议就是该操作的条件谓词,出口协议则包括,检查被该操作修改的所有状态变量,并确认它们是否使某个其他的条件谓词变为真,如果是,则通知相关的条件队列。

在 AbstractQueuedSynchronizer(java.util.concurrent 包中大多数依赖状态的类都是基于这个类构建的)中使用出口协议(请参见 14.4 节)。这个类并不是由同步器类执行自己的通知,而是要求同步器方法返回一个值来表示该类的操作是否已经解除了一个或多个等待线程的阻塞。这种明确的 API 调用需求使得更难以"忘记"在某些状态转换发生时进行通知。

14.3 显式的 Condition 对象

第 13 章曾介绍过，在某些情况下，当内置锁过于灵活时，可以使用显式锁。正如 Lock 是一种广义的内置锁，Condition（参见程序清单 14-10）也是一种广义的内置条件队列。

程序清单 14-10 Condition 接口

```
public interface Condition {
    void await() throws InterruptedException;
    boolean await(long time, TimeUnit unit)
            throws InterruptedException;
    long awaitNanos(long nanosTimeout) throws InterruptedException;
    void awaitUninterruptibly();
    boolean awaitUntil(Date deadline) throws InterruptedException;

    void signal();
    void signalAll();
}
```

内置条件队列存在一些缺陷。每个内置锁都只能有一个相关联的条件队列，因而在像 BoundedBuffer 这种类中，多个线程可能在同一个条件队列上等待不同的条件谓词，并且在最常见的加锁模式下公开条件队列对象。这些因素都使得无法满足在使用 notifyAll 时所有等待线程为同一类型的需求。如果想编写一个带有多个条件谓词的并发对象，或者想获得除了条件队列可见性之外的更多控制权，就可以使用显式的 Lock 和 Condition 而不是内置锁和条件队列，这是一种更灵活的选择。

一个 Condition 和一个 Lock 关联在一起，就像一个条件队列和一个内置锁相关联一样。要创建一个 Condition，可以在相关联的 Lock 上调用 Lock.newCondition 方法。正如 Lock 比内置加锁提供了更为丰富的功能，Condition 同样比内置条件队列提供了更丰富的功能：在每个锁上可存在多个等待、条件等待可以是可中断的或不可中断的、基于时限的等待，以及公平的或非公平的队列操作。

与内置条件队列不同的是，对于每个 Lock，可以有任意数量的 Condition 对象。Condition 对象继承了相关的 Lock 对象的公平性，对于公平的锁，线程会依照 FIFO 顺序从 Condition.await 中释放。

> **特别注意**：在 Condition 对象中，与 wait、notify 和 notifyAll 方法对应的分别是 await、signal 和 signalAll。但是，Condition 对 Object 进行了扩展，因而它也包含 wait 和 notify 方法。一定要确保使用正确的版本——await 和 signal。

程序清单 14-11 给出了有界缓存的另一种实现，即使用两个 Condition，分别为 notFull 和 notEmpty，用于表示"非满"与"非空"两个条件谓词。当缓存为空时，take 将阻塞并等待

notEmpty，此时 put 向 notEmpty 发送信号，可以解除任何在 take 中阻塞的线程。

程序清单 14-11　使用显式条件变量的有界缓存

```
@ThreadSafe
public class ConditionBoundedBuffer<T> {
    protected final Lock lock = new ReentrantLock();
    // 条件谓词: notFull (count < items.length)
    private final Condition notFull    = lock.newCondition();
    // 条件谓词: notEmpty (count > 0)
    private final Condition notEmpty   = lock.newCondition();
    @GuardedBy("lock")
    private final T[] items = (T[]) new Object[BUFFER_SIZE];
    @GuardedBy("lock") private int tail, head, count;

    // 阻塞并直到: notFull
    public void put(T x) throws InterruptedException {
        lock.lock();
        try {
            while (count == items.length)
                notFull.await();
            items[tail] = x;
            if (++tail == items.length)
                tail = 0;
            ++count;
            notEmpty.signal();
        } finally {
            lock.unlock();
        }
    }

    // 阻塞并直到: notEmpty
    public T take() throws InterruptedException {
        lock.lock();
        try {
            while (count == 0)
                notEmpty.await();
            T x = items[head];
            items[head] = null;
            if (++head == items.length)
                head = 0;
            --count;
            notFull.signal();
            return x;
        } finally {
            lock.unlock();
        }
    }
}
```

ConditionBoundedBuffer 的行为和 BoundedBuffer 相同，但它对条件队列的使用方式更容易理解——在分析使用多个 Condition 的类时，比分析一个使用单一内部队列加多个条件谓词的类简单得多。通过将两个条件谓词分开并放到两个等待线程集中，Condition 使其更容易满足单次通知的需求。signal 比 signalAll 更高效，它能极大地减少在每次缓存操作中发生的上下文切换与锁请求的次数。

与内置锁和条件队列一样,当使用显式的 Lock 和 Condition 时,也必须满足锁、条件谓词和条件变量之间的三元关系。在条件谓词中包含的变量必须由 Lock 来保护,并且在检查条件谓词以及调用 await 和 signal 时,必须持有 Lock 对象⊖。

在使用显式的 Condition 和内置条件队列之间进行选择时,与在 ReentrantLock 和 synchronized 之间进行选择是一样的:如果需要一些高级功能,例如使用公平的队列操作或者在每个锁上对应多个等待线程集,那么应该优先使用 Condition 而不是内置条件队列。(如果需要 ReentrantLock 的高级功能,并且已经使用了它,那么就已经做出了选择。)

14.4 Synchronizer 剖析

在 ReentrantLock 和 Semaphore 这两个接口之间存在许多共同点。这两个类都可以用做一个"阀门",即每次只允许一定数量的线程通过,并当线程到达阀门时,可以通过(在调用 lock 或 acquire 时成功返回),也可以等待(在调用 lock 或 acquire 时阻塞),还可以取消(在调用 tryLock 或 tryAcquire 时返回"假",表示在指定的时间内锁是不可用的或者无法获得许可)。而且,这两个接口都支持可中断的、不可中断的以及限时的获取操作,并且也都支持等待线程执行公平或非公平的队列操作。

列出了这种共性后,你或许会认为 Semaphore 是基于 ReentrantLock 实现的,或者认为 ReentrantLock 实际上是带有一个许可的 Semaphore。这些实现方式都是可行的,一个很常见的练习就是,证明可以通过锁来实现计数信号量(如程序清单 14-12 中的 SemaphoreOnLock 所示),以及可以通过计数信号量来实现锁。

程序清单 14-12 使用 Lock 来实现信号量

```
// 并非 java.util.concurrent.Semaphore 的真实实现方式
@ThreadSafe
public class SemaphoreOnLock {
    private final Lock lock = new ReentrantLock();
    // 条件谓词: permitsAvailable (permits > 0)
    private final Condition permitsAvailable = lock.newCondition();
    @GuardedBy("lock") private int permits;

    SemaphoreOnLock(int initialPermits) {
        lock.lock();
        try {
            permits = initialPermits;
        } finally {
            lock.unlock();
        }
    }

    // 阻塞并直到: permitsAvailable
    public void acquire() throws InterruptedException {
```

⊖ ReentrantLock 要求在调用 signal 或 signalAll 时应该持有 Lock,但在 Lock 的具体实现中,在构造 Condition 时也可以不满足这个需求。

```
        lock.lock();
        try {
            while (permits <= 0)
                permitsAvailable.await();
            --permits;
        } finally {
            lock.unlock();
        }
    }

    public void release() {
        lock.lock();
        try {
            ++permits;
            permitsAvailable.signal();
        } finally {
            lock.unlock();
        }
    }
}
```

事实上，它们在实现时都使用了一个共同的基类，即 AbstractQueuedSynchronizer(AQS)，这个类也是其他许多同步类的基类。AQS 是一个用于构建锁和同步器的框架，许多同步器都可以通过 AQS 很容易并且高效地构造出来。不仅 ReentrantLock 和 Semaphore 是基于 AQS 构建的，还包括 CountDownLatch、ReentrantReadWriteLock、SynchronousQueue⊖和 FutureTask。

AQS 解决了在实现同步器时涉及的大量细节问题，例如等待线程采用 FIFO 队列操作顺序。在不同的同步器中还可以定义一些灵活的标准来判断某个线程是应该通过还是需要等待。

基于 AQS 来构建同步器能带来许多好处。它不仅能极大地减少实现工作，而且也不必处理在多个位置上发生的竞争问题（这是在没有使用 AQS 来构建同步器时的情况）。在 SemaphoreOnLock 中，获取许可的操作可能在两个时刻阻塞——当锁保护信号量状态时，以及当许可不可用时。在基于 AQS 构建的同步器中，只可能在一个时刻发生阻塞，从而降低上下文切换的开销，并提高吞吐量。在设计 AQS 时充分考虑了可伸缩性，因此 java.util.concurrent 中所有基于 AQS 构建的同步器都能获得这个优势。

14.5 AbstractQueuedSynchronizer

大多数开发者都不会直接使用 AQS，标准同步器类的集合能够满足绝大多数情况的需求。但如果能了解标准同步器类的实现方式，那么对于理解它们的工作原理是非常有帮助的。

在基于 AQS 构建的同步器类中，最基本的操作包括各种形式的获取操作和释放操作。获取操作是一种依赖状态的操作，并且通常会阻塞。当使用锁或信号量时，"获取"操作的含义就很直观，即获取的是锁或者许可，并且调用者可能会一直等待直到同步器类处于可被获取的状态。在使用 CountDownLatch 时，"获取"操作意味着"等待并直到闭锁到达结束状态"，而在使用 FutureTask 时，则意味着"等待并直到任务已经完成"。"释放"并不是一个可阻塞的操

⊖ 在 Java 6 中将基于 AQS 的 SynchronousQueue 替换为一个（可伸缩性更高的）非阻塞的版本。

作,当执行"释放"操作时,所有在请求时被阻塞的线程都会开始执行。

如果一个类想成为状态依赖的类,那么它必须拥有一些状态。AQS 负责管理同步器类中的状态,它管理了一个整数状态信息,可以通过 getState,setState 以及 compareAndSetState 等 protected 类型方法来进行操作。这个整数可以用于表示任意状态。例如,ReentrantLock 用它来表示所有者线程已经重复获取该锁的次数,Semaphore 用它来表示剩余的许可数量,FutureTask 用它来表示任务的状态(尚未开始、正在运行、已完成以及已取消)。在同步器类中还可以自行管理一些额外的状态变量,例如,ReentrantLock 保存了锁的当前所有者的信息,这样就能区分某个获取操作是重入的还是竞争的。

程序清单 14-13 给出了 AQS 中的获取操作与释放操作的形式。根据同步器的不同,获取操作可以是一种独占操作(例如 ReentrantLock),也可以是一个非独占操作(例如 Semaphore 和 CountDownLatch)。一个获取操作包括两部分。首先,同步器判断当前状态是否允许获得操作,如果是,则允许线程执行,否则获取操作将阻塞或失败。这种判断是由同步器的语义决定的。例如,对于锁来说,如果它没有被某个线程持有,那么就能被成功地获取,而对于闭锁来说,如果它处于结束状态,那么也能被成功地获取。

程序清单 14-13　AQS 中获取操作和释放操作的标准形式

```
boolean acquire() throws InterruptedException {
    while (当前状态不允许获取操作) {
        if (需要阻塞获取请求) {
            如果当前线程不在队列中,则将其插入队列
            阻塞当前线程
        }
        else
            返回失败
    }
    可能更新同步器的状态
    如果线程位于队列中,则将其移出队列
    返回成功
}

void release() {
    更新同步器的状态
    if (新的状态允许某个被阻塞的线程获取成功)
        解除队列中一个或多个线程的阻塞状态
}
```

其次,就是更新同步器的状态,获取同步器的某个线程可能会对其他线程能否也获取该同步器造成影响。例如,当获取一个锁后,锁的状态将从"未被持有"变成"已被持有",而从 Semaphore 中获取一个许可后,将把剩余许可的数量减 1。然而,当一个线程获取闭锁时,并不会影响其他线程能否获取它,因此获取闭锁的操作不会改变闭锁的状态。

如果某个同步器支持独占的获取操作,那么需要实现一些保护方法,包括 tryAcquire、tryRelease 和 isHeldExclusively 等,而对于支持共享获取的同步器,则应该实现 tryAcquireShared 和 tryReleaseShared 等方法。AQS 中的 acquire、acquireShared、release 和 releaseShared

等方法都将调用这些方法在子类中带有前缀 try 的版本来判断某个操作是否能执行。在同步器的子类中，可以根据其获取操作和释放操作的语义，使用 getState、setState 以及 compareAndSetState 来检查和更新状态，并通过返回的状态值来告知基类"获取"或"释放"同步器的操作是否成功。例如，如果 tryAcquireShared 返回一个负值，那么表示获取操作失败，返回零值表示同步器通过独占方式被获取，返回正值则表示同步器通过非独占方式被获取。对于 tryRelease 和 tryReleaseShared 方法来说，如果释放操作使得所有在获取同步器时被阻塞的线程恢复执行，那么这两个方法应该返回 true。

为了使支持条件队列的锁（例如 ReentrantLock）实现起来更简单，AQS 还提供了一些机制来构造与同步器相关联的条件变量。

一个简单的闭锁

程序清单 14-14 中的 OneShotLatch 是一个使用 AQS 实现的二元闭锁。它包含两个公有方法：await 和 signal，分别对应获取操作和释放操作。起初，闭锁是关闭的，任何调用 await 的线程都将阻塞并直到闭锁被打开。当通过调用 signal 打开闭锁时，所有等待中的线程都将被释放，并且随后到达闭锁的线程也被允许执行。

程序清单 14-14　使用 AbstractQueuedSynchronizer 实现的二元闭锁

```
@ThreadSafe
public class OneShotLatch {
    private final Sync sync = new Sync();

    public void signal() { sync.releaseShared(0); }

    public void await() throws InterruptedException {
        sync.acquireSharedInterruptibly(0);
    }

    private class Sync extends AbstractQueuedSynchronizer {
        protected int tryAcquireShared(int ignored) {
            // 如果闭锁是开的 (state == 1)，那么这个操作将成功，否则将失败
            return (getState() == 1) ? 1 : -1;
        }

        protected boolean tryReleaseShared(int ignored) {
            setState(1);   // 现在打开闭锁
            return true;   // 现在其他的线程可以获取该闭锁
        }
    }
}
```

在 OneShotLatch 中，AQS 状态用来表示闭锁状态——关闭 (0) 或者打开 (1)。await 方法调用 AQS 的 acquireSharedInterruptibly，然后接着调用 OneShotLatch 中的 tryAcquireShared 方法。在 tryAcquireShared 的实现中必须返回一个值来表示该获取操作能否执行。如果之前已经打开了闭锁，那么 tryAcquireShared 将返回成功并允许线程通过，否则就会返回一个表示获取操作失败的值。acquireSharedInterruptibly 方法在处理失败的方式，是把这个线程放入

等待线程队列中。类似地，signal 将调用 releaseShared，接下来又会调用 tryReleaseShared。在 tryReleaseShared 中将无条件地把闭锁的状态设置为打开，（通过返回值）表示该同步器处于完全被释放的状态。因而 AQS 让所有等待中的线程都尝试重新请求该同步器，并且由于 tryAcquireShared 将返回成功，因此现在的请求操作将成功。

OneShotLatch 是一个功能全面的、可用的、性能较好的同步器，并且仅使用了大约 20 多行代码就实现了。当然，它缺少了一些有用的特性，例如限时的请求操作以及检查闭锁的状态，但这些功能实现起来同样很容易，因为 AQS 提供了限时版本的获取方法，以及一些在常见检查中使用的辅助方法。

oneShotLatch 也可以通过扩展 AQS 来实现，而不是将一些功能委托给 AQS，但这种做法并不合理 [EJ Item 14]，原因有很多。这样做将破坏 OneShotLatch 接口（只有两个方法）的简洁性，并且虽然 AQS 的公共方法不允许调用者破坏闭锁的状态，但调用者仍可以很容易地误用它们。java.util.concurrent 中的所有同步器类都没有直接扩展 AQS，而是都将它们的相应功能委托给私有的 AQS 子类来实现。

14.6 java.util.concurrent 同步器类中的 AQS

java.util.concurrent 中的许多可阻塞类，例如 ReentrantLock、Semaphore、ReentrantReadWriteLock、CountDownLatch、SynchronousQueue 和 FutureTask 等，都是基于 AQS 构建的。我们快速地浏览一下每个类是如何使用 AQS 的，不需要过于地深入了解细节 (在 JDK 的下载包中包含了源代码⊖)。

14.6.1 ReentrantLock

ReentrantLock 只支持独占方式的获取操作，因此它实现了 tryAcquire、tryRelease 和 isHeldExclusively，程序清单 14-15 给出了非公平版本的 tryAcquire。ReentrantLock 将同步状态用于保存锁获取操作的次数，并且还维护一个 owner 变量来保存当前所有者线程的标识符，只有在当前线程刚刚获取到锁，或者正要释放锁的时候，才会修改这个变量⊖。在 tryRelease 中检查 owner 域，从而确保当前线程在执行 unlock 操作之前已经获取了锁；在 tryAcquire 中将使用这个域来区分获取操作是重入的还是竞争的。

程序清单 14-15　基于非公平的 ReentrantLock 实现 tryAcquire

```
protected boolean tryAcquire(int ignored) {
    final Thread current = Thread.currentThread();
    int c = getState();
    if (c == 0) {
        if (compareAndSetState(0, 1)) {
```

⊖ 也可以从 http://gee.cs.oswego.edu/dl/concurrency-interest 获得，只是存在一些许可限制。
⊖ 由于受保护的状态操作方法具有 volatile 类型的内存读写语义，同时 ReentrantLock 只是在调用 getState 之后才会读取 owner 域，并且只有在调用 setState 之前才会写入 owner，因此 ReentrantLock 可以拥有同步状态的内存语义，因此避免了进一步的同步（请参见 16.1.4 节）。

```
            owner = current;
            return true;
        }
    } else if (current == owner) {
        setState(c+1);
        return true;
    }
    return false;
}
```

当一个线程尝试获取锁时，tryAcquire 将首先检查锁的状态。如果锁未被持有，那么它将尝试更新锁的状态以表示锁已经被持有。由于状态可能在检查后被立即修改，因此 tryAcquire 使用 compareAndSetState 来原子地更新状态，表示这个锁已经被占有，并确保状态在最后一次检查以后就没有被修改过。（请参见 15.3 节中对 compareAndSet 的描述）。如果锁状态表明它已经被持有，并且如果当前线程是锁的拥有者，那么获取计数会递增，如果当前线程不是锁的拥有者，那么获取操作将失败。

ReentrantLock 还利用了 AQS 对多个条件变量和多个等待线程集的内置支持。Lock.newCondition 将返回一个新的 ConditionObject 实例，这是 AQS 的一个内部类。

14.6.2　Semaphore 与 CountDownLatch

Semaphore 将 AQS 的同步状态用于保存当前可用许可的数量。tryAcquireShared 方法（请参见程序清单 14-16）首先计算剩余许可的数量，如果没有足够的许可，那么会返回一个值表示获取操作失败。如果还有剩余的许可，那么 tryAcquireShared 会通过 compareAndSetState 以原子方式来降低许可的计数。如果这个操作成功（这意味着许可的计数自从上一次读取后就没有被修改过），那么将返回一个值表示获取操作成功。在返回值中还包含了表示其他共享获取操作能否成功的信息，如果成功，那么其他等待的线程同样会解除阻塞。

程序清单 14-16　Semaphore 中的 tryAcquireShared 与 tryReleaseShared

```
protected int tryAcquireShared(int acquires) {
    while (true) {
        int available = getState();
        int remaining = available - acquires;
        if (remaining < 0
                || compareAndSetState(available, remaining))
            return remaining;
    }
}

protected boolean tryReleaseShared(int releases) {
    while (true) {
        int p = getState();
        if (compareAndSetState(p, p + releases))
            return true;
    }
}
```

当没有足够的许可，或者当 tryAcquireShared 可以通过原子方式来更新许可的计数以响应获取操作时，while 循环将终止。虽然对 compareAndSetState 的调用可能由于与另一个线程发生竞争而失败（请参见 15.3 节），并使其重新尝试，但在经过了一定次数的重试操作以后，在这两个结束条件中有一个会变为真。同样，tryReleaseShared 将增加许可计数，这可能会解除等待中线程的阻塞状态，并且不断地重试直到更新操作成功。tryReleaseShared 的返回值表示在这次释放操作中解除了其他线程的阻塞。

CountDownLatch 使用 AQS 的方式与 Semaphore 很相似：在同步状态中保存的是当前的计数值。countDown 方法调用 release，从而导致计数值递减，并且当计数值为零时，解除所有等待线程的阻塞。await 调用 acquire，当计数器为零时，acquire 将立即返回，否则将阻塞。

14.6.3 FutureTask

初看上去，FutureTask 甚至不像一个同步器，但 Future.get 的语义非常类似于闭锁的语义——如果发生了某个事件（由 FutureTask 表示的任务执行完成或被取消），那么线程就可以恢复执行，否则这些线程将停留在队列中并直到该事件发生。

在 FutureTask 中，AQS 同步状态被用来保存任务的状态，例如，正在运行、已完成或已取消。FutureTask 还维护一些额外的状态变量，用来保存计算结果或者抛出的异常。此外，它还维护了一个引用，指向正在执行计算任务的线程（如果它当前处于运行状态），因而如果任务取消，该线程就会中断。

14.6.4 ReentrantReadWriteLock

ReadWriteLock 接口表示存在两个锁：一个读取锁和一个写入锁，但在基于 AQS 实现的 ReentrantReadWriteLock 中，单个 AQS 子类将同时管理读取加锁和写入加锁。Reentrant-ReadWriteLock 使用了一个 16 位的状态来表示写入锁的计数，并且使用了另一个 16 位的状态来表示读取锁的计数。在读取锁上的操作将使用共享的获取方法与释放方法，在写入锁上的操作将使用独占的获取方法与释放方法。

AQS 在内部维护一个等待线程队列，其中记录了某个线程请求的是独占访问还是共享访问。在 ReentrantReadWriteLock 中，当锁可用时，如果位于队列头部的线程执行写入操作，那么线程会得到这个锁，如果位于队列头部的线程执行读取访问，那么队列中在第一个写入线程之前的所有线程都将获得这个锁。⊖

⊖ 这种机制并不允许选择读取线程优先或写入线程优先等策略，在某些读写锁实现中也采用了这种方式。因此，要么 AQS 的等待队列不能是一个 FIFO 队列，要么使用两个队列。然而，在实际中很少需要这么严格的排序策略。如果非公平版本的 ReentrantReadWriteLock 无法提供足够的活跃性，那么公平版本的 ReentrantReadWriteLock 通常会提供令人满意的排序保证，并且能确保读取线程和写入线程不会发生饥饿问题。

小结

要实现一个依赖状态的类——如果没有满足依赖状态的前提条件,那么这个类的方法必须阻塞,那么最好的方式是基于现有的库类来构建,例如 Semaphore.BlockingQueue 或 CountDownLatch,如第 8 章的 ValueLatch 所示。然而,有时候现有的库类不能提供足够的功能,在这种情况下,可以使用内置的条件队列、显式的 Condition 对象或者 AbstractQueuedSynchronizer 来构建自己的同步器。内置条件队列与内置锁是紧密绑定在一起的,这是因为管理状态依赖性的机制必须与确保状态一致性的机制关联起来。同样,显式的 Condition 与显式的 Lock 也是紧密地绑定到一起的,并且与内置条件队列相比,还提供了一个扩展的功能集,包括每个锁对应于多个等待线程集,可中断或不可中断的条件等待,公平或非公平的队列操作,以及基于时限的等待。

第 15 章
原子变量与非阻塞同步机制

在 java.util.concurrent 包的许多类中,例如 Semaphore 和 ConcurrentLinkedQueue,都提供了比 synchronized 机制更高的性能和可伸缩性。本章将介绍这种性能提升的主要来源:原子变量和非阻塞的同步机制。

近年来,在并发算法领域的大多数研究都侧重于非阻塞算法,这种算法用底层的原子机器指令(例如比较并交换指令)代替锁来确保数据在并发访问中的一致性。非阻塞算法被广泛地用于在操作系统和 JVM 中实现线程 / 进程调度机制、垃圾回收机制以及锁和其他并发数据结构。

与基于锁的方案相比,非阻塞算法在设计和实现上都要复杂得多,但它们在可伸缩性和活跃性上却拥有巨大的优势。由于非阻塞算法可以使多个线程在竞争相同的数据时不会发生阻塞,因此它能在粒度更细的层次上进行协调,并且极大地减少调度开销。而且,在非阻塞算法中不存在死锁和其他活跃性问题。在基于锁的算法中,如果一个线程在休眠或自旋的同时持有一个锁,那么其他线程都无法执行下去,而非阻塞算法不会受到单个线程失败的影响。从 Java 5.0 开始,可以使用原子变量类(例如 AtomicInteger 和 AtomicReference)来构建高效的非阻塞算法。

即使原子变量没有用于非阻塞算法的开发,它们也可以用做一种"更好的 volatile 类型变量"。原子变量提供了与 volatile 类型变量相同的内存语义,此外还支持原子的更新操作,从而使它们更加适用于实现计数器、序列发生器和统计数据收集等,同时还能比基于锁的方法提供更高的可伸缩性。

15.1 锁的劣势

通过使用一致的锁定协议来协调对共享状态的访问,可以确保无论哪个线程持有守护变量的锁,都能采用独占方式来访问这些变量,并且对变量的任何修改对随后获得这个锁的其他线程都是可见的。

现代的许多 JVM 都对非竞争锁获取和锁释放等操作进行了极大的优化,但如果有多个线程同时请求锁,那么 JVM 就需要借助操作系统的功能。如果出现了这种情况,那么一些线程将被挂起并且在稍后恢复运行⊖。当线程恢复执行时,必须等待其他线程执行完它们的时间片

⊖ 当线程在锁上发生竞争时,智能的 JVM 不一定会挂起线程,而是根据之前获取操作中对锁的持有时间长短来判断是使此线程挂起还是自旋等待。

以后，才能被调度执行。在挂起和恢复线程等过程中存在着很大的开销，并且通常存在着较长时间的中断。如果在基于锁的类中包含有细粒度的操作（例如同步容器类，在其大多数方法中只包含了少量操作），那么当在锁上存在着激烈的竞争时，调度开销与工作开销的比值会非常高。

与锁相比，volatile 变量是一种更轻量级的同步机制，因为在使用这些变量时不会发生上下文切换或线程调度等操作。然而，volatile 变量同样存在一些局限：虽然它们提供了相似的可见性保证，但不能用于构建原子的复合操作。因此，当一个变量依赖其他的变量时，或者当变量的新值依赖于旧值时，就不能使用 volatile 变量。这些都限制了 volatile 变量的使用，因此它们不能用来实现一些常见的工具，例如计数器或互斥体 (mutex)。⊖

例如，虽然自增操作 (++i) 看起来像一个原子操作，但事实上它包含了 3 个独立的操作——获取变量的当前值，将这个值加 1，然后再写入新值。为了确保更新操作不被丢失，整个的读 - 改 - 写操作必须是原子的。到目前为止，我们实现这种原子操作的唯一方式就是使用锁定方法，如第 2 章的 Counter 所示。

Counter 是线程安全的，并且在没有竞争的情况下能运行得很好。但在竞争的情况下，其性能会由于上下文切换的开销和调度延迟而降低。如果锁的持有时间非常短，那么当在不恰当的时间请求锁时，使线程休眠将付出很高的代价。

锁定还存在其他一些缺点。当一个线程正在等待锁时，它不能做任何其他事情。如果一个线程在持有锁的情况下被延迟执行（例如发生了缺页错误、调度延迟，或者其他类似情况），那么所有需要这个锁的线程都无法执行下去。如果被阻塞线程的优先级较高，而持有锁的线程优先级较低，那么这将是一个严重的问题——也被称为优先级反转 (Priority Inversion)。即使高优先级的线程可以抢先执行，但仍然需要等待锁被释放，从而导致它的优先级会降至低优先级线程的级别。如果持有锁的线程被永久地阻塞（例如由于出现了无限循环，死锁，活锁或者其他的活跃性故障），所有等待这个锁的线程就永远无法执行下去。

即使忽略这些风险，锁定方式对于细粒度的操作（例如递增计数器）来说仍然是一种高开销的机制。在管理线程之间的竞争时应该有一种粒度更细的技术，类似于 volatile 变量的机制，同时还要支持原子的更新操作。幸运的是，在现代的处理器中提供了这种机制。

15.2 硬件对并发的支持

独占锁是一项悲观技术——它假设最坏的情况（如果你不锁门，那么捣蛋鬼就会闯入并搞得一团糟），并且只有在确保其他线程不会造成干扰（通过获取正确的锁）的情况下才能执行下去。

对于细粒度的操作，还有另外一种更高效的方法，也是一种乐观的方法，通过这种方法可以在不发生干扰的情况下完成更新操作。这种方法需要借助冲突检查机制来判断在更新过程中是否存在来自其他线程的干扰，如果存在，这个操作将失败，并且可以重试（也可以不重试）。这种乐观的方法就好像一句谚语："原谅比准许更容易得到"，其中"更容易"在这里相当于

⊖ 虽然理论上可以基于 volatile 的语义来构造互斥体和其他同步器，但在实际情况中很难实现。

"更高效"。

在针对多处理器操作而设计的处理器中提供了一些特殊指令,用于管理对共享数据的并发访问。在早期的处理器中支持原子的测试并设置 (Test-and-Set)、获取并递增 (Fetch-and-Increment) 以及交换 (Swap) 等指令,这些指令足以实现各种互斥体,而这些互斥体又可以实现一些更复杂的并发对象。现在,几乎所有的现代处理器中都包含了某种形式的原子读-改-写指令,例如比较并交换 (Compare-and-Swap) 或者关联加载/条件存储 (Load-Linked/Store-Conditional)。操作系统和 JVM 使用这些指令来实现锁和并发的数据结构,但在 Java 5.0 之前,在 Java 类中还不能直接使用这些指令。

15.2.1 比较并交换

在大多数处理器架构(包括 IA32 和 Sparc)中采用的方法是实现一个比较并交换(CAS)指令。(在其他处理器中,例如 PowerPC,采用一对指令来实现相同的功能:关联加载与条件存储。)CAS 包含了 3 个操作数——需要读写的内存位置 V、进行比较的值 A 和拟写入的新值 B。当且仅当 V 的值等于 A 时,CAS 才会通过原子方式用新值 B 来更新 V 的值,否则不会执行任何操作。无论位置 V 的值是否等于 A,都将返回 V 原有的值。(这种变化形式被称为比较并设置,无论操作是否成功都会返回。)CAS 的含义是:"我认为 V 的值应该为 A,如果是,那么将 V 的值更新为 B,否则不修改并告诉 V 的值实际为多少"。CAS 是一项乐观的技术,它希望能成功地执行更新操作,并且如果有另一个线程在最近一次检查后更新了该变量,那么 CAS 能检测到这个错误。程序清单 15-1 中的 SimulatedCAS 说明了 CAS 语义(而不是实现或性能)。

程序清单 15-1 模拟 CAS 操作

```
@ThreadSafe
public class SimulatedCAS {
    @GuardedBy("this") private int value;

    public synchronized int get() { return value; }

    public synchronized int compareAndSwap(int expectedValue,
                                            int newValue) {
        int oldValue = value;
        if (oldValue == expectedValue)
            value = newValue;
        return oldValue;
    }

    public synchronized boolean compareAndSet(int expectedValue,
                                               int newValue) {
        return (expectedValue
                == compareAndSwap(expectedValue, newValue));
    }
}
```

当多个线程尝试使用 CAS 同时更新同一个变量时,只有其中一个线程能更新变量的值,而其他线程都将失败。然而,失败的线程并不会被挂起(这与获取锁的情况不同:当获取锁失败时，线程将被挂起），而是被告知在这次竞争中失败，并可以再次尝试。由于一个线程在竞争 CAS 时失败不会阻塞，因此它可以决定是否重新尝试，或者执行一些恢复操作，也或者不执行任何操作。⊖这种灵活性就大大减少了与锁相关的活跃性风险（尽管在一些不常见的情况下仍然存在活锁风险——请参见 10.3.3 节）。

CAS 的典型使用模式是：首先从 V 中读取值 A，并根据 A 计算新值 B，然后再通过 CAS 以原子方式将 V 中的值由 A 变成 B（只要在这期间没有任何线程将 V 的值修改为其他值）。由于 CAS 能检测到来自其他线程的干扰，因此即使不使用锁也能够实现原子的读-改-写操作序列。

15.2.2 非阻塞的计数器

程序清单 15-2 中的 CasCounter 使用 CAS 实现了一个线程安全的计数器。递增操作采用了标准形式——读取旧的值，根据它计算出新值（加 1），并使用 CAS 来设置这个新值。如果 CAS 失败，那么该操作将立即重试。通常，反复地重试是一种合理的策略，但在一些竞争很激烈的情况下，更好的方式是在重试之前首先等待一段时间或者回退，从而避免造成活锁问题。

程序清单 15-2　基于 CAS 实现的非阻塞计数器

```
@ThreadSafe
public class CasCounter {
    private SimulatedCAS value;

    public int getValue() {
        return value.get();
    }

    public int increment() {
        int v;
        do {
            v = value.get();
        }
        while (v != value.compareAndSwap(v, v + 1));
        return v + 1;
    }
}
```

CasCounter 不会阻塞，但如果其他线程同时更新计数器，那么会多次执行重试操作⊖。（在实际情况中，如果仅需要一个计数器或序列生成器，那么可以直接使用 AtomicInteger 或 AtomicLong，它们能提供原子的递增方法以及其他算术方法。）

⊖ 如果在 CAS 失败时不执行任何操作，那么是一种明智的做法。在非阻塞算法中，例如 15.4.2 节中的链表队列算法，当 CAS 失败时，意味着其他线程已经完成了你想要执行的操作。

⊖ 理论上，如果其他线程在每次竞争 CAS 时总是获胜，那么这个线程每次都会重试，但在实际中，很少发生这种类型的饥饿问题。

初看起来，基于 CAS 的计数器似乎比基于锁的计数器在性能上更差一些，因为它需要执行更多的操作和更复杂的控制流，并且还依赖看似复杂的 CAS 操作。但实际上，当竞争程度不高时，基于 CAS 的计数器在性能上远远超过了基于锁的计数器，而在没有竞争时甚至更高。如果要快速获取无竞争的锁，那么至少需要一次 CAS 操作再加上与其他锁相关的操作，因此基于锁的计数器即使在最好的情况下也会比基于 CAS 的计数器在一般情况下能执行更多的操作。由于 CAS 在大多数情况下都能成功执行（假设竞争程度不高），因此硬件能够正确地预测 while 循环中的分支，从而把复杂控制逻辑的开销降至最低。

虽然 Java 语言的锁定语法比较简洁，但 JVM 和操作在管理锁时需要完成的工作却并不简单。在实现锁定时需要遍历 JVM 中一条非常复杂的代码路径，并可能导致操作系统级的锁定、线程挂起以及上下文切换等操作。在最好的情况下，在锁定时至少需要一次 CAS，因此虽然在使用锁时没有用到 CAS，但实际上也无法节约任何执行开销。另一方面，在程序内部执行 CAS 时不需要执行 JVM 代码、系统调用或线程调度操作。在应用级上看起来越长的代码路径，如果加上 JVM 和操作系统中的代码调用，那么事实上却变得更短。CAS 的主要缺点是，它将使调用者处理竞争问题（通过重试、回退、放弃），而在锁中能自动处理竞争问题（线程在获得锁之前将一直阻塞）。⊖

CAS 的性能会随着处理器数量的不同而变化很大。在单 CPU 系统中，CAS 通常只需要很少的时钟周期，因为不需要处理器之间的同步。在编写本书时，非竞争的 CAS 在多 CPU 系统中需要 10 到 150 个时钟周期的开销。CAS 的执行性能不仅在不同的体系架构之间变化很大，甚至在相同处理器的不同版本之间也会发生改变。生产厂商迫于竞争的压力，在接下来的几年内还会继续提高 CAS 的性能。一个很管用的经验法则是：在大多数处理器上，在无竞争的锁获取和释放的"快速代码路径"上的开销，大约是 CAS 开销的两倍。

15.2.3 JVM 对 CAS 的支持

那么，Java 代码如何确保处理器执行 CAS 操作？在 Java 5.0 之前，如果不编写明确的代码，那么就无法执行 CAS。在 Java 5.0 中引入了底层的支持，在 int、long 和对象的引用等类型上都公开了 CAS 操作，并且 JVM 把它们编译为底层硬件提供的最有效方法。在支持 CAS 的平台上，运行时把它们编译为相应的（多条）机器指令。在最坏的情况下，如果不支持 CAS 指令，那么 JVM 将使用自旋锁。在原子变量类（例如 java.util.concurrent.atomic 中的 AtomicXxx）中使用了这些底层的 JVM 支持为数字类型和引用类型提供一种高效的 CAS 操作，而在 java.util.concurrent 中的大多数类在实现时则直接或间接地使用了这些原子变量类。

15.3 原子变量类

原子变量比锁的粒度更细，量级更轻，并且对于在多处理器系统上实现高性能的并发代码来说是非常关键的。原子变量将发生竞争的范围缩小到单个变量上，这是你获得的粒度最细的

⊖ 事实上，CAS 最大的缺陷在于难以围绕着 CAS 正确地构建外部算法。

情况（假设算法能够基于这种细粒度来实现）。更新原子变量的快速（非竞争）路径不会比获取锁的快速路径慢，并且通常会更快，而它的慢速路径肯定比锁的慢速路径快，因为它不需要挂起或重新调度线程。在使用基于原子变量而非锁的算法中，线程在执行时更不易出现延迟，并且如果遇到竞争，也更容易恢复过来。

原子变量类相当于一种泛化的 volatile 变量，能够支持原子的和有条件的读－改－写操作。AtomicInteger 表示一个 int 类型的值，并提供了 get 和 set 方法，这些 Volatile 类型的 int 变量在读取和写入上有着相同的内存语义。它还提供了一个原子的 compareAndSet 方法（如果该方法成功执行，那么将实现与读取/写入一个 volatile 变量相同的内存效果），以及原子的添加、递增和递减等方法。AtomicInteger 表面上非常像一个扩展的 Counter 类，但在发生竞争的情况下能提供更高的可伸缩性，因为它直接利用了硬件对并发的支持。

共有 12 个原子变量类，可分为 4 组：标量类（Scalar）、更新器类、数组类以及复合变量类。最常用的原子变量就是标量类：AtomicInteger、AtomicLong、AtomicBoolean 以及 AtomicReference。所有这些类都支持 CAS，此外，AtornicInteger 和 AtomicLong 还支持算术运算。（要想模拟其他基本类型的原子变量，可以将 short 或 byte 等类型与 int 类型进行转换，以及使用 floatToIntBits 或 doubleToLongBits 来转换浮点数。）

原子数组类（只支持 Integer、Long 和 Reference 版本）中的元素可以实现原子更新。原子数组类为数组的元素提供了 volatile 类型的访问语义，这是普通数组所不具备的特性——volatile 类型的数组仅在数组引用上具有 volatile 语义，而在其元素上则没有。（15.4.3 节和 15.4.4 节将讨论其他类型的原子变量。）

尽管原子的标量类扩展了 Number 类，但并没有扩展一些基本类型的包装类，例如 Integer 或 Long。事实上，它们也不能进行扩展：基本类型的包装类是不可修改的，而原子变量类是可修改的。在原子变量类中同样没有重新定义 hashCode 或 equals 方法，每个实例都是不同的。与其他可变对象相同，它们也不宜用做基于散列的容器中的键值。

15.3.1 原子变量是一种"更好的 volatile"

在 3.4.2 节中，我们使用了一个指向不可变对象的 volatile 引用来原子地更新多个状态变量。这个示例依赖于"先检查再运行"，但这种特殊的情况下，竞争是无害的，因为我们并不关心是否会偶尔地丢失更新操作。而在大多数情况下，这种"先检查再运行"不会是无害的，并且可能破坏数据的一致性。例如，第 4 章中的 NumberRange 既不能使用指向不可变对象的 volatile 引用来安全地实现上界和下界，也不能使用原子的整数来保存这两个边界。由于有一个不变性条件限制了两个数值，并且它们无法在同时更新时还维持该不变性条件，因此如果在数值范围类中使用 volatile 引用或者多个原子整数，那么将出现不安全的"先检查再运行"操作序列。

可以将 OneValueCache 中的技术与原子引用结合起来，并且通过对指向不可变对象（其中保存了下界和上界）的引用进行原子更新以避免竞态条件。在程序清单 15-3 的 CasNumber-

Range 中使用了 AtomicReference 和 IntPair 来保存状态,并通过使用 compare-AndSet,使它在更新上界或下界时能避免 NumberRange 的竞态条件。

程序清单 15-3　通过 CAS 来维持包含多个变量的不变性条件

```
public class CasNumberRange {
    @Immutable
    private static class IntPair {
        final int lower;  // 不变性条件: lower <= upper
        final int upper;
        ...
    }
    private final AtomicReference<IntPair> values =
        new AtomicReference<IntPair>(new IntPair(0, 0));

    public int getLower() { return values.get().lower; }
    public int getUpper() { return values.get().upper; }

    public void setLower(int i) {
        while (true) {
            IntPair oldv = values.get();
            if (i > oldv.upper)
                throw new IllegalArgumentException(
                    "Can't set lower to " + i + " > upper");
            IntPair newv = new IntPair(i, oldv.upper);
            if (values.compareAndSet(oldv, newv))
                return;
        }
    }
    // 对 setUpper 采用类似的方法
}
```

15.3.2　性能比较:锁与原子变量

为了说明锁和原子变量之间的可伸缩性差异,我们构造了一个测试基准,其中将比较伪随机数字生成器 (PRNG) 的几种不同实现。在 PRNG 中,在生成下一个随机数字时需要用到上一个数字,所以在 PRNG 中必须记录前一个数值并将其作为状态的一部分。

程序清单 15-4 和程序清单 15-5 给出了线程安全的 PRNG 的两种实现,一种使用 Reentrant-Lock,另一种使用 AtomicInteger。测试程序将反复调用它们,在每次迭代中将生成一个随机数字(在此过程中将读取并修改共享的 seed 状态),并执行一些仅在线程本地数据上执行的"繁忙"迭代。这种方式模拟了一些典型操作,以及一些在共享状态以及线程本地状态上的操作。

程序清单 15-4　基于 ReentrantLock 实现的随机数生成器

```
@ThreadSafe
public class ReentrantLockPseudoRandom extends PseudoRandom {
    private final Lock lock = new ReentrantLock(false);
```

```
    private int seed;

    ReentrantLockPseudoRandom(int seed) {
        this.seed = seed;
    }

    public int nextInt(int n) {
        lock.lock();
        try {
            int s = seed;
            seed = calculateNext(s);
            int remainder = s % n;
            return remainder > 0 ? remainder : remainder + n;
        } finally {
            lock.unlock();
        }
    }
}
```

程序清单 15-5　基于 AtomicInteger 实现的随机数生成器

```
@ThreadSafe
public class AtomicPseudoRandom extends PseudoRandom {
    private AtomicInteger seed;

    AtomicPseudoRandom(int seed) {
        this.seed = new AtomicInteger(seed);
    }

    public int nextInt(int n) {
        while (true) {
            int s = seed.get();
            int nextSeed = calculateNext(s);
            if (seed.compareAndSet(s, nextSeed)) {
                int remainder = s % n;
                return remainder > 0 ? remainder : remainder + n;
            }
        }
    }
}
```

图 15-1 和图 15-2 给出了在每次迭代中工作量较低以及适中情况下的吞吐量。如果线程本地的计算量较少，那么在锁和原子变量上的竞争将非常激烈。如果线程本地的计算量较多，那么在锁和原子变量上的竞争会降低，因为在线程中访问锁和原子变量的频率将降低。

从这些图中可以看出，在高度竞争的情况下，锁的性能将超过原子变量的性能，但在更真实的竞争情况下，原子变量的性能将超过锁的性能⊖。这是因为锁在发生竞争时会挂起线程，从而降低了 CPU 的使用率和共享内存总线上的同步通信量。（这类似于在生产者 – 消费者设计

⊖ 这个结论在其他领域同样成立：当交通拥堵时，交通信号灯能够实现更高的吞吐量，而在低拥堵时，环岛能实现更高的吞吐量。在以太网中使用的竞争机制在低通信流量的情况下运行得很好，但在高通信流量的情况下，令牌环网络中的令牌传递机制则表现得更好。

中的可阻塞生产者，它能降低消费者上的工作负载，使消费者的处理速度赶上生产者的处理速度。）另一方面，如果使用原子变量，那么发出调用的类负责对竞争进行管理。与大多数基于CAS的算法一样，AtomicPseudoRandom在遇到竞争时将立即重试，这通常是一种正确的方法，但在激烈竞争环境下却导致了更多的竞争。

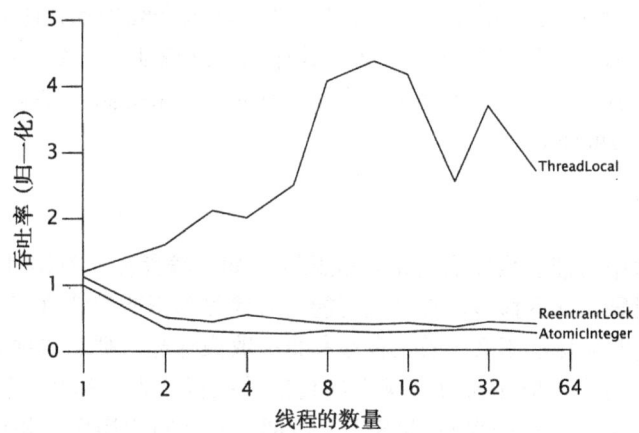

图15-1　在竞争程度较高情况下的Lock与AtomicInteger的性能

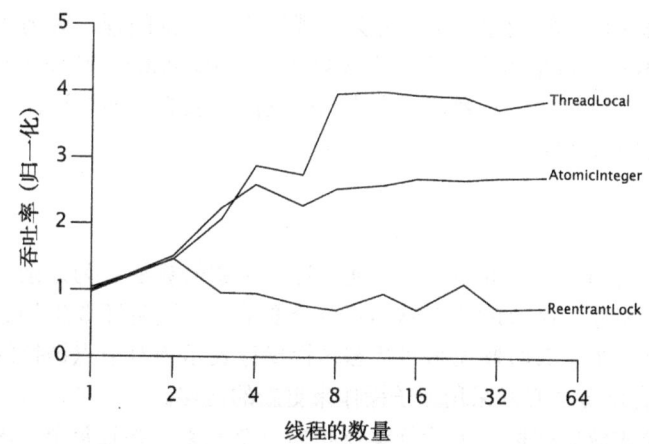

图15-2　在竞争程度适中情况下的Lock与AtomicInteger的性能

在批评AtomicPseudoRandom写得太糟糕或者原子变量比锁更糟糕之前，应该意识到图15-1中竞争级别过高而有些不切实际：任何一个真实的程序都不会除了竞争锁或原子变量，其他什么工作都不做。在实际情况中，原子变量在可伸缩性上要高于锁，因为在应对常见的竞争程度时，原子变量的效率会更高。

锁与原子变量在不同竞争程度上的性能差异很好地说明了各自的优势和劣势。在中低程度的竞争下，原子变量能提供更高的可伸缩性，而在高强度的竞争下，锁能够更有效地避免竞争。(在单CPU的系统上,基于CAS的算法在性能上同样会超过基于锁的算法,因为CAS在单CPU的系统上通常能执行成功,只有在偶然情况下,线程才会在执行读-改-写的操作过程中被其他线程抢占执行。)

在图15-1和图15-2中都包含了第三条曲线,它是一个使用ThreadLocal来保存PRNG状态的PseudoRandom。这种实现方法改变了类的行为,即每个线程都只能看到自己私有的伪随机数字序列,而不是所有线程共享同一个随机数序列,这说明了,如果能够避免使用共享状态,那么开销将会更小。我们可以通过提高处理竞争的效率来提高可伸缩性,但只有完全消除竞争,才能实现真正的可伸缩性。

15.4 非阻塞算法

在基于锁的算法中可能会发生各种活跃性故障。如果线程在持有锁时由于阻塞I/O,内存页缺失或其他延迟而导致推迟执行,那么很可能所有线程都不能继续执行下去。如果在某种算法中,一个线程的失败或挂起不会导致其他线程也失败或挂起,那么这种算法就被称为非阻塞算法。如果在算法的每个步骤中都存在某个线程能够执行下去,那么这种算法也被称为无锁(Lock-Free)算法。如果在算法中仅将CAS用于协调线程之间的操作,并且能正确地实现,那么它既是一种无阻塞算法,又是一种无锁算法。无竞争的CAS通常都能执行成功,并且如果有多个线程竞争同一个CAS,那么总会有一个线程在竞争中胜出并执行下去。在非阻塞算法中通常不会出现死锁和优先级反转问题(但可能会出现饥饿和活锁问题,因为在算法中会反复地重试)。到目前为止,我们已经看到了一个非阻塞算法:CasCounter。在许多常见的数据结构中都可以使用非阻塞算法,包括栈、队列、优先队列以及散列表等,而要设计一些新的这种数据结构,最好还是由专家们来完成。

15.4.1 非阻塞的栈

在实现相同功能的前提下,非阻塞算法通常比基于锁的算法更为复杂。创建非阻塞算法的关键在于,找出如何将原子修改的范围缩小到单个变量上,同时还要维护数据的一致性。在链式容器类(例如队列)中,有时候无须将状态转换操作表示为对节点链接的修改,也无须使用AtomicReference来表示每个必须采用原子操作来更新的链接。

栈是最简单的链式数据结构:每个元素仅指向一个元素,并且每个元素也只被一个元素引用。在程序清单15-6的ConcurrentStack中给出了如何通过原子引用来构建栈的示例。栈是由Node元素构成的一个链表,其中栈顶作为根节点,并且在每个元素中都包含了一个值以及指向下一个元素的链接。push方法创建一个新的节点,该节点的next域指向当前的栈顶,然后使用CAS把这个新节点放入栈顶。如果在开始插入节点时,位于栈顶的节点没有发生变化,那么CAS就会成功,如果栈顶节点发生了变化(例如由于其他线程在本线程开始之前插入或移除了元素),那么CAS将会失败,而push方法会根据栈的当前状态来更新节点,并且再次尝试。无论哪种情况,在CAS执行完成后,后栈仍会处于一致的状态。

程序清单15-6　使用 Treiber 算法 (Treiber, 1986) 构造的非阻塞栈

```
@ThreadSafe
public class ConcurrentStack <E> {
    AtomicReference<Node<E>> top = new AtomicReference<Node<E>>();

    public void push(E item) {
        Node<E> newHead = new Node<E>(item);
        Node<E> oldHead;
        do {
            oldHead = top.get();
            newHead.next = oldHead;
        } while (!top.compareAndSet(oldHead, newHead));
    }

    public E pop() {
        Node<E> oldHead;
        Node<E> newHead;
        do {
            oldHead = top.get();
            if (oldHead == null)
                return null;
            newHead = oldHead.next;
        } while (!top.compareAndSet(oldHead, newHead));
        return oldHead.item;
    }

    private static class Node <E> {
        public final E item;
        public Node<E> next;

        public Node(E item) {
            this.item = item;
        }
    }
}
```

在 CasCounter 和 ConcurrentStack 中说明了非阻塞算法的所有特性：某项工作的完成具有不确定性，必须重新执行。在 ConcurrentStack 中，当构造表示新元素的 Node 时，我们希望当把这个新节点压入到栈时，其 next 引用的值仍然是正确的，同时也准备好在发生竞争的情况下重新尝试。

在像 ConcurrentStack 这样的非阻塞算法中都能确保线程安全性，因为 compareAndSet 像锁定机制一样，既能提供原子性，又能提供可见性。当一个线程需要改变栈的状态时，将调用 compareAndSet，这个方法与写入 volaitle 类型的变量有着相同的内存效果。当线程检查栈的状态时，将在同一个 AtomicReference 上调用 get 方法，这个方法与读取 volaitle 类型的变量有着相同的内存效果。因此，一个线程执行的任何修改结构都可以安全地发布给其他正在查看状态的线程。并且，这个栈是通过 compareAndSet 来修改的，因此将采用原子操作来更新 top 的引用，或者在发现存在其他线程干扰的情况下，修改操作将失败。

15.4.2 非阻塞的链表

到目前为止，我们已经看到了两个非阻塞算法，计数器和栈，它们很好地说明了 CAS 的基本使用模式：在更新某个值时存在不确定性，以及在更新失败时重新尝试。构建非阻塞算法的技巧在于：将执行原子修改的范围缩小到单个变量上。这在计数器中很容易实现，在栈中也很简单，但对于一些更复杂的数据结构，例如队列、散列表或树，则要复杂得多。

链接队列比栈更为复杂，因为它必须支持对头节点和尾结点的快速访问。因此，它需要单独维护的头指针和尾指针。有两个指针指向位于尾部的节点：当前最后一个元素的 next 指针，以及尾节点。当成功地插入一个新元素时，这两个指针都需要采用原子操作来更新。初看起来，这个操作无法通过原子变量来实现。在更新这两个指针时需要不同的 CAS 操作，并且如果第一个 CAS 成功，但第二个 CAS 失败，那么队列将处于不一致的状态。而且，即使这两个 CAS 都成功了，那么在执行这两个 CAS 之间，仍可能有另一个线程会访问这个队列。因此，在为链接队列构建非阻塞算法时，需要考虑到这两种情况。

我们需要使用一些技巧。第一个技巧是，即使在一个包含多个步骤的更新操作中，也要确保数据结构总是处于一致的状态。这样，当线程 B 到达时，如果发现线程 A 正在执行更新，那么线程 B 就可以知道有一个操作已部分完成，并且不能立即开始执行自己的更新操作。然后，B 可以等待（通过反复检查队列的状态）并直到 A 完成更新，从而使两个线程不会相互干扰。

虽然这种方法能够使不同的线程"轮流"访问数据结构，并且不会造成破坏，但如果一个线程在更新操作中失败了，那么其他的线程都无法再访问队列。要使得该算法成为一个非阻塞算法，必须确保当一个线程失败时不会妨碍其他线程继续执行下去。因此，第二个技巧是，如果当 B 到达时发现 A 正在修改数据结构，那么在数据结构中应该有足够多的信息，使得 B 能完成 A 的更新操作。如果 B "帮助" A 完成了更新操作，那么 B 可以执行自己的操作，而不用等待 A 的操作完成。当 A 恢复后再试图完成其操作时，会发现 B 已经替它完成了。

在程序清单 15-7 的 LinkedQueue 中给出了 Michael-Scott 提出的非阻塞链接队列算法中的插入部分 (Michael and Scott, 1996)，在 ConcurrentLinkedQueue 中使用的正是该算法。在许多队列算法中，空队列通常都包含一个"哨兵 (Sentinel) 节点"或者"哑（Dummy）节点"，并且头节点和尾节点在初始化时都指向该哨兵节点。尾节点通常要么指向哨兵节点（如果队列为空），即队列的最后一个元素，要么（当有操作正在执行更新时）指向倒数第二个元素。图 15-3 给出了一个处于正常状态（或者说稳定状态）的包含两个元素的队列。

程序清单 15-7　Michael-Scott(Michael and Scott, 1996) 非阻塞算法中的插入算法

```
@ThreadSafe
public class LinkedQueue <E> {
    private static class Node <E> {
        final E item;
        final AtomicReference<Node<E>> next;

        public Node(E item, Node<E> next) {
            this.item = item;
            this.next = new AtomicReference<Node<E>>(next);
        }
    }
```

```
    }
    private final Node<E> dummy = new Node<E>(null, null);
    private final AtomicReference<Node<E>> head
            = new AtomicReference<Node<E>>(dummy);
    private final AtomicReference<Node<E>> tail
            = new AtomicReference<Node<E>>(dummy);

    public boolean put(E item) {
        Node<E> newNode = new Node<E>(item, null);
        while (true) {
            Node<E> curTail = tail.get();
            Node<E> tailNext = curTail.next.get();
            if (curTail == tail.get()) {
                if (tailNext != null) {
                    // 队列处于中间状态,推进尾节点
                    tail.compareAndSet(curTail, tailNext);      Ⓑ    ⒶⒷ
                } else {
                    // 处于稳定状态,尝试插入新节点
                    if (curTail.next.compareAndSet(null, newNode)) {   Ⓒ
                        // 插入操作成功,尝试推进尾节点
                        tail.compareAndSet(curTail, newNode);       Ⓓ
                        return true;
                    }
                }
            }
        }
    }
```

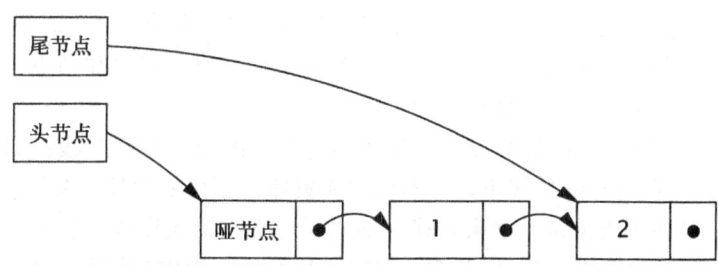

图 15-3 处于稳定状态并包含两个元素的队列

当插入一个新的元素时,需要更新两个指针。首先更新当前最后一个元素的 next 指针,将新节点链接到列表队尾,然后更新尾节点,将其指向这个新元素。在这两个操作之间,队列处于一种中间状态,如图 15-4 所示。在第二次更新完成后,队列将再次处于稳定状态,如图 15-5 所示。

实现这两个技巧时的关键点在于:当队列处于稳定状态时,尾节点的 next 域将为空,如果队列处于中间状态,那么 tail.next 将为非空。因此,任何线程都能够通过检查 tail.next 来获取队列当前的状态。而且,当队列处于中间状态时,可以通过将尾节点向前移动一个节点,从而结束其他线程正在执行的插入元素操作,并使得队列恢复为稳定状态。⊖

⊖ 在(Michael and Scott, 1996)以及 (Herlihy and Shavit, 2006) 中都给出了对算法正确性的完整分析。

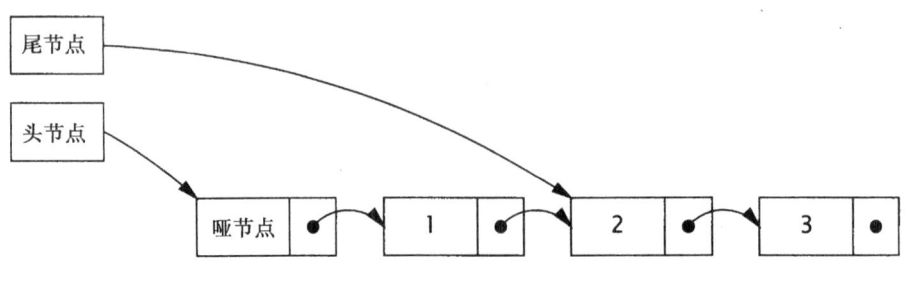

图 15-4 在插入过程中处于中间状态的队列

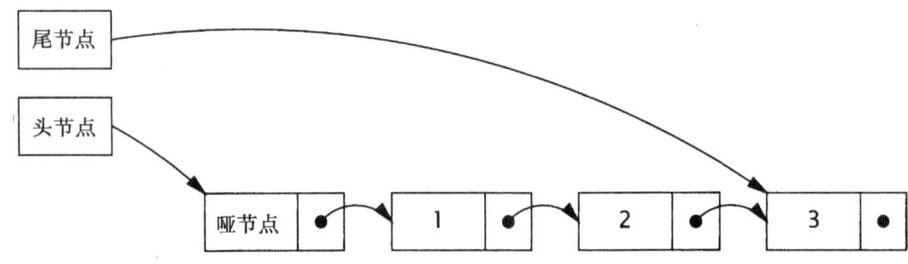

图 15-5 在插入操作完成后,队列再次处于稳定状态

LinkedQueue.put 方法在插入新元素之前,将首先检查队列是否处于中间状态(步骤 A)。如果是,那么有另一个线程正在插入元素(在步骤 C 和 D 之间)。此时当前线程不会等待其他线程执行完成,而是帮助它完成操作,并将尾节点向前推进一个节点(步骤 B)。然后,它将重复执行这种检查,以免另一个线程已经开始插入新元素,并继续推进尾节点,直到它发现队列处于稳定状态之后,才会开始执行自己的插入操作。

由于步骤 C 中的 CAS 将把新节点链接到队列尾部,因此如果两个线程同时插入元素,那么这个 CAS 将失败。在这样的情况下,并不会造成破坏:不会发生任何变化,并且当前的线程只需重新读取尾节点并再次重试。如果步骤 C 成功了,那么插入操作将生效,第二个 CAS(步骤 D)被认为是一个"清理操作",因为它既可以由执行插入操作的线程来执行,也可以由其他任何线程来执行。如果步骤 D 失败,那么执行插入操作的线程将返回,而不是重新执行 CAS,因为不再需要重试——另一个线程已经在步骤 B 中完成了这个工作。这种方式能够工作,因为在任何线程尝试将一个新节点插入到队列之前,都会首先通过检查 tail.next 是否非空来判断是否需要清理队列。如果是,它首先会推进尾节点(可能需要执行多次),直到队列处于稳定状态。

15.4.3 原子的域更新器

程序清单 15-7 说明了在 ConcurrentLinkedQueue 中使用的算法,但在实际的实现中略有区别。在 ConcurrentLinkedQueue 中没有使用原子引用来表示每个 Node,而是使用普通的 volatile 类型引用,并通过基于反射的 AtomicReferenceFieldUpdater 来进行更新,如程序清单 15-8 所示。

程序清单 15-8　在 ConcurrentLinkedQueue 中使用原子的域更新器

```
private class Node<E> {
    private final E item;
    private volatile Node<E> next;

    public Node(E item) {
        this.item = item;
    }
}

private static AtomicReferenceFieldUpdater<Node, Node> nextUpdater
    = AtomicReferenceFieldUpdater.newUpdater(
            Node.class, Node.class, "next");
```

原子的域更新器类表示现有 volatile 域的一种基于反射的"视图",从而能够在已有的 volatile 域上使用 CAS。在更新器类中没有构造函数,要创建一个更新器对象,可以调用 newUpdater 工厂方法,并制定类和域的名字。域更新器类没有与某个特定的实例关联在一起,因而可以更新目标类的任意实例中的域。更新器类提供的原子性保证比普通原子类更弱一些,因为无法保证底层的域不被直接修改——compareAndSet 以及其他算术方法只能确保其他使用原子域更新器方法的线程的原子性。

在 ConcurrentLinkedQueue 中,使用 nextUpdater 的 compareAndSet 方法来更新 Node 的 next 域。这个方法有点繁琐,但完全是为了提升性能。对于一些频繁分配并且生命周期短暂的对象,例如队列的链接节点,如果能去掉每个 Node 的 AtomicReference 创建过程,那么将极大地降低插入操作的开销。然而,几乎在所有情况下,普通原子变量的性能都很不错,只有在很少的情况下才需要使用原子的域更新器。(如果在执行原子更新的同时还需要维持现有类的串行化形式,那么原子的域更新器将非常有用。)

15.4.4　ABA 问题

ABA 问题是一种异常现象:如果在算法中的节点可以被循环使用,那么在使用"比较并交换"指令时就可能出现这种问题(主要在没有垃圾回收机制的环境中)。在 CAS 操作中将判断"V 的值是否仍然为 A?",并且如果是的话就继续执行更新操作。在大多数情况下,包括本章给出的示例,这种判断是完全足够的。然而,有时候还需要知道"自从上次看到 V 的值为 A 以来,这个值是否发生了变化?"在某些算法中,如果 V 的值首先由 A 变成 B,再由 B 变成 A,那么仍然被认为是发生了变化,并需要重新执行算法中的某些步骤。

如果在算法中采用自己的方式来管理节点对象的内存,那么可能出现 ABA 问题。在这种情况下,即使链表的头节点仍然指向之前观察到的节点,那么也不足以说明链表的内容没有发生改变。如果通过垃圾回收器来管理链表节点仍然无法避免 ABA 问题,那么还有一个相对简单的解决方案:不是更新某个引用的值,而是更新两个值,包括一个引用和一个版本号。即使这个值由 A 变为 B,然后又变为 A,版本号也将是不同的。AtomicStampedReference(以及

AtomicMarkableReference）支持在两个变量上执行原子的条件更新。AtomicStampedReference 将更新一个"对象 – 引用"二元组，通过在引用上加上"版本号"，从而避免⊖ ABA 问题。类似地，AtomicMarkableReference 将更新一个"对象引用 - 布尔值"二元组，在某些算法中将通过这种二元组使节点保存在链表中同时又将其标记为"已删除的节点"。⊜

小结

非阻塞算法通过底层的并发原语（例如比较并交换而不是锁）来维持线程的安全性。这些底层的原语通过原子变量类向外公开，这些类也用做一种"更好的 volatile 变量"，从而为整数和对象引用提供原子的更新操作。

非阻塞算法在设计和实现时非常困难，但通常能够提供更高的可伸缩性，并能更好地防止活跃性故障的发生。在 JVM 从一个版本升级到下一个版本的过程中，并发性能的主要提升都来自于（在 JVM 内部以及平台类库中）对非阻塞算法的使用。

⊖ 在实际中，无论如何，理论上计数器都应该这样包装。
⊜ 许多处理器都提供了各种二元的 CAS（CAS2 或 CASX）操作，用于对一些"指针 - 整数"二元组进行操作，从而使这种操作的效率得到极大提高。从 Java 6 开始，在 AtomicStampedReference 并没有使用这种 CAS（即使平台支持这种操作）。（这种二元 CAS 与 DCAS 不同，DCAS 能在内存的两个互不相关的位置上执行操作，而在编写本书时，还没有处理器实现了 DCAS。）

第 16 章 Java 内存模型

本书中，我们尽可能地避开了 Java 内存模型 (JMM) 的底层细节，而将重点放在一些高层设计问题，例如安全发布，同步策略的规范以及一致性等。它们的安全性都来自于 JMM，并且当你理解了这些机制的工作原理后，就能更容易地使用它们。本章将介绍 Java 内存模型的底层需求以及所提供的保证，此外还将介绍在本书给出的一些高层设计原则背后的原理。

16.1 什么是内存模型，为什么需要它

假设一个线程为变量 aVariable 赋值：

```
aVariable = 3;
```

内存模型需要解决这个问题："在什么条件下，读取 aVariable 的线程将看到这个值为 3？"这听起来似乎是一个愚蠢的问题，但如果缺少同步，那么将会有许多因素使得线程无法立即甚至永远，看到另一个线程的操作结果。在编译器中生成的指令顺序，可以与源代码中的顺序不同，此外编译器还会把变量保存在寄存器而不是内存中；处理器可以采用乱序或并行等方式来执行指令；缓存可能会改变将写入变量提交到主内存的次序；而且，保存在处理器本地缓存中的值，对于其他处理器是不可见的。这些因素都会使得一个线程无法看到变量的最新值，并且会导致其他线程中的内存操作似乎在乱序执行——如果没有使用正确的同步。

在单线程环境中，我们无法看到所有这些底层技术，它们除了提高程序的执行速度外，不会产生其他影响。Java 语言规范要求 JVM 在线程中维护一种类似串行的语义：只要程序的最终结果与在严格串行环境中执行的结果相同，那么上述所有操作都是允许的。这确实是一件好事情，因为在最近几年中，计算性能的提升在很大程度上要归功于这些重新排序措施。当然，时钟频率的提高同样提升了性能，此外还有不断提升的并行性——采用流水线的超标量执行单元，动态指令调度，猜测执行以及完备的多级缓存。随着处理变得越来越强大，编译器也在不断地改进：通过对指令重新排序来实现优化执行，以及使用成熟的全局寄存器分配算法。由于时钟频率越来越难以提高，因此许多处理器制造厂商都开始转而生产多核处理器，因为能够提高的只有硬件并行性。

在多线程环境中，维护程序的串行性将导致很大的性能开销。对于并发应用程序中的线程来说，它们在大部分时间里都执行各自的任务，因此在线程之间的协调操作只会降低应用程序的运行速度，而不会带来任何好处。只有当多个线程要共享数据时，才必须协调它们之间的操作，并且 JVM 依赖程序通过同步操作来找出这些协调操作将在何时发生。

JMM 规定了 JVM 必须遵循一组最小保证，这组保证规定了对变量的写入操作在何时将对于其他线程可见。JMM 在设计时就在可预测性和程序的易于开发性之间进行了权衡，从而在各种主流的处理器体系架构上能实现高性能的 JVM。如果你不了解在现代处理器和编译器中使用的程序性能提升措施，那么在刚刚接触 JMM 的某些方面时会感到困惑。

16.1.1 平台的内存模型

在共享内存的多处理器体系架构中，每个处理器都拥有自己的缓存，并且定期地与主内存进行协调。在不同的处理器架构中提供了不同级别的缓存一致性（Cache Coherence），其中一部分只提供最小的保证，即允许不同的处理器在任意时刻从同一个存储位置上看到不同的值。操作系统、编译器以及运行时（有时甚至包括应用程序）需要弥合这种在硬件能力与线程安全需求之间的差异。

要想确保每个处理器都能在任意时刻知道其他处理器正在进行的工作，将需要非常大的开销。在大多数时间里，这种信息是不必要的，因此处理器会适当放宽存储一致性保证，以换取性能的提升。在架构定义的内存模型中将告诉应用程序可以从内存系统中获得怎样的保证，此外还定义了一些特殊的指令（称为内存栅栏或栅栏），当需要共享数据时，这些指令就能实现额外的存储协调保证。为了使 Java 开发人员无须关心不同架构上内存模型之间的差异，Java 还提供了自己的内存模型，并且 JVM 通过在适当的位置上插入内存栅栏来屏蔽在 JMM 与底层平台内存模型之间的差异。

程序执行一种简单假设：想象在程序中只存在唯一的操作执行顺序，而不考虑这些操作在何种处理器上执行，并且在每次读取变量时，都能获得在执行序列中（任何处理器）最近一次写入该变量的值。这种乐观的模型就被称为串行一致性。软件开发人员经常会错误地假设存在串行一致性，但在任何一款现代多处理器架构中都不会提供这种串行一致性，JMM 也是如此。冯•诺伊曼模型这种经典的串行计算模型，只能近似描述现代多处理器的行为。

在现代支持共享内存的多处理器（和编译器）中，当跨线程共享数据时，会出现一些奇怪的情况，除非通过使用内存栅栏来防止这些情况的发生。幸运的是，Java 程序不需要指定内存栅栏的位置，而只需通过正确地使用同步来找出何时将访问共享状态。

16.1.2 重排序

在第 2 章中介绍竞态条件和原子性故障时，我们使用了交互图来说明：在没有充分同步的程序中，如果调度器采用不恰当的方式来交替执行不同线程的操作，那么将导致不正确的结果。更糟的是，JMM 还使得不同线程看到的操作执行顺序是不同的，从而导致在缺乏同步的情况下，要推断操作的执行顺序将变得更加复杂。各种使操作延迟或者看似乱序执行的不同原因，都可以归为重排序。

在程序清单 16-1 的 PossibleReordering 中说明了，在没有正确同步的情况下，即使要推断最简单的并发程序的行为也很困难。很容易想象 PossibleReordering 是如何输出（1，0）或（0，1）或（1，1）的：线程 A 可以在线程 B 开始之前就执行完成，线程 B 也可以在线程 A 开始之前执行完成,或者二者的操作交替执行。但奇怪的是,PossibleReordering 还可以输出(0,0)。由于每个线程中的各个操作之间不存在数据流依赖性,因此这些操作可以乱序执行。(即使这些操作按照顺序执行,但在将缓存刷新到主内存的不同时序中也可能出现这种情况,从线程 B 的角度看,线程 A 中的赋值操作可能以相反的次序执行。)图 16-1 给出了一种可能由重排序导致的交替执行方式,在这种情况中会输出(0,0)。

程序清单 16-1　如果在程序中没有包含足够的同步,那么可能产生奇怪的结果(不要这么做)

```java
public class PossibleReordering {
    static int x = 0, y = 0;
    static int a = 0, b = 0;

    public static void main(String[] args)
            throws InterruptedException {
        Thread one = new Thread(new Runnable() {
            public void run() {
                a = 1;
                x = b;
            }
        });
        Thread other = new Thread(new Runnable() {
            public void run() {
                b = 1;
                y = a;
            }
        });
        one.start(); other.start();
        one.join();  other.join();
        System.out.println("( "+ x + "," + y + ")");
    }
}
```

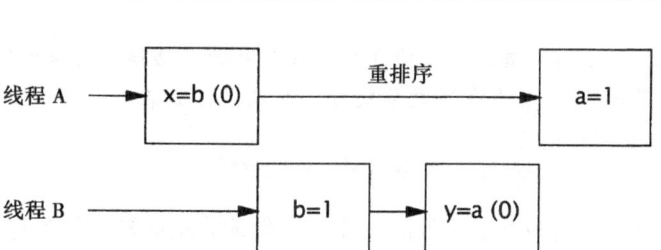

图 16-1　PossibleReordering 中存在重排序的交替执行

PossibleReordering 是一个简单程序,但要列举出它所有可能的结果却非常困难。内存级的重排序会使程序的行为变得不可预测。如果没有同步,那么推断出执行顺序将是非常困难的,而要确保在程序中正确地使用同步却是非常容易的。同步将限制编译器、运行时和硬件对内存操作重排序的方式,从而在实施重排序时不会破坏 JMM 提供的可见性保证。⊖

⊖ 在大多数主流的处理器架构中,内存模型都非常强大,使得读取 volatile 变量的性能与读取非 volatile 变量的性能大致相当。

16.1.3 Java 内存模型简介

Java 内存模型是通过各种操作来定义的,包括对变量的读/写操作,监视器的加锁和释放操作,以及线程的启动和合并操作。JMM 为程序中所有的操作定义了一个偏序关系⊖,称之为 Happens-Before。要想保证执行操作 B 的线程看到操作 A 的结果(无论 A 和 B 是否在同一个线程中执行),那么在 A 和 B 之间必须满足 Happens-Before 关系。如果两个操作之间缺乏 Happens-Before 关系,那么 JVM 可以对它们任意地重排序。

当一个变量被多个线程读取并且至少被一个线程写入时,如果在读操作和写操作之间没有依照 Happens-Before 来排序,那么就会产生数据竞争问题。在正确同步的程序中不存在数据竞争,并会表现出串行一致性,这意味着程序中的所有操作都会按照一种固定的和全局的顺序执行。

Happens-Before 的规则包括:

程序顺序规则。 如果程序中操作 A 在操作 B 之前,那么在线程中 A 操作将在 B 操作之前执行。

监视器锁规则。 在监视器锁上的解锁操作必须在同一个监视器锁上的加锁操作之前执行。⊜

volatile 变量规则。 对 volatile 变量的写入操作必须在对该变量的读操作之前执行⊜。

线程启动规则。 在线程上对 Thread.Start 的调用必须在该线程中执行任何操作之前执行。

线程结束规则。 线程中的任何操作都必须在其他线程检测到该线程已经结束之前执行,或者从 Thread.join 中成功返回,或者在调用 Thread.isAlive 时返回 false。

中断规则。 当一个线程在另一个线程上调用 interrupt 时,必须在被中断线程检测到 interrupt 调用之前执行(通过抛出 InterruptedException,或者调用 isInterrupted 和 interrupted)。

终结器规则。 对象的构造函数必须在启动该对象的终结器之前执行完成。

传递性。 如果操作 A 在操作 B 之前执行,并且操作 B 在操作 C 之前执行,那么操作 A 必须在操作 C 之前执行。

虽然这些操作只满足偏序关系,但同步操作,如锁的获取与释放等操作,以及 volatile 变量的读取与写入操作,都满足全序关系。因此,在描述 Happens-Before 关系时,就可以使用"后续的锁获取操作"和"后续的 volatile 变量读取操作"等表达术语。

图 16-2 给出了当两个线程使用同一个锁进行同步时,在它们之间的 Happens-Before 关系。

⊖ 偏序关系 π 是集合上的一种关系,具有反对称、自反和传递属性,但对于任意两个元素 x,y 来说,并不需要一定满足 x π y 或 y π x 的关系。我们每天都在使用偏序关系来表达喜好,例如我们可以更喜欢寿司而不是干酪三明治,可以更喜欢莫扎特而不是马勒,但我们不必在干酪三明治和莫扎特之间作出明确的喜好选择。

⊜ 显式锁和内置锁在加锁和解锁等操作上有着相同的内存语义。

⊜ 原子变量与 volatile 变量在读操作和写操作上有着相同的语义。

在线程 A 内部的所有操作都按照它们在源程序中的先后顺序来排序，在线程 B 内部的操作也是如此。由于 A 释放了锁 M，并且 B 随后获得了锁 M，因此 A 中所有在释放锁之前的操作，也就位于 B 中请求锁之后的所有操作之前。如果这两个线程是在不同的锁上进行同步的，那么就不能推断它们之间的动作顺序，因为在这两个线程的操作之间并不存在 Happens-Before 关系。

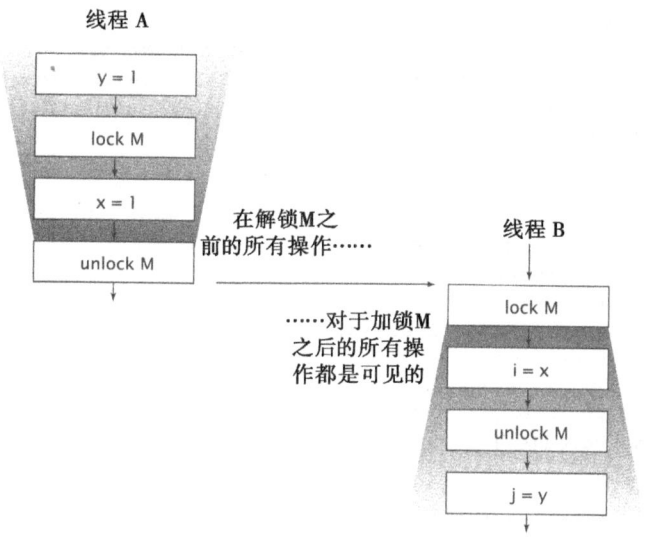

图 16-2　在 Java 内存模型中说明 Happens-Before 关系

16.1.4　借助同步

由于 Happens-Before 的排序功能很强大，因此有时候可以"借助（Piggyback）"现有同步机制的可见性属性。这需要将 Happens-Before 的程序顺序规则与其他某个顺序规则（通常是监视器锁规则或者 volatile 变量规则）结合起来，从而对某个未被锁保护的变量的访问操作进行排序。这项技术由于对语句的顺序非常敏感，因此很容易出错。它是一项高级技术，并且只有当需要最大限度地提升某些类（例如 ReentrantLock）的性能时，才应该使用这项技术。

在 FutureTask 的保护方法 AbstractQueuedSynchronizer 中说明了如何使用这种"借助"技术。AQS 维护了一个表示同步器状态的整数，FutureTask 用这个整数来保存任务的状态：正在运行，已完成和已取消。但 FutureTask 还维护了其他一些变量，例如计算的结果。当一个线程调用 set 来保存结果并且另一个线程调用 get 来获取该结果时，这两个线程最好按照 Happens-Before 进行排序。这可以通过将执行结果的引用声明为 volatile 类型来实现，但利用现有的同步机制可以更容易地实现相同的功能。

FutureTask 在设计时能够确保，在调用 tryAcquireShared 之前总能成功地调用 tryReleaseShared。tryReleaseShared 会写入一个 volatile 类型的变量，而 tryAcquireShared 将读取这个变量。程序清单 16-2 给出了 innerSet 和 innerGet 等方法，在保存和获取 result 时将调用这些方法。由于 innerSet 将在调用 releaseShared（这又将调用 tryReleaseShared）之前写入 result，并

且 innerGet 将在调用 acquireShared（这又将调用 tryReleaseShared）之后读取 result，因此将程序顺序规则与 volatile 变量规则结合在一起，就可以确保 innerSet 中的写入操作在 innerGet 中的读取操作之前执行。

程序清单 16-2　说明如何借助同步的 FutureTask 的内部类

```
// FutureTask 的内部类
private final class Sync extends AbstractQueuedSynchronizer {
    private static final int RUNNING = 1, RAN = 2, CANCELLED = 4;
    private V result;
    private Exception exception;

    void innerSet(V v) {
        while (true) {
            int s = getState();
            if (ranOrCancelled(s))
                return;
            if (compareAndSetState(s, RAN))
                break;
        }
        result = v;
        releaseShared(0);
        done();
    }

    V innerGet() throws InterruptedException, ExecutionException {
        acquireSharedInterruptibly(0);
        if (getState() == CANCELLED)
            throw new CancellationException();
        if (exception != null)
            throw new ExecutionException(exception);
        return result;
    }
}
```

之所以将这项技术称为"借助"，是因为它使用了一种现有的 Happens-Before 顺序来确保对象 X 的可见性，而不是专门为了发布 X 而创建一种 Happens-Before 顺序。

在 FutureTask 中使用的"借助"技术很容易出错，因此要谨慎使用。但在某些情况下，这种"借助"技术是非常合理的。例如，当某个类在其规范中规定它的各个方法之间必须遵循一种 Happens-Before 关系，基于 BlockingQueue 实现的安全发布就是一种"借助"。如果一个线程将对象置入队列并且另一个线程随后获取这个对象，那么这就是一种安全发布，因为在 BlockingQueue 的实现中包含有足够的内部同步来确保入列操作在出列操作之前执行。

在类库中提供的其他 Happens-Before 排序包括：
- 将一个元素放入一个线程安全容器的操作将在另一个线程从该容器中获得这个元素的操作之前执行。
- 在 CountDownLatch 上的倒数操作将在线程从闭锁上的 await 方法中返回之前执行。
- 释放 Semaphore 许可的操作将在从该 Semaphore 上获得一个许可之前执行。

- Future 表示的任务的所有操作将在从 Future.get 中返回之前执行。
- 向 Executor 提交一个 Runnable 或 Callable 的操作将在任务开始执行之前执行。
- 一个线程到达 CyclicBarrier 或 Exchanger 的操作将在其他到达该栅栏或交换点的线程被释放之前执行。如果 CyclicBarrier 使用一个栅栏操作,那么到达栅栏的操作将在栅栏操作之前执行,而栅栏操作又会在线程从栅栏中释放之前执行。

16.2 发布

第 3 章介绍了如何安全地或者不正确地发布一个对象。对于其中介绍的各种安全技术,它们的安全性都来自于 JMM 提供的保证,而造成不正确发布的真正原因,就是在"发布一个共享对象"与"另一个线程访问该对象"之间缺少一种 Happens-Before 排序。

16.2.1 不安全的发布

当缺少 Happens-Before 关系时,就可能出现重排序问题,这就解释了为什么在没有充分同步的情况下发布一个对象会导致另一个线程看到一个只被部分构造的对象(请参见 3.5 节)。在初始化一个新的对象时需要写入多个变量,即新对象中的各个域。同样,在发布一个引用时也需要写入一个变量,即新对象的引用。如果无法确保发布共享引用的操作在另一个线程加载该共享引用之前执行,那么对新对象引用的写入操作将与对象中各个域的写入操作重排序(从使用该对象的线程的角度来看)。在这种情况下,另一个线程可能看到对象引用的最新值,但同时也将看到对象的某些或全部状态中包含的是无效值,即一个被部分构造对象。

错误的延迟初始化将导致不正确的发布,如程序清单 16-3 所示。初看起来,在程序中存在的问题只有在 2.2.2 节中介绍的竞态条件问题。在某些特定条件下,例如当 Resource 的所有实例都相同时,你或许会忽略这些问题(以及在多次创建 Resource 实例时存在的低效率问题)。然而,即使不考虑这些问题,UnsafeLazyInitialization 仍然是不安全的,因为另一个线程可能看到对部分构造的 Resource 实例的引用。

程序清单 16-3　不安全的延迟初始化(不要这么做)

```
@NotThreadSafe
public class UnsafeLazyInitialization {
    private static Resource resource;

    public static Resource getInstance() {
        if (resource == null)
            resource = new Resource();    // 不安全的发布
        return resource;
    }
}
```

假设线程 A 是第一个调用 getInstance 的线程。它将看到 resource 为 null,并且初始化一个新的 Resource,然后将 resource 设置为执行这个新实例。当线程 B 随后调用 getInstance,它可能看到 resource 的值为非空,因此使用这个已经构造好的 Resource。最初这看不出任何问题,但线程 A 写入 resource 的操作与线程 B 读取 resource 的操作之间不存在 Happens-Before 关系。在发布对象时存在数据竞争问题，因此 B 并不一定能看到 Resource 的正确状态。

当新分配一个 Resource 时，Resource 的构造函数将把新实例中的各个域由默认值（由 Object 构造函数写入的）修改为它们的初始值。由于在两个线程中都没有使用同步，因此线程 B 看到的线程 A 中的操作顺序，可能与线程 A 执行这些操作时的顺序并不相同。因此，即使线程 A 初始化 Resource 实例之后再将 resource 设置为指向它，线程 B 仍可能看到对 resource 的写入操作将在对 Resource 各个域的写入操作之前发生。因此，线程 B 就可能看到一个被部分构造的 Resource 实例，该实例可能处于无效状态，并在随后该实例的状态可能出现无法预料的变化。

> 除了不可变对象以外，使用被另一个线程初始化的对象通常都是不安全的，除非对象的发布操作是在使用该对象的线程开始使用之前执行。

16.2.2 安全的发布

第 3 章介绍的安全发布常用模式可以确保被发布对象对于其他线程是可见的，因为它们保证发布对象的操作将在使用对象的线程开始使用该对象的引用之前执行。如果线程 A 将 X 放入 BlockingQueue（并且随后没有线程修改它），线程 B 从队列中获取 X，那么可以确保 B 看到的 X 与 A 放入的 X 相同。这是因为在 BlockingQueue 的实现中有足够的内部同步确保了 put 方法在 take 方法之前执行。同样，通过使用一个由锁保护共享变量或者使用共享的 volatile 类型变量，也可以确保对该变量的读取操作和写入操作按照 Happens-Before 关系来排序。

事实上，Happens-Before 比安全发布提供了更强可见性与顺序保证。如果将 X 从 A 安全地发布到 B，那么这种安全发布可以保证 X 状态的可见性，但无法保证 A 访问的其他变量的状态可见性。然而，如果 A 将 X 置入队列的操作在线程 B 从队列中获取 X 的操作之前执行，那么 B 不仅能看到 A 留下的 X 状态（假设线程 A 或其他线程都没有对 X 再进行修改），而且还能看到 A 在移交 X 之前所做的任何操作（再次注意同样的警告）。⊖

既然 JMM 已经提供了这种更强大的 Happens-Before 关系，那么为什么还要介绍 @GuardedBy 和安全发布呢？与内存写入操作的可见性相比，从转移对象的所有权以及对象公布等角度来看，它们更符合大多数的程序设计。Happens-Before 排序是在内存访问级别上操作的，它是一种"并发级汇编语言"，而安全发布的运行级别更接近程序设计。

16.2.3 安全初始化模式

有时候，我们需要推迟一些高开销的对象初始化操作，并且只有当使用这些对象时才进行初始化，但我们也看到了在误用延迟初始化时导致的问题。在程序清单 16-4 中，通过将 getResource 方法声明为 synchronized，可以修复 UnsafeLazyInitialization 中的问题。由于

⊖ JMM 确保 B 至少可以看到 A 写入的最新值，而对于随后写入的值，B 可能看到也可能看不到。

getInstance 的代码路径很短（只包括一个判断预见和一个预测分支），因此如果 getInstance 没有被多个线程频繁调用，那么在 SafeLazyInitialization 上不会存在激烈的竞争，从而能提供令人满意的性能。

程序清单 16-4　线程安全的延迟初始化

```
@ThreadSafe
public class SafeLazyInitialization {
    private static Resource resource;

    public synchronized static Resource getInstance() {
        if (resource == null)
            resource = new Resource();
        return resource;
    }
}
```

在初始器中采用了特殊的方式来处理静态域（或者在静态初始化代码块中初始化的值 [JPL 2.2.1 和 2.5.3]），并提供了额外的线程安全性保证。静态初始化器是由 JVM 在类的初始化阶段执行，即在类被加载后并且被线程使用之前。由于 JVM 将在初始化期间获得一个锁 [JLS 12.4.2]，并且每个线程都至少获取一次这个锁以确保这个类已经加载，因此在静态初始化期间，内存写入操作将自动对所有线程可见。因此无论是在被构造期间还是被引用时，静态初始化的对象都不需要显式的同步。然而，这个规则仅适用于在构造时的状态，如果对象是可变的，那么在读线程和写线程之间仍然需要通过同步来确保随后的修改操作是可见的，以及避免数据破坏。

如程序清单 16-5 所示，通过使用提前初始化（Eager Initialization），避免了在每次调用 SafeLazyInitialization 中的 getInstance 时所产生的同步开销。通过将这项技术和 JVM 的延迟加载机制结合起来，可以形成一种延迟初始化技术，从而在常见的代码路径中不需要同步。在程序清单 16-6 的"延迟初始化占位（Holder）类模式"[EJ Item 48] 中使用了一个专门的类来初始化 Resource。JVM 将推迟 ResourceHolder 的初始化操作，直到开始使用这个类时才初始化 [JLS 12.4.1]，并且由于通过一个静态初始化来初始化 Resource，因此不需要额外的同步。当任何一个线程第一次调用 getResource 时，都会使 ResourceHolder 被加载和被初始化，此时静态初始化器将执行 Resource 的初始化操作。

程序清单 16-5　提前初始化

```
@ThreadSafe
public class EagerInitialization {
    private static Resource resource = new Resource();

    public static Resource getResource() { return resource; }
}
```

程序清单 16-6 延长初始化占位类模式

```
@ThreadSafe
public class ResourceFactory {
    private static class ResourceHolder {
        public static Resource resource = new Resource();
    }

    public static Resource getResource() {
        return ResourceHolder.resource ;
    }
}
```

16.2.4 双重检查加锁

在任何一本介绍并发的书中都会讨论声名狼藉的双重检查加锁(DCL)，如程序清单 16-7 所示。在早期的 JVM 中，同步（甚至是无竞争的同步）都存在着巨大的性能开销。因此，人们想出了许多"聪明的（或者至少看上去聪明）"技巧来降低同步的影响，有些技巧很好，但也有些技巧是不好的，甚至是糟糕的，DCL 就属于"糟糕"的一类。

程序清单 16-7 双重检查加锁（不要这么做）

```
@NotThreadSafe
public class DoubleCheckedLocking {
    private static Resource resource;

    public static Resource getInstance() {
        if (resource == null) {
            synchronized (DoubleCheckedLocking.class) {
                if (resource == null)
                    resource = new Resource();
            }
        }
        return resource;
    }
}
```

由于早期的 JVM 在性能上存在一些有待优化的地方，因此延迟初始化经常被用来避免不必要的高开销操作，或者降低程序的启动时间。在编写正确的延迟初始化方法中需要使用同步。但在当时，同步不仅执行速度很慢，并且更重要的是，开发人员还没有完全理解同步的含义：虽然人们能很好地理解了"独占性"的含义，但却没有很好地理解"可见性"的含义。

DCL 声称能实现两全其美——在常见代码路径上的延迟初始化中不存在同步开销。它的工作原理是，首先检查是否在没有同步的情况下需要初始化，如果 resource 引用不为空，那么就直接使用它。否则，就进行同步并再次检查 Resource 是否被初始化，从而保证只有一个线程对共享的 Resource 执行初始化。在常见的代码路径中——获取一个已构造好的 Resource 引用，并没有使用同步。这就是问题所在：在 16.2.1 节中介绍过，线程可能看到一个仅被部分构造的 Resource。

DCL 的真正问题在于：当在没有同步的情况下读取一个共享对象时，可能发生的最糟糕事情只是看到一个失效值（在这种情况下是一个空值），此时 DCL 方法将通过在持有锁的情况下再次尝试来避免这种风险。然而，实际情况远比这种情况糟糕——线程可能看到引用的当前值，但对象的状态值却是失效的，这意味着线程可以看到对象处于无效或错误的状态。

在 JMM 的后续版本（Java 5.0 以及更高的版本）中，如果把 resource 声明为 volatile 类型，那么就能启用 DCL，并且这种方式对性能的影响很小，因为 volatile 变量读取操作的性能通常只是略高于非 volatile 变量读取操作的性能。然而，DCL 的这种使用方法已经被广泛地废弃了——促使该模式出现的驱动力（无竞争同步的执行速度很慢，以及 JVM 启动时很慢）已经不复存在，因而它不是一种高效的优化措施。延迟初始化占位类模式能带来同样的优势，并且更容易理解。

16.3 初始化过程中的安全性

如果能确保初始化过程的安全性，那么就可以使得被正确构造的不可变对象在没有同步的情况下也能安全地在多个线程之间共享，而不管它们是如何发布的，甚至通过某种数据竞争来发布。（这意味着，如果 Resource 是不可变的，那么 UnsafeLazyInitialization 实际上是安全的。）

如果不能确保初始化的安全性，那么当在发布或线程中没有使用同步时，一些本应为不可变对象（例如 String）的值将会发生改变。安全性架构依赖于 String 的不可变性，如果缺少了初始化安全性，那么可能会导致一个安全漏洞，从而使恶意代码绕过安全检查。

> 初始化安全性将确保，对于被正确构造的对象，所有线程都能看到由构造函数为对象给各个 final 域设置的正确值，而不管采用何种方式来发布对象。而且，对于可以通过被正确构造对象中某个 final 域到达的任意变量（例如某个 final 数组中的元素，或者由一个 final 域引用的 HashMap 的内容）将同样对于其他线程是可见的。⊖

对于含有 final 域的对象，初始化安全性可以防止对对象的初始引用被重排序到构造过程之前。当构造函数完成时，构造函数对 final 域的所有写入操作，以及对通过这些域可以到达的任何变量的写入操作，都将被"冻结"，并且任何获得该对象引用的线程都至少能确保看到被冻结的值。对于通过 final 域可到达的初始变量的写入操作，将不会与构造过程后的操作一起被重排序。

初始化安全性意味着，程序清单 16-8 的 SafeStates 可以安全地发布，即便通过不安全的延迟初始化，或者在没有同步的情况下将 SafeStates 的引用放到一个公有的静态域，或者没有使用同步以及依赖于非线程安全的 HashSet。

⊖ 这仅仅适用于那些在构造过程中从对象的 final 域出发可以到达的对象。

程序清单16-8　不可变对象的初始化安全性

```
@ThreadSafe
public class SafeStates {
    private final Map<String, String> states;

    public SafeStates() {
        states = new HashMap<String, String>();
        states.put("alaska", "AK");
        states.put("alabama", "AL");
        ...
        states.put("wyoming", "WY");
    }

    public String getAbbreviation(String s) {
        return states.get(s);
    }
}
```

然而，许多对 SafaStates 的细微修改都可能破坏它的线程安全性。如果 states 不是 final 类型，或者存在除构造函数以外的其他方法能修改 states，那么初始化安全性将无法确保在缺少同步的情况下安全地访问 SafeStates。如果在 SafeStates 中还有其他的非 final 域，那么其他线程仍然可能看到这些域上的不正确的值。这也导致了对象在构造过程中逸出，从而使初始化安全性的保证无效。

> 初始化安全性只能保证通过 final 域可达的值从构造过程完成时开始的可见性。对于通过非 final 域可达的值，或者在构成过程完成后可能改变的值，必须采用同步来确保可见性。

小结

Java 内存模型说明了某个线程的内存操作在哪些情况下对于其他线程是可见的。其中包括确保这些操作是按照一种 Happens-Before 的偏序关系进行排序，而这种关系是基于内存操作和同步操作等级别来定义的。如果缺少充足的同步，那么当线程访问共享数据时，会发生一些非常奇怪的问题。然而，如果使用第 2 章与第 3 章介绍的更高级规则，例如 @GuardedBy 和安全发布，那么即使不考虑 Happens-Before 的底层细节，也能确保线程安全性。

附录 A

并发性标注

书中使用了 @GuardedBy 和 @ThreadSafe 等标注来说明如何将线程安全性保证和同步策略文档化。在本附录中给出了这些标注，还可以从本书的网站上下载它们的源代码。（当然，还有更多的线程安全性和实现细节应该被记录下来，但这组标注不能表示它们。）

A.1 类的标注

我们使用了 3 个类级别的标注来描述类的线程安全性保证：@Immutable，@ThreadSafe 和 @NotThreadSafe。@Immutable 表示类是不可变的，它包含了 @ThreadSafe 的含义。@NotThreadSafe 是可选的，如果一个类没有标注为线程安全的，那么就应该加上它不是线程安全的，但如果想明确地表示这个类不是线程安全的，那么就可以使用 @NotThreadSafe。

这些标注都是非侵入式的，它们对于使用者和维护人员来说都是有益的。使用者可以立即看出一个类是否是线程安全的，而维护人员也可以直接看到是否维持了线程安全性保证。对第三方来说，标准同样很有用：工具。静态的代码分析工具可以验证代码是否遵守了由标注指定的契约，例如验证被标注为 @Immutable 的类是否是不可变的。

A.2 域和方法的标注

上述类级别的标注属于类公开文档的一部分。类的线程安全性策略的其他方面只对于维护人员有用，而不应该作为公开文档的一部分。

在使用加锁的类中，应该说明哪些状态变量由哪些锁保护的，以及哪些锁被用于保护这些变量。一种造成不安全性的常见原因是：某个线程安全的类一直通过加锁来保护其状态，但随后又对这个类进行了修改，并添加了一些未通过锁来保护的新变量，或者没有使用正确加锁来保护现有状态变量的新方法。通过说明哪些变量由哪些锁来保护，有助于避免这些疏忽。

@GuardedBy（lock）表示只有在持有了某个特定的锁时才能访问这个域或方法。参数 lock 表示在访问被标注的域或方法时需要持有的锁。lock 的可能取值包括：

- @GuardedBy（"this"），表示在包含对象上的内置锁（被标注的方法或域是该对象的成员）。
- @GuardedBy（"fieldName"），表示与 fieldName 引用的对象相关联的锁，可以是一个隐式锁（对于不引用一个 Lock 的域），也可以是一个显式锁（对于引用了一个 Lock 的域）。
- @GuardedBy（"Class Name.fieldName"），类似于 @GuardedBy（"fieldName"），但指向

在另一个类的静态域中持有的锁对象。
- @GuardedBy（"methodName()"），是指通过调用命名方法返回的锁对象。
- @GuardedBy（"ClassName.class"），是指命名类的类字面量对象。

通过 @GuardedBy 来标识每个需要加锁的状态变量以及保护该变量的锁，能够有助于代码的维护与审查，以及通过一些自动化的分析工具找出潜在的线程安全性错误。

参 考 文 献

Ken Arnold, James Gosling, and David Holmes. *The Java Programming Language*, Fourth Edition. Addison–Wesley, 2005.

David F. Bacon, Ravi B. Konuru, Chet Murthy, and Mauricio J. Serrano. Thin Locks: Featherweight Synchronization for Java. In *SIGPLAN Conference on Programming Language Design and Implementation*, pages 258–268, 1998. URL http://citeseer.ist.psu.edu/bacon98thin.html.

Joshua Bloch. *Effective Java Programming Language Guide*. Addison–Wesley, 2001.

Joshua Bloch and Neal Gafter. *Java Puzzlers*. Addison–Wesley, 2005.

Hans Boehm. Destructors, Finalizers, and Synchronization. In *POPL '03: Proceedings of the 30th ACM SIGPLAN-SIGACT Symposium on Principles of Programming Languages*, pages 262–272. ACM Press, 2003. URL http://doi.acm.org/10.1145/604131.604153.

Hans Boehm. Finalization, Threads, and the Java Memory Model. JavaOne presentation, 2005. URL http://developers.sun.com/learning/javaoneonline/2005/coreplatform/TS-3281.pdf.

Joseph Bowbeer. The Last Word in Swing Threads, 2005. URL http://java.sun.com/products/jfc/tsc/articles/threads/threads3.html.

Cliff Click. Performance Myths Exposed. JavaOne presentation, 2003.

Cliff Click. Performance Myths Revisited. JavaOne presentation, 2005. URL http://developers.sun.com/learning/javaoneonline/2005/coreplatform/TS-3268.pdf.

Martin Fowler. Presentation Model, 2005. URL http://www.martinfowler.com/eaaDev/PresentationModel.html.

Erich Gamma, Richard Helm, Ralph Johnson, and John Vlissides. *Design Patterns*. Addison–Wesley, 1995.

Martin Gardner. The fantastic combinations of John Conway's new solitaire game 'Life'. *Scientific American*, October 1970.

James Gosling, Bill Joy, Guy Steele, and Gilad Bracha. *The Java Language Specification*, Third Edition. Addison–Wesley, 2005.

Tim Harris and Keir Fraser. Language Support for Lightweight Transactions. In *OOPSLA '03: Proceedings of the 18th Annual ACM SIGPLAN Conference on Object-Oriented Programming, Systems, Languages, and Applications*, pages 388–402. ACM Press, 2003. URL http://doi.acm.org/10.1145/949305.949340.

Tim Harris, Simon Marlow, Simon Peyton-Jones, and Maurice Herlihy. Composable Memory Transactions. In *PPoPP '05: Proceedings of the Tenth ACM SIGPLAN Symposium on Principles and Practice of Parallel Programming*, pages 48–60. ACM Press, 2005. URL http://doi.acm.org/10.1145/1065944.1065952.

Maurice Herlihy. Wait-Free Synchronization. *ACM Transactions on Programming Languages and Systems*, 13(1):124–149, 1991. URL http://doi.acm.org/10.1145/114005.102808.

Maurice Herlihy and Nir Shavit. *Multiprocessor Synchronization and Concurrent Data Structures*. Morgan-Kaufman, 2006.

C. A. R. Hoare. Monitors: An Operating System Structuring Concept. *Communications of the ACM*, 17(10):549–557, 1974. URL http://doi.acm.org/10.1145/355620.361161.

David Hovemeyer and William Pugh. Finding Bugs is Easy. *SIGPLAN Notices*, 39(12):92–106, 2004. URL http://doi.acm.org/10.1145/1052883.1052895.

Ramnivas Laddad. *AspectJ in Action*. Manning, 2003.

Doug Lea. *Concurrent Programming in Java*, Second Edition. Addison–Wesley, 2000.

Doug Lea. JSR-133 Cookbook for Compiler Writers. URL http://gee.cs.oswego.edu/dl/jmm/cookbook.html.

J. D. C. Little. A proof of the Queueing Formula $L = \lambda W$". *Operations Research*, 9: 383–387, 1961.

Jeremy Manson, William Pugh, and Sarita V. Adve. The Java Memory Model. In *POPL '05: Proceedings of the 32nd ACM SIGPLAN-SIGACT Symposium on Principles of Programming Languages*, pages 378–391. ACM Press, 2005. URL http://doi.acm.org/10.1145/1040305.1040336.

George Marsaglia. XorShift RNGs. *Journal of Statistical Software*, 8(13), 2003. URL http://www.jstatsoft.org/v08/i14.

Maged M. Michael and Michael L. Scott. Simple, Fast, and Practical Non-Blocking and Blocking Concurrent Queue Algorithms. In *Symposium on Principles of Distributed Computing*, pages 267–275, 1996. URL http://citeseer.ist.psu.edu/michael96simple.html.

Mark Moir and Nir Shavit. *Concurrent Data Structures*, In *Handbook of Data Structures and Applications*, chapter 47. CRC Press, 2004.

William Pugh and Jeremy Manson. Java Memory Model and Thread Specification, 2004. URL http://www.cs.umd.edu/~pugh/java/memoryModel/jsr133.pdf.

M. Raynal. *Algorithms for Mutual Exclusion*. MIT Press, 1986.

William N. Scherer, Doug Lea, and Michael L. Scott. Scalable Synchronous Queues. In *11th ACM SIGPLAN Symposium on Principles and Practices of Parallel Programming (PPoPP)*, 2006.

R. K. Treiber. Systems Programming: Coping with Parallelism. Technical Report RJ 5118, IBM Almaden Research Center, April 1986.

Andrew Wellings. *Concurrent and Real-Time Programming in Java*. John Wiley & Sons, 2004.

推荐阅读